5　谷子瘟病

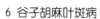 6　谷子胡麻叶斑病

7　谷子粒黑穗病

8　谷子腥黑穗病　　　　　　　　9　谷子线虫病

10　谷子纹枯病

11 糜子纹枯病

12 谷子红叶病

13 糜子红叶病

3

14　糜子长叶斑病

15　糜子圆叶斑病

16　糜子丝黑穗病

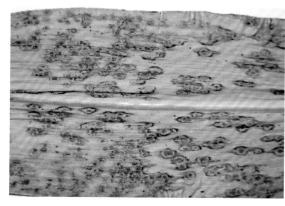

17 高粱炭疽病

18 高粱大斑病

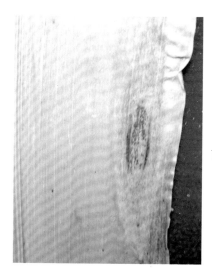

19 高粱煤纹病

20 高粱紫斑病

21 高粱镰刀菌茎腐病

22 高粱青霉菌穗腐病

6

23 高粱丝黑穗病

24 高粱散黑穗病

25 高粱坚黑穗病

7

26 高粱花黑穗病

27 高粱长粒黑穗病

28 薏苡黑粉病

29 燕麦冠锈病

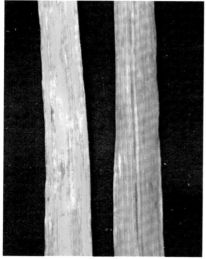

30 燕麦炭疽病

31 燕麦德氏霉叶斑病

9

32 燕麦坚黑穗病

33 燕麦红叶病（叶片变红）

34 燕麦红叶病（叶片变黄）

10

35 青稞条锈病

36 青稞叶锈病

37 青稞网斑病

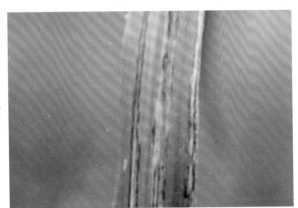

38 青稞条纹病

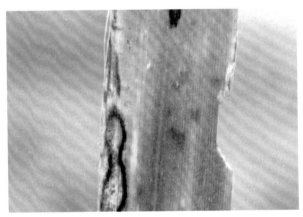

39 青稞云纹病

40 青稞坚黑穗病

41 青稞散黑穗病

42 荞麦轮斑病

43 荞麦褐斑病

44 荞麦立枯病

45 荞麦白粉病

46 丝囊霉引起的
豌豆幼苗根腐病

14

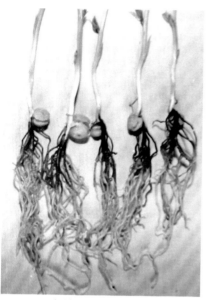

47 根串珠霉引起的豌豆
幼苗根腐病

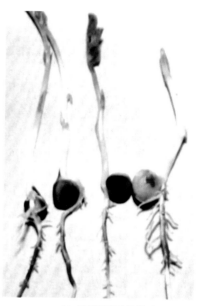

48 腐霉菌引起的豌
豆幼苗根腐病

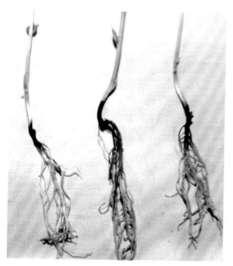

49 茄腐镰刀菌引起的
豌豆幼苗根腐病

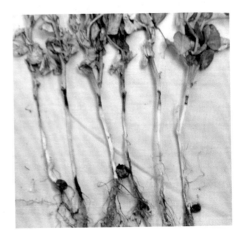

50 立枯丝核菌引起
的豌豆幼苗根腐病

51 蚕豆赤斑病

52 蚕豆轮纹病

53 蚕豆茎疫病

54 蚕豆根腐病

55 芸豆锈病

56 芸豆白粉病

57 芸豆炭疽病

58 芸豆菌核病

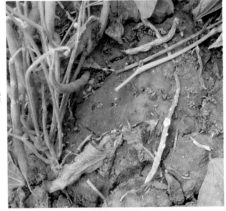

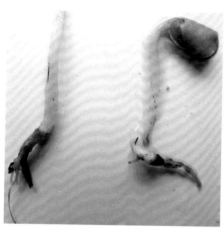

59 芸豆根腐病

60 芸豆枯萎病

61 芸豆细菌性疫病

62 菜豆花叶病

63 绿豆红斑病

64 绿豆轮纹斑病

20

65 绿豆白粉病

66 蛴螬

67 沟金针虫

68 华北蝼蛄

69 小地老虎幼虫

70 黏虫成虫

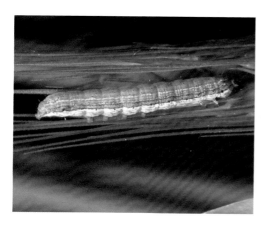

71 黏虫幼虫

72 草地螟成虫

73 亚洲玉米螟成虫

23

74 亚洲玉米螟幼虫

75 高粱条螟幼虫

76 粟灰螟幼虫

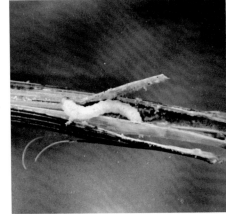

77 桃蛀螟成虫

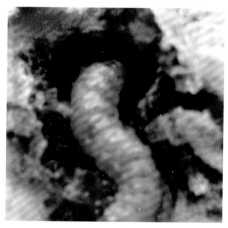

78 桃蛀螟幼虫

79 粟茎跳甲

80 粟叶甲成虫（李志民绘）

81 粟小缘蝽成虫

82 双斑荧叶甲成虫

83 梁舟蛾成虫

84 麦长管蚜无翅孤雌蚜

85 麦长管蚜有翅孤雌蚜

86 麦二叉蚜无翅孤雌蚜

87 麦二叉蚜有翅
孤雌蚜(齐国俊等)

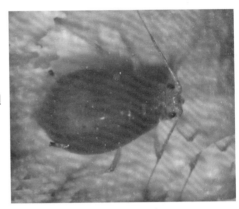

88 禾谷缢管蚜无翅
孤雌蚜

89 禾谷缢管蚜有翅孤雌蚜

90 高粱蚜无翅孤雌蚜

91 玉米蚜无翅孤雌蚜

92 麦绿秆蝇成虫（齐国俊等）

93 绿麦秆蝇幼虫（齐国俊等）

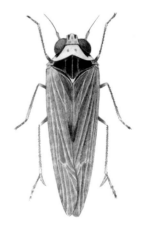

94 灰飞虱成虫(齐国俊等)

95 条沙叶蝉成虫
（齐国俊等）

96 荞麦钩蛾成虫

97 大豆卷叶螟幼虫

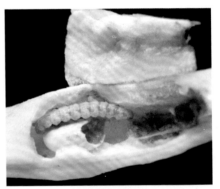

98 豆荚螟幼虫

99 豆野螟幼虫

100 大造桥虫幼虫

101 甜菜夜蛾幼虫

102 银锭夜蛾幼虫

103 菜豆象成虫

104 白条芫菁成虫

105 赤须盲蝽成虫

106 点蜂缘蝽成虫

小杂粮病虫害及其防治

商鸿生　王凤葵　编著

金盾出版社

内 容 提 要

本书全面系统地介绍了小杂粮67种(类)常见病害和63种常见害虫、害螨,涉及谷子、糜子、高粱、燕麦、莜麦、青稞、荞麦、薏苡、蚕豆、豌豆、芸豆、绿豆和小豆等小杂粮作物。对每一种病害都介绍了症状识别、病原物、发生规律和防治方法等项;害虫则介绍了形态特征、发生规律和防治方法。本书内容丰富,解释清晰,附有110幅彩照和病虫学名对照表,有助于读者准确地了解小杂粮病虫害。本书适于小杂粮栽培者,植保、植检人员,农技推广人员,农药种子营销人员,农业院校师生与科研人员以及关心小杂粮生产的各界人士阅读使用。

图书在版编目(CIP)数据

小杂粮病虫害及其防治/商鸿生,王凤葵编著.—北京:金盾出版社,2014.1

ISBN 978-7-5082-8743-0

Ⅰ.①小… Ⅱ.①商…②王… Ⅲ.①杂粮—粮食作物—病虫害防治 Ⅳ.①S435

中国版本图书馆 CIP 数据核字(2013)第 215511 号

金盾出版社出版、总发行

北京太平路 5 号(地铁万寿路站往南)

邮政编码:100036 电话:68214039 83219215

传真:68276683 网址:www.jdcbs.cn

封面印刷:北京印刷一厂

彩页正文印刷:北京金盾印刷厂

装订:永胜装订厂

各地新华书店经销

开本:850×1168 1/32 印张:9 彩页:32 字数:200 千字

2014 年 1 月第 1 版第 1 次印刷

印数:1~8 000 册 定价:20.00 元

目　录

第一章 概 述

小杂粮通常泛指生育期短,种植面积少,种植地区和种植方法特殊,而有特种用途的多种粮豆,也有人将除了稻谷、小麦、玉米以外的谷类作物和除了大豆以外的豆类,统称为小杂粮。本书涉及的小杂粮作物有谷子、糜子、高粱、燕麦、莜麦、青稞、荞麦、薏苡、蚕豆、豌豆、芸豆、绿豆和小豆等。

谷子又称为粟,属禾本科黍族狗尾草属,是粮饲兼用作物。谷子抗旱耐瘠,适应性广,水利用效率高,化肥农药用量少。谷子生产是我国旱作农业和可持续生态农业的重要组成部分。我国是谷子的起源地,也是谷子生产的大国,播种面积约占世界的 80%,产量占世界的 90%。谷子主要产区在东北、华北和西北的干旱、半干旱地区,可划分为东北春谷区,北方高原春谷区,华北平原春谷和夏谷区,黄淮流域夏谷区等 4 个主要栽培区。

谷子的病虫害较多,不同地区、不同年份危害程度变化较大。春谷区病害主要有白发病、黑穗病、纹枯病、红叶病等,害虫主要有粟秆蝇、粟叶甲、粟鳞斑叶甲、粟茎跳甲以及蝼蛄、金针虫、蛴螬等地下害虫。夏谷区病害主要有谷锈病、谷瘟病、纹枯病、白发病、红叶病、线虫病、黑穗病等,害虫主要有粟灰螟、粟穗螟、玉米螟、粟秆蝇、黏虫、蚜虫、粟缘椿以及地下害虫等。另外,某些年份还有草地螟、蝗虫等危害。

糜子属禾本科黍属,粳性糜子称为稷,糯性的称为黍,是北方干旱、半干旱地区主要制米作物,耐旱,耐瘠薄,可高效利用水分,是旱区的稳产作物和抗旱避灾作物。我国糜子主产区集中在长城沿线地区,包括陕西北部、甘肃中东部、宁夏南部、山西北部、内蒙古西部以及黑龙江、辽宁、吉林、河北的部分地区。糜子最严重的病害是丝黑穗病和红叶病,纹枯病有增多趋势,圆叶斑病和长叶斑病则是常见病害,高感品种发病早,也能蒙受严重损失,局部地区苗期根病发生频率较高。重要害虫有地下害虫、粟茎跳甲,粟秆蝇、糜子吸浆虫、双斑萤叶甲等。

高粱是C4作物,光合效率高,产量高,又有抗旱、抗涝、耐盐碱、耐瘠薄、耐高温、耐冷凉等多种特性。我国高粱种植面积居世界第十位,总产量列第六位,单产则居第一位。我国高粱平均单产是世界平均单产的 3 倍。高粱在全国各地都有种植,可划分为 4 个栽培区,即春播早熟区,春播晚熟区,春、夏兼播区和南方区,主产区集中在秦岭、黄河以北,特别是长城以北。

黑穗病是最重要的一类高粱病害,主要有丝黑穗病、散黑穗病、坚黑穗病、花黑穗病、长粒黑穗病等 5 种,其危害特点和发生规律都有所不同。其中丝黑穗病分布最广,危害也最重,是重要防治对象。20 世纪中期以来,我国通过推广抗病品种和药剂拌种等措施,已成功地控制了高粱黑穗病的发生,但此后部分地区有回升趋势,仍需加强防范。炭疽病、镰刀菌茎腐病、纹枯病、疯顶霜霉病、穗腐病、锈病、靶斑病、大斑病、紫斑病、煤纹病、粗斑病、细菌性红条斑病等都是高粱常见的或重要的病害,其流行和危害程度因栽培品种和气象条件不同,在年度间或地区间多有变化。

高粱蚜是危害高粱的主要害虫,其他蚜虫,诸如麦二叉蚜、麦长管蚜、玉米蚜、禾谷缢管蚜、榆四脉绵蚜(高粱根蚜)等也多有发生,危害程度因地而异。高粱的重要害虫还有苗期的地下害虫、高粱芒蝇、食叶的黏虫、高粱舟蛾、草地螟、蛀食茎秆的亚洲玉米螟、高粱条螟、粟灰螟,蛀食穗部的桃蛀螟、粟穗螟等。

薏苡是禾本科玉蜀黍族薏苡属的一年生粮药兼用作物。薏苡多种植在山区的坡旱地,栽培面积不大,产量也较低。我国薏苡主产区在北纬 33°以南,著名产地分布在贵州、广西、和云南的部分市县。薏苡通常都是旱地栽培,但也可以育苗移栽,进行湿生栽培。薏苡的主要病虫害有黑粉病、黏虫、亚洲玉米螟等。

燕麦是禾本科燕麦属一年生粮、饲兼用作物,有带稃型和裸粒型2大类。带稃型籽粒带壳,常称为皮燕麦,裸粒型籽粒不带壳,常称为裸燕麦,即莜麦。燕麦和莜麦性喜冷凉、湿润的气候条件,适于在日照较长、无霜期较短、气温较低的华北北部、西北、西南等高寒地区种植,主产省(区)为内蒙古、河北、山西、甘肃、陕西、云南、四川、宁夏、贵州、青海等,各地以种植莜麦为主,但青海省以种植皮燕麦为主。本书将皮燕麦简称为燕麦。

我国燕麦和莜麦的病虫害问题相对较轻。病害以坚黑穗病最重要,其他较重要的还有散黑穗病、锈病、白粉病、炭疽病、叶斑病、红叶病等。害虫有地下害虫、黏虫、麦蚜、草地螟、蝗虫等。

青稞即裸大麦,是栽培大麦的变种。大麦是禾本科大麦属作物,一般所说的大麦大都指皮大麦,即籽粒成熟时与稃壳紧密粘连的类型,而裸大麦籽粒成熟后稃壳容易脱落。青稞供食用和酿酒,也用作饲料。青稞耐寒性强,是适应性最广的粮食作物,其生育期较短,一般仅为110~125天。青稞主要分布在西藏、青海、四川的阿坝、甘孜、云南的迪庆、甘肃的甘南等地,一直是西藏、川西、甘南藏区的第一大粮食作物。

青稞的病害较多,危害较重、分布较广的病害有坚黑穗病、锈病、条纹病、网斑病、云纹病、纹枯病、黄矮病、白粉病、赤霉病等。危害青稞的害虫主要有青稞穗蝇、绿麦秆蝇、麦鞘毛眼水蝇、麦穗夜蛾、麦茎秀夜蛾、麦蚜、黏虫等。在甘肃西部和南部一带长期发生一种引起青稞和燕麦鞘、穗腐烂的病害,现已明确其病原菌为禾生指葡孢霉,所致病害称为鞘腐病。

荞麦是蓼科荞麦属的双子叶植物。荞麦有很高的营养价值和药用价值,生育期又短,一向是粮食作物中较好的填闲补种作物,也是重要救灾备荒作物。我国栽培的荞麦有甜乔(普通荞麦)和苦荞(鞑靼荞麦)2个种。甜荞品种多为早熟品种,可作秋荞与春荞两季栽培。苦荞一般为晚熟品种,一年仅种一季。我国荞麦播种面积和产量都居世界第二位,主要产地在内蒙古、陕西、甘肃、宁夏、山西、云南、贵州、四川等省(区)。大致以秦巴山区为界,以北是甜荞主产区,零星种植苦荞;以南是苦荞主产区。

荞麦抗旱耐瘠薄,喜冷凉,生育期短,一般为 60～80 天,花期长达 25～40 天,因而荞麦是重要蜜源植物。在防治害虫时,要慎重选择杀虫剂品种,合理安排施药时机,避免对蜜蜂造成伤害。

荞麦的病害有轮纹病、褐斑病、立枯病、白粉病、霜霉病、白霉病、灰霉病、镰刀菌根腐病等,常见的为轮纹病、褐斑病和立枯病。重要害虫则有地下害虫、荞麦钩蛾、黏虫、草地螟等。

作为小杂粮的食用豆类种类较多,其中以蚕豆、豌豆、芸豆、绿豆、小豆等最重要。豆类作物往往是许多重要病虫的共同寄主。

蚕豆属于豆科野豌豆属,具有食用、饲用、药用、培肥地力等多方面的用途。我国南北各地都有蚕豆种植,可划分为秋播蚕豆种植区和春播蚕豆种植区。秋播蚕豆种植区包括四川、云南、贵州、长江中下游各省、福建、两广和陕西南部等地,播种面积占全国的84%。大致在 10～11 月份播种,4～5 月收获,主要作为水稻的后作。春播蚕豆种植区主要包括甘肃、青海、内蒙古、山西、陕北、冀北、宁夏、新疆、西藏、川西北等地,播种面积约占全国的 16%。一般 3～4 月份播种,8 月份收获。

普遍发生的重要蚕豆病害有赤斑病、褐斑病、轮纹病、锈病、白粉病、茎疫病、灰霉病、立枯病、根腐病、枯萎病、菌核病和病毒病害等多种。地方性特有的病害,最著名的是油壶菌侵染引起的火肿病(泡泡病),分布在西南的局部高海拔地区。赤斑病和锈病是多数栽培区的重点防治对象,根腐病、枯萎病、黄萎病和多种病毒病害,有重发、多发的趋势和较大的潜在危险性,需加强监测和防控。蚕豆的害虫也很多,常见的有地下害虫、夜蛾类、豆天蛾、豆野螟、豆荚螟、芫菁类、盲蝽类、叶甲类、豆象类、豆根蛇潜蝇、豌豆彩潜蝇、豆秆黑潜蝇、斑潜蝇类、蚜虫类、白粉虱、叶螨类等。多种蚜虫和斑潜蝇往往是田间主治对象,收获入贮后则要重点防治各种豆象。

　　豌豆是豆科豌豆属的世界性栽培作物,产品有干豌豆和鲜豌豆。豌豆适应性很强,我国各地均有栽培,主要产区有四川、河南、湖北、江苏、青海等省。依据各地自然条件和栽培制度的不同,我国豌豆有越冬栽培、春季栽培和秋季栽培等 3 种栽培方式。在长江流域多行越冬栽培和秋季栽培,在北方以及高山地区一般春播夏收。

　　豌豆的常见病害有褐斑病、白粉病、锈病、炭疽病、菌核病、根腐病、枯萎病、霜霉病、细菌性疫病以及病毒病害等。豌豆根腐病是由多种病原菌单独或复合侵染引起的重要病害。以甘肃省中部为例,该地根腐病是以茄腐镰刀菌和丝囊霉为主,而与另外 6 种病原菌复合侵染引起的综合症。豌豆重要害虫有斑潜蝇、豌豆彩潜蝇、豆秆黑潜蝇、蚜虫、豆荚螟、黏虫及其他夜蛾类幼虫、豌豆象等。

　　芸豆是普通菜豆和多花菜豆的总称,芸豆是我国主要的食用豆类,也是主要的出口杂豆,占各种杂豆出口量的 60% 左右。普通菜豆主要分布在我国东北、华北、西北和西南的高寒、冷凉地区,多花菜豆又叫大白芸豆,主要分布在我国西南高寒山区。黑龙江、内蒙古、云南等省是主要芸豆的生产基地。

　　芸豆常见的和重要的病害有锈病、白粉病、叶斑病、炭疽病、菌核病、根腐病、枯萎病、细菌性疫病、病毒病害以及根结线虫病等。重要害虫有地下害虫、斑潜蝇、蚜虫、白粉虱、豆荚螟、豆野螟、大豆卷叶螟、银纹夜蛾和其他夜蛾类、大造桥虫、叶螨、菜豆象等。

　　绿豆和小豆都是豆科豇豆属的栽培种,均为高蛋白、中淀粉、低脂肪的药食同源作物。绿豆和小豆的生育期短,播种适期长,抗逆性强,适应范围广,具有较好的固氮能力,是禾谷类、棉花、薯类的优良前茬和间作套种的适宜作物,还是良好的救荒和填闲作物。

我国是世界上绿豆、小豆的生产大国,总产量和出口量均居世界第一位。全国大部分省区都有绿豆和小豆栽培。绿豆的主产区集中在东北三省和内蒙古。小豆的主要产区在东北、华北及黄淮地区,尤以东北三省、内蒙古、河北、陕西、山西、江苏、河南、山东、四川等省区种植较多。大体在东北、内蒙古和华北北部种植春小豆,一般5~6月份播种,9月末至10月初收获;在黄淮一带和华北南部于冬小麦收获后复播夏小豆,一般6月上中旬播种,10月上、中旬收获;在南方各省,则有春播、夏播或秋播,更为复杂。我国种植的小豆类型也多,但以红小豆为主,占小豆种植面积的90%以上。

较常见而重要的绿豆、小豆病害有锈病、白粉病、轮纹斑病、红斑病、炭疽病、菌核病、立枯病、根腐病、枯萎病、细菌性疫病以及病毒病害等。重要的害虫有地下害虫、蚜虫、豆荚螟、大豆卷叶螟、豆天蛾、夜蛾类、叶螨、绿豆象等。

在上述小杂粮作物中,只有谷子和高粱的病虫害有过详细和较深入的研究,这是因为谷子和高粱在历史上曾经是主要粮食作物,而对其他小杂粮的病虫害,研究很不充分,防治实践也较少,不清楚的问题很多。本书就目前所知,介绍了常见的和重要的病虫害,共计67种(类)病害和63种害虫、害螨。

小杂粮病虫害的防治也较滞后,不论就综合防治策略而言,还是就具体技术措施而言,需要探讨和解决的问题甚多,在此仅提出以下几点。

第一,许多小杂粮病虫害也危害小麦、玉米、大豆、蔬菜等大宗农园作物,在空间布局上或时间接续上,成为一个整体。因而,此类小杂粮病虫害的防治,需依据当地种植制度和病虫害发生的全局统筹安排。

第二,历史的经验和教训表明,选育和栽培抗病、抗虫品种是病虫害防治,特别是病害防治的主导措施。谷子和高粱的抗病育种历史较久,成果颇丰。其他作物的抗病育种工作有待完善。应坚定不移地将抵抗主要病害,确立为育种目标。要利用多种类型的抗病性,因地制宜地设定品种抗病水平,建立合理的抗病性鉴选技术体系。现在所应用的抗病性主要是小种专化性抗病性,其有效性取决于小种类型。为了正确选育和推广抗病品种,需要及时获知小种变化动态。但是小杂粮种类多,分布广,面积小,要像稻、麦主要病害那样进行系统小种监测,实际上是不可能的。因而需要采用替代方法,诸如进行多点鉴定,设立变异观察圃等来了解小种变化。

第三,使用健康种子可以将病虫消除在进入农田之前,用药剂处理种子和种子包衣,还可起保护作用,对抗农田中既存有害生物,相关操作均可由种子公司实施,保证质量,方便应用,减少了现场防治,对于小杂粮病虫害防治尤其重要。

第四,要重视栽培防治方法。栽培措施所包含的内容很多,目的各异。其中与病虫害防治关系密切的,主要是田间卫生措施(减少菌源、虫源),健身栽培措施(增强抗病性)和环境调控措施(调节温湿度)等。鉴于当前缺乏抗病、抗虫品种,药剂防治滞后且有所限制,栽培防治的地位就更为重要。各种栽培防治方法的原则和要求可能很明确,但具体实行多受制于当时、当地的条件,很难制定统一的操作规程,栽培防治的成败主要取决于各地农技和植保人员的落实。在这一方面,需要深入探讨,和可能作出创造性成果的问题很多。

第五,小杂粮病虫害的药剂防治也处于滞后状态,至今几乎没有登记用于小杂粮病虫害防治的农药品种,田间用药的实践和研究都较少。但是,药剂防治又是综合防治体系中不可或缺的组成部分,在面临病虫害大发生的紧急时刻,施用药剂几乎是唯一可行的技术措施,应当重视小杂粮病虫害适用药剂和用药技术的开发。

另一方面,小杂粮多是药粮兼用作物,是特色食品的主要原材料,又是重要出口农产品,必须避免环境和产品污染,保障食品安全,为此必须提高药剂防治的技术水平,尽量少用农药。

第二章　小杂粮病害及防治

　　小杂粮的已知病害种类很多,本章介绍了小杂粮的 67 种(类)传染性病害,其病原物大部分是真菌,少部分是卵菌、细菌或病毒。这些病害都是常见的和重要的病害,当然也是重要防治对象。大部分病害不仅能侵染相应的小杂粮,而且还能侵染其他农园作物,情况相当复杂,在进行病害田间诊断和防治时,应当充分考虑到这一特点。

1. 谷子白发病

　　白发病(霜霉病)在谷子全生育期发生,根据各生育阶段的不同症状特点,又有"灰背"、"枪杆"、"看谷老"、"刺猬头"等俗称。白发病发生很普遍,曾是我国谷子最常见和最重要的病害,春谷栽培区受害尤重。在推广抗病品种和采取综合防治措施以后,危害明显降低,但在品种感病,防治不力的地区发生仍然严重。

　　【症状识别】　白发病是系统侵染病害,谷子从芽苗期到抽穗灌浆期,在各个生育阶段都能表现出白发病的症状,具有不同的特点:

　　(1)烂芽　幼芽出土前被病原菌侵染,表现扭转弯曲,变褐腐烂,不能出土而死亡,致使田间缺苗断垄。烂芽多在菌量大,环境条件特别有利于病菌侵染时发生,较少见。

　　(2)灰背　幼苗期病株叶片变黄绿色,略肥厚和卷曲,叶片正面产生与叶脉平行的黄白色条纹,天气潮湿时叶片背面密生灰白色霉层,这是病原菌的孢囊梗和游动孢子囊(彩照 1)。这一症状被称为"灰背"。产生灰背的病苗,后期多形成下述"白尖"、"白发"或"看谷老"症状,但也有的后来症状消失,正常抽穗。病苗前期不出现"灰背",后期也能出现"白尖"、"白发"和"看谷老"。

(3)白尖、枪杆、白发 孕穗期植株高度达 60 厘米左右时,病株顶部 2～3 片叶子不能展开,卷筒状,直立向上,叶片前端变为黄白色,这称为"白尖"。7～10 天后,白尖变褐,枯干,直立于田间,形似"枪杆"。以后叶片解体纵裂,散出大量黄褐色粉末状物(病原菌卵孢子),残留黄白色丝状物,卷曲如头发,称为"白发"(彩照2)。这类病株多不能抽穗。

(4)看谷老 部分病株能够抽穗,但穗子畸形,短缩肥肿,颖片伸长变形成为小叶状,有的卷曲成角状或尖针状,向外伸张,整体刺猬状,这称为"看谷老"(彩照 3)。病穗变褐干枯,组织破裂,也散出黄褐色粉末状物。

(5)局部病斑 苗期病叶"灰背"上产生的病原菌游动孢子囊,随气流传播到健株叶片上,发生局部侵染,形成叶斑。这种叶斑椭圆形或不规则形,初期淡绿至淡黄色,以后变为黄褐色或紫褐色,病斑背面密生灰白色霉层。较老的叶片被侵染后,只形成褐色小圆斑,霉层不明显。

根据其特殊的症状,在田间可以比较容易地识别白发病病株。在各类症状中,"白发"和"看谷老"最特殊和醒目,很容易发现。苗期的"灰背"和再侵染形成的叶片局部病斑比较隐蔽,需仔细查找。苗期白发病鉴别,通常以有无"灰背"为主要根据,更应注意。

【病原菌】 病原菌为禾生指梗霉,是一种卵菌。该菌主要侵染谷子和珍珠粟,也侵染稗子、糜子、御谷、狗尾草、光狗尾草、倒刺狗尾草、类蜀黍(大刍草)、玉米、高粱等,但是具有明显的寄主专化性,侵染谷子的菌系多不能侵染其他植物,侵染其他植物的菌系一般也不能侵染谷子。

不仅如此,即使侵染谷子的禾生指梗霉,对不同品种的致病性也有不同,亦即存在不同的小种(也称为生理小种),每个小种只能侵染部分谷子品种。在上世纪末期,我国曾利用 5 个鉴别品种,由各栽培区采集的白发病菌中,发现了 6 群 20 个小种。

【发生规律】　病原菌以卵孢子混杂在土壤中、粪肥中或黏附在种子表面越冬。卵孢子在土壤中至少可存活 3 年。用混有病株的谷草饲喂牲畜,排出的粪便中仍有多数存活的卵孢子,因而畜粪厩肥传病的几率也较高。一般而言,土壤带菌是主要越冬菌源,其次是带菌厩肥和带菌种子。

白发病是一种土传病害,病原菌主要随带菌土壤传播,也可随带菌农家肥,带菌种子等传播。当季病叶上产生的游动孢子囊则随气流(风)或雨水传播。

在谷子发芽时,土壤中的卵孢子萌芽,产生芽管,从胚芽鞘、中胚轴或幼根表皮直接侵入,然后蔓延到生长点,再随生长点的分化而进入各层叶片和花序,病株就在各个生育阶段表现出各种症状。病原菌的这种侵染方式,被称为"系统侵染"。在谷子芽长 3 厘米以前,最容易被病原菌侵染。在初侵染病株的"灰背"上,大量产生病原菌游动孢子囊,游动孢子囊随气流或雨滴飞溅传播到健株叶片上,萌发后侵入,产生再侵染,仅形成叶斑,这称为"局部侵染"。但是,有时游动孢子囊侵染幼嫩的分蘖,也可能产生系统侵染。在田间,系统侵染造成的病株最多,受害也最重。

土壤温湿度和播种状况影响系统侵染的数量和发病程度。幼苗在地温 11℃～32℃都能发病,最适发病温度为 18℃～20℃,最低为 10℃～12℃,最高 31℃～34℃。土壤湿度过低或过高都不适于侵染发病,在土壤相对湿度 30%～60%范围内,特别是 40%～50%间,发病率较高。

影响游动孢子囊再侵染的主要因素是大气温度和湿度。游动孢子囊在夜间高湿(70%以上)时产生,在 20℃～25℃时产生最多,若气温低于 10℃,就不产生游动孢子囊。游动孢子囊萌发的最适温度为 15℃～16℃,最低 2℃,最高 32℃。遭遇多雨高湿而温暖的天气后,再侵染发生较多,病情加重。

白发病的发生与栽培条件和品种抗病性也有密切关系。连作田的土壤中带菌数量多,病害发生严重,而轮作田则发病轻。播种过深,土壤墒情差,出苗慢,发病也重。

谷子品种间抗病性有明显差异。据国内鉴定,抗白发病的种质主要分布在我国北纬 34°～41°之间,也就是山西、山东、河南、陕西等省的温暖多雨和低洼易涝地区。

【防治方法】 防治白发病需采用种植抗病品种,合理轮作,药剂拌种等综合措施。

(1)种植抗病品种 现已有抗病谷子品种,可因地制宜,推广种植。谷子白发病菌有不同生理小种,需了解当地小种组成和优势小种,以便正确选用抗病品种,否则应行抗病性鉴定或先小面积试种。抗病品种在多年种植后,可能因小种类群变化而丧失抗病性,应及时进行品种轮换。

(2)栽培防治 重病田块实行 3 年以上轮作,适于轮作的作物有大豆、玉米和马铃薯等;秋收后要及时深翻土地,精细整地,拾净根茬;不用病株残体沤肥,不用带病谷草作饲料,不用谷子脱粒后场院残余物制作堆肥;增施农家肥,施用净肥,培肥地力;播前精选种子,淘汰秕籽、瘦粒,进行药剂拌种;春播谷子要适期晚播,适当浅播,播后镇压,以加快出苗,减少侵染机会;生长期间及时拔除病株,应在“白尖”出现,但尚未变褐破裂前拔除病株,拔下的病株要带到地外深埋或烧毁,要大面积连续拔除几次,直至拔净为止,并需坚持数年。

(3)药剂防治 可用 35％甲霜灵拌种剂或 25％甲霜灵可湿性粉剂,以种子重量 0.2％～0.3％的药量拌种。用甲霜灵拌种可采用干拌、湿拌或药泥拌种等方法,湿拌和药泥拌种效果更好。在白发病、黑穗病混合发生地区,可用 35％甲霜灵与 40％福·拌(拌种双)可湿性粉剂,按 1∶2 配比混合后,再按种子重量 0.3% 药量拌种。在白发病与线虫病混合发生地区,可先用 40% 辛硫磷乳油拌种,然后堆闷 4 小时,再用 35% 甲霜灵拌种。

此外,也可选用 64% 噁霜·锰锌(杀毒矾)可湿性粉剂,58% 甲霜灵·锰锌可湿性粉剂,80% 噁霜·菌丹(赛得福)可湿性粉剂等混剂拌种,前两种混剂用种子重量 0.4%~0.5% 的药量拌种,80% 噁霜·菌丹则用种子重量 0.2%~0.25% 的药量拌种。

2. 谷子锈病

谷子锈病(叶锈病)是常发流行病害,广泛分布,主要发生在华北春谷、夏谷流行区和东北春谷流行区。在流行年份,因病减产常达 30% 以上,感病品种严重发生田块减产可达 50%~80%,甚至绝收。

【症状识别】 病原菌主要危害叶片和叶鞘。叶片两面产生多数隆起的红褐色疱斑,圆形或椭圆形,直径约 1 毫米,这是病原菌的夏孢子堆。夏孢子堆成熟后突破叶表皮而外露,破裂后散出黄褐色粉末状物(夏孢子),周围残留破裂的叶片表皮(彩照 4)。在发病后期,叶片上还散生黑色的圆形或长圆形疱斑,即冬孢子堆。叶鞘上也产生夏孢子堆和冬孢子堆。

谷子锈病病叶片上生成隆起的红褐色小疱斑,成熟后疱斑表皮破裂,散出黄褐色粉末,借此不难与各种叶斑病区分。但是,因品种抗病性不同,发病叶片上不一定出现上述典型病斑,抗病品种的夏孢子堆较小,周围寄主组织枯死或失绿,近免疫的品种仅产生微小枯死斑,需注意识别。

【病原菌】 病原真菌为粟单胞锈菌,属于担子菌门锈菌目单胞锈菌属。该菌夏孢子需在水滴中萌发,最适萌发温度为 28℃~32℃,最低 5℃~9℃,最高 35℃。粟单胞锈菌的寄主还有多种狗尾草、谷莠、珍珠粟、野稗等,交互接菌能否致病取决于生理小种是否匹配。

粟单胞锈菌是专性寄生菌,需在活体寄主植物上完成生活史,尽管在印度已发现其转主寄主,但在各个流行区,仍然依靠夏孢子世代单独完成周年循环。粟单胞锈菌具有多个小种,各小种的形态和生物学特性相同,但致病性不同,即能够侵染的谷子品种不同。在锈菌群体内所占份额最大,个体数量最多的小种,称为"优势小种"。新的优势小种出现,将使抗病品种失效。我国已开展粟锈菌小种鉴定工作,但缺乏全面和长期的小种监测。

【发生规律】 在南方谷子和其他寄主植物终年生长地区,病原菌可持续侵染,全年发病。在北方谷子栽培区,每年的初侵染菌源,可能是由南方发病区域,随气流长距离北移的夏孢子,也可能是当地越冬的夏孢子,视各地情况不同具体分析。北方谷子收获后,残留的夏孢子多不能越冬而死亡。但在河北省有试验表明,谷草上的夏孢子,在自然存放状态下有少数能够越冬,成为翌年谷子锈病的初侵染菌源。初侵染引起的病株又复产生新一代夏孢子,经风雨传播,引起再侵染,使病株不断增多。以当地菌源为主的地区,田间谷锈病流行过程可划分为 3 个连续的阶段,即传病中心形成阶段、普遍率(病叶率)增长阶段和严重度增长阶段。在华北,7月上中旬至 9 月中旬是锈病的主要流行时期,估计夏孢子可繁殖3～5 代。

华北地区常年 7～8 月份的气温适于锈病发生,最热的 8 月份,气温多在 28℃上下,锈病仍可正常发生。7～8 月份的降雨量是决定当年流行程度的关键因子,降雨多的年份,锈病发生普遍而严重,干旱年份发病轻。地势低洼,植株过密,施用氮肥过多的田块,发病也重。

谷子品种间抗病性有差异明显,我国谷子种质资源中具有丰富的抗病材料。例如,早在"八五"期间,就鉴定发现了黄那糯、白沙糯、黔南农家种、棒棒糯、鸡屎糯、腰带糯、狗尾糯、青根谷等抗病材料，和一批对锈病中抗以上，且兼抗其他病害的材料。

【防治方法】　防治谷子锈病应采取以抗病品种为主，药剂防治为辅的综合措施。

(1)选育和栽培抗病品种　抗病品种仅能抵抗一定的锈菌小种，因小种变换，抗病性有可能失效。抗病育种和品种合理布局都需参照锈菌小种分布状况。现已有一批抗病丰产品种，可供选用。若不了解当地锈菌小种组成，在引进抗病品种大面积种植前，应行抗病性鉴定或小面积试种。著名的抗锈品种有冀谷 14、冀谷 15、冀谷 17、谷丰 1 号、冀特 5 号、豫谷 5 号、豫谷 7 号、鲁谷 10 号、朝谷 9 号等。冀谷 14 和冀特 5 号兼抗纹枯病。

(2)加强栽培管理　适期早播，合理密植，保持通风透光，合理排灌，低洼地雨后及时排水，降低田间湿度。采用配方施肥技术，增施磷、钾肥，施用氮肥不要过多、过晚，防止植株贪青晚熟。在本地菌源越冬地区，冬前要清除病残体，封存带病谷草。

(3)药剂防治　感病品种在流行年份，需根据田间病情监测，及时喷药防治。一般在传病中心形成期，即病叶率 1%～5% 时，喷第一次药，间隔 10～15 天后再喷第二次。常用药剂有 20% 三唑酮(粉锈宁)乳油 1 000 倍液，15% 三唑酮可湿性粉剂 600～1 000 倍液，15% 三唑醇(羟锈宁)可湿性粉剂 1 000～1 500 倍液，12.5% 烯唑醇(速保利)可湿性粉剂 1 500～2 000 倍液，50% 萎锈灵可湿性粉剂 1 000 倍液，25% 丙环唑(敌力脱)乳油 3 000～4 000 倍液，40% 氟硅唑(福星)乳油 8 000～9 000 倍液等。

三唑类杀菌剂在麦类病害防治中应用较多，已发现对麦类生长有抑制作用，施药不当还可能产生僵苗或造成抽穗困难，三唑类杀菌剂对谷子不同品种的药害情况还应注意观察，以便采取预防措施。

3. 谷子瘟病

谷瘟病是谷子的重要病害,分布普遍,大流行年份一般减产20％～30％,严重地块减产50％以上。

【症状识别】 谷子各生育阶段都可发病,分别引起苗瘟、叶瘟、节瘟、穗颈瘟和穗瘟,以叶瘟和穗颈瘟危害最重。

苗瘟在幼苗叶片和叶鞘上形成褐色小病斑,严重时叶片枯黄。叶瘟(彩照 5)多在 7 月上旬开始发生,叶片上产生菱形、梭形病斑,一般长 1～5 毫米,宽 1～3 毫米,在高感品种上可形成长达 1 厘米左右的长梭形条斑。感病品种的典型病斑中部灰白色,边缘紫褐色,周围枯黄色,病斑两端有紫褐色坏死线,沿叶脉伸展(图1)。高湿时病斑表面有灰色霉状物。严重发生时,病斑密集,互相汇合,导致叶片枯死。

图1 谷子瘟病的叶斑
左:病斑形态 右:病斑上端放大,示坏死线

节瘟多在抽穗后发生,茎秆节部生褐色凹陷病斑,逐渐干缩。病株抽不出穗,或抽穗后干枯变色。病茎秆易倾斜倒伏。

穗颈和小穗梗发病,产生褐色病斑,扩大后可环绕一周,使之枯死,致使小穗枯白,不结实或籽粒干瘪,俗称"死码子",严重时全穗或半穗枯死,病穗呈灰白色或青灰色。

谷子品种间抗病性有明显差异,高度抗病品种叶片无病斑或仅生针头大小的褐色斑点。中度抗病品种生椭圆形小病斑,边缘褐色,中间灰白色,病斑宽度不超过两条叶脉。感病品种生梭形大斑,边缘褐色,中间灰白色,宽度超过两条叶脉。只有掌握这些特征,才能准确识别抗病品种。

【病原菌】 病原菌为灰梨孢,属于半知菌丝孢纲暗色菌科梨孢霉属,其有性态为灰色大口球菌,是一种子囊菌。该菌菌丝生长的最适温度为27℃～29℃,最低5℃,最高37℃～39℃;分生孢子产生温度为10℃～35℃,最适温度为20℃～30℃,分生孢子在4℃～38℃范围内都能萌发,25℃～28℃最适。

灰梨孢寄主广泛,除了谷子外,还寄生水稻等禾谷类作物以及马唐、狗尾草等多种禾草。但是,不同植物上的灰梨孢致病性有所不同,多不能侵染谷子。

谷子上发生的谷瘟病菌,对不同谷子品种的致病性也不相同,具有明显的专化性,存在许多小种。上世纪后期从吉林省各地采集的谷瘟病菌,利用6个谷子鉴别品种,就区分出7群25个小种,而在北方10省区采集的谷瘟病菌中,更发现了7群32个小种,可见谷瘟病菌群体致病性结构非常复杂。

【发生规律】 谷瘟病菌在带菌种子和病株残体上越冬,成为下一季谷子的初侵染菌源。有人有用谷子上分离的谷瘟病菌接种禾本科植物,发现仅能侵染青狗尾草,而马唐等多种植物不被侵染,因而田间多数禾本科作物和杂草不能提供越冬菌源。当季谷子发病后,产生新一代分生孢子,随风雨传播,进行再侵染,在华北地区每年发生 5~8 代。叶瘟一般从 7 月上旬开始发生,8 月份是发病高峰期。在吉林省,叶瘟从 7 月中旬开始发生,7 月末至 8 月上旬为发病高峰期,穗颈瘟在 8 月上旬开始发现,至 8 月下旬停止发展。

谷瘟病的流行程度受气象条件的影响。在北方谷子栽培区,生长季节的气温一般都适合病原菌侵染和发病,而降雨量、大气相对湿度和田间结露量等气象要素年间波动较大,往往对各年发病程度有重要影响。多雨高湿有利于谷瘟病发生。在吉林省,7 月中下旬连续高湿,多雨,寡照,有利于叶瘟发生,7 月下旬至 8 月初阴雨多,露水重,日照少,气温偏低(18℃~20℃),穗颈瘟可能严重发生。

谷子种植密度过大或与玉米、高粱等高秆作物间作,田间郁蔽,湿度高,结露量大,发病趋重。病残体积累较多的连作田块,低洼积水田块,氮肥施用过多,植株贪青徒长的田块,发病都较重。

【防治方法】

(1)种植抗病品种　谷子品种间抗病性差异明显,有较多抗病种质资源和抗病品种,可根据本地病菌小种区系,合理鉴选使用。种子田应保持无病,繁育和使用不带菌种子。必要时播前进行种子消毒。

(2)加强栽培管理　病田实行轮作,收获后及时清除病残体,深耕灭茬,减少越冬菌源;合理调整种植密度,防止田间过度郁蔽,合理排灌,降低田间湿度,减少结露;合理施肥,防止植株贪青徒长,增强抗病能力。

(3)药剂防治　有效药剂有 40%克瘟散(敌瘟磷)乳油 500~800 倍液,50%四氯苯酞(稻瘟酞)可湿性粉剂 1 000 倍液,75%三环唑可湿性粉剂 1 000~1 500 倍液,2%春雷霉素可湿性粉剂 500~600 倍液,6%春雷霉素可湿性粉剂 1 000 倍液等。防治叶瘟在始发期喷药,发生严重地块可间隔 7 天,再喷 1~2 次。防治穗颈瘟、穗瘟可在始穗期和齐穗期各喷药一次。

4. 谷子胡麻斑病

胡麻斑病是谷子的常见病害,分布普遍,受害程度因品种而异。种植感病品种,在雨水较多,湿度较高年份,发病加重,可造成严重损失。

【症状识别】 在谷子整个生育期均可发病,病原菌主要侵染谷子的叶片,也侵染叶鞘和穗部。芽苗期发病还引起烂种或苗枯。病株叶片上产生卵圆形、椭圆形的黄褐色、褐色、黑褐色病斑,初期病斑长度 0.5～1 毫米,扩展后多数病斑长约 2～5 毫米,但有的感病品种可达 9～10 毫米(彩图 6)。病斑之间可相互连接,也可汇合形成较大的斑块,引起叶片枯死。在高湿条件下,病斑上产生不明显的黑色霉状物。叶鞘和穗轴上产生褐色的梭形、椭圆形或不规则形病斑,有时病斑界限不明显。颖壳上产生深褐色小斑点。

胡麻斑病与谷瘟病都侵染叶片,产生叶斑,要注意正确区分。胡麻斑病病斑近于椭圆形,病斑两端钝圆,斑面褐色较均一,而谷瘟病病斑近于菱形、梭形,两端较尖,且伸展出长短不一的褐色坏死线条,斑面色泽不均一,通常病斑中部灰色,边缘深褐色,有时病斑外围变黄色。

【病原菌】 病原真菌为狗尾草离蠕孢,属于半知菌丝孢纲离蠕孢属。该菌还侵染狗尾草等多种禾草。菌丝生长最适温度为 30℃～32℃,最低 7℃～8℃,最高 35℃ 或更高;分生孢子萌发最适温度为 25℃～30℃,在 35℃ 以上或 20℃ 以下萌发率剧降。该菌寄生范围较广,能侵染多数禾谷类作物和禾草。

【发生规律】 病原菌以菌丝体、分生孢子、分生孢子梗随病残体或种子越冬,成为下一季的初侵染菌源。胡麻斑病菌可侵染多种禾本科杂草,杂草寄主也有可能为谷子提供菌源。病株产生的分生孢子,由风雨传播,反复进行再侵染。

降雨多,大气湿度高,叶面结露时间长,气温 25℃～30℃,有利于病菌侵染。土壤缺肥或遭遇干旱,谷子生机削弱,抗病能力降低,发病也重。

【防治方法】 防治胡麻斑病应种植抗病、轻病品种,使用无病种子;重病田在收获后应及时清除病残体,或与非禾本科作物进行轮作;要加强栽培管理,增施有机肥和钾肥,适量追施氮肥,增强植株抗病能力;结合防治粒黑穗病和白发病,进行药剂拌种,减少种子带菌。重病田块可适时喷施杀菌剂。据测定,腐霉利、百菌清、三唑酮等杀菌剂有较强的抑菌效果。

5. 谷子黑穗病

黑穗病是谷子的一类重要病害,有十余种黑粉菌可以侵染谷子,引起各种黑穗病。危害最严重的是谷子粒黑穗病,该病广泛分布于我国北方谷子产区,感病品种发病率很高。谷子腥黑穗病为我国学者首先发现,但当前分布于局部地区,危害尚轻。谷子轴黑粉病仅发现于吉林。

【症状识别】

(1)粒黑穗病 病株高度、分蘖数、色泽等特征与健株相似,在抽穗前不易识别。病穗较狭长,略短小,初为灰绿色,后期变为灰白色,比健穗轻。通常全穗发病,病小穗子房被病原菌破坏,变为冬孢子堆,仅残留外颖。冬孢子堆俗称"菌瘿",其尺度与正常籽粒相当或略大,卵圆形或近圆形,包被灰白色外膜,坚韧不易破裂,内部充满黑褐色粉末状物,即病原菌的冬孢子,菌瘿的外膜破裂后,黑褐色冬孢子粉末飞散(彩照 7)。

(2)腥黑穗病 谷穗上仅少数籽粒发病,通常一个穗子上有病粒 1～5 个,最多有 20 余个。子房被病原菌破坏,残留颖壳,形成菌瘿。菌瘿卵圆形或长圆锥形,比健康谷粒大,已知最大的菌瘿比正常谷粒长几十倍,明显突出。菌瘿外膜绿褐色,由顶端破裂,散出黑褐色粉末状冬孢子(彩照8)。

(3)轴黑穗病　谷穗上仅少数籽粒发病。病小穗的子房被病原菌破坏,残留外颖,形成菌瘿。菌瘿比健粒稍大,包被灰白色外膜,内部可残留中轴,菌瘿破裂后散落黑褐色冬孢子。

粒黑穗病全穗发病,菌瘿正常大小,腥黑穗病菌少数籽粒变为菌瘿,菌瘿很大,突出到外颖外面,轴黑穗病也是少数籽粒发病,但菌瘿正常大小,菌瘿内可残留中轴,三者易于区别。

【病原菌】　粒黑穗病的病原菌为粟黑粉菌,属于担子菌门黑粉菌属。其冬孢子淡黄褐色至橄榄褐色,球形、卵圆形、椭圆形,表面平滑,直径 8～12 微米。该菌冬孢子不经休眠,成熟后就能萌发。萌发温度为 10℃～35℃,最适温度 20℃～25℃。

腥黑穗病的病原菌为狗尾草腥黑粉菌,属于担子菌门腥黑粉菌属。其冬孢子淡黄褐色至黑褐色,球形、扁球形,表面有鳞片状突起物,有时外围有一层胶质物,冬孢子直径 21.5～33 微米。该菌冬孢子有休眠期,成熟后需经较长时间的休眠后方能陆续萌发。

粒黑穗病的病原菌为二倍孢轴黑粉菌,属于担子菌门轴黑粉菌属。其冬孢子多角形、不规则形,淡黄褐色至深褐色,直径 7.5～10 微米,表面密布小刺,冬孢子间混有无色的球形不孕细胞。

【发生规律】　粒黑穗病是种子传播的系统侵染病害。病原菌的冬孢子附着在种子表面越冬,成为翌年的主要侵染菌源。

在脱谷加工过程中,病穗散出的冬孢子污染健粒,造成种子带菌。播种带菌种子,在适宜条件下,病原菌冬孢子萌发,从发芽种子的胚芽鞘侵入,随后侵染菌丝扩展到幼苗生长点部位的细胞内和细胞间隙,随着植株生长,菌丝也向上生长,直至进入花序和子房,破坏子房,形成菌瘿,发病谷穗变成黑穗,这一侵染过程称为

"系统侵染"。粒黑穗病菌的冬孢子在自然条件下能存活 20 个月以上，虽然能长期存活，但因没有休眠现象，只要温、湿条件适宜就可萌发。这样在温暖湿润地区，散落于土壤的冬孢子，多在当年萌发而失效，不能成为次年的初侵染菌源，而在低温干燥地区，部分散落田间的冬孢子，当年不萌发，成为下一季谷子发病的初侵染菌源。

谷子播种后的土壤温湿状况对侵染发病影响很大。病原菌侵染幼苗的适宜土壤温度为 12℃～25℃，若高于 25℃，侵染就受到抑制，发病减少。在较低的温度下，谷子萌发与出苗缓慢，拉长了病原菌侵染的时间，发病就较重。土壤含水量在 30%～50% 之间，适于病原菌侵染，土壤干旱或土壤水分饱和都不利于病原菌侵染。种子带菌率高，土壤温度低，墒情差，覆土厚，幼芽滞留土壤中的时间延长，发病加重。

与粒黑穗病不同，腥黑穗病是局部侵染病害。病原菌冬孢子随带菌土壤或带菌种子休眠越冬，冬孢子度过休眠期后才能萌发，形成担孢子，萌发期延续较长。在谷子开花期，成熟的担孢子，经气流传播，着落在谷穗上。担孢子萌发后，产生侵染菌丝从谷子的花器侵入，局部侵染，形成菌瘿。谷子开花期降雨较多，大气湿度高，日照较少的年份，发病率较高，干燥年份发病很轻。谷子品种间抗病性有差异，早熟品种可能避病。

轴黑穗病也是局部侵染病害，冬孢子越冬后在适宜环境条件下萌发，产生担孢子。担子孢子随气流传播，在谷子开花期侵染花器。开花期雨量多，相对湿度高有利于侵染发病。

【防治方法】 在谷子黑穗病中，粒黑穗病分布广泛，危害严重，研究也较深入，现有谷子黑穗病的防治方法，主要是针对粒黑穗病而提出的。

(1)种植抗病品种 谷子品种间抗病性有明显差异，我国谷子的抗病种质资源丰富，抗病育种工作也卓有成效，可在粒黑穗病防治中发挥重要作用。先后报道的抗病品种较多,可以选用。

粒黑粉病菌具有致病专化性,有多个小种,每个小种仅能侵染部分谷子品种,而不能侵染其他品种。对我国谷子粒黑粉病菌的小种组成,虽然已有多次研究,但缺乏全面的和系统的监测。由于小种变化,抗病品种有可能"丧失"抗病性。例如,有人发现山西省春谷主产区至少存在3个小种,其中1个高致病性小种分布较广,且对该省目前推广的品种皆能致病,从而对谷子生产构成潜在威胁。

(2)繁育无病种子 搞好无病种子繁育田或由无病地留种,不使用来源于发病地区和发病田块的种子。

(3)种子药剂处理 用于拌种的杀菌剂种类较多。50%福美双可湿性粉剂,50%多菌灵可湿性粉剂,25%三唑酮可湿性粉剂,15%三唑醇干拌种剂等,皆以种子重量 0.2%~0.3%的药量拌种。2%戊唑醇(立克秀)干拌种剂按种子重量的 0.1%~0.15%的药量进行拌种。

40%福·拌(拌种双)可湿性粉剂以种子重量 0.1%~0.3%的药量拌种。该剂由拌种灵和福美双按 1:1 的比例混配而成,含拌种灵 20%、福美双 20%。拌种双可渗入种子,杀死种子表面和种子内部的病原菌,也可进入幼芽、幼根,保护幼苗免受土壤中病原菌的侵染。

应用三唑类杀菌剂拌种后,可能延迟出苗,在土壤含水量较低的田块,或拌药不匀,用药量偏高,拌种质量较差时,还可能降低出苗率,影响幼苗生长。需注意三唑类杀菌剂拌种对谷子的影响,防止可能发生的药害。另外,还有拌种双药害的案例,也需注意。

6. 谷子线虫病

谷子线虫病又称为"紫穗病"，主要分布于北方谷子栽培区，病株产量损失较大，发病严重地块可减产 50％～80％，有的甚至绝收。

【症状识别】 病株略矮于健株，上部节间和穗轴稍短，叶片苍绿色脆弱。病穗瘦小，直立，不下垂。多数小穗不开花或不结实，子房聚集线虫而被破坏，仅部分小穗可结实。病小穗颖壳开张，秕粒尖形，表面光滑，有光泽，颖壳暗褐色或苍绿色（彩照 9）。紫秆或红秆品种病穗的向阳一面颖壳变紫色或红色，在灌浆至乳熟期变色最明显，乳熟期以后成黄褐色。青秆品种则不变紫红色，直到成熟时颖壳仍为苍绿色。

虽然谷子的根、茎、叶、花、穗和籽粒均可受害，但线虫主要危害穗部，开花前一般没有明显症状，到灌浆中后期才易于识别。发病晚和发病轻的品种症状也不明显，需仔细观察，必要时应检查线虫。

【病原线虫】 病原线虫是贝西（拟）滑刃线虫，是线虫门（拟）滑刃总科（拟）滑刃线虫属的一种外寄生线虫。该线虫寄主植物很多，达 35 属以上，其中包括水稻、谷子、糜子、狗尾草、甘蔗、草莓、甘薯、多种蔬菜和花卉等。该线虫严重危害水稻，引起水稻干尖线虫病，但寄生谷子和寄生水稻的线虫是同一种的两个不同的生理型。贝西（拟）滑刃线虫发育的最低温为 13℃，适温 23℃～30℃。

【发生规律】 病原线虫主要随种子传播，带病种子是初侵染虫源。该线虫虽然也可在土壤中存活越冬，但数量少，传病率很低。用病秕粒饲喂牲畜后，粪肥也带有少量活线虫。播种后，线虫集聚在土壤内的种壳与秕粒中，少数转移到胚根、幼芽和根围土壤，拔节前在地下繁殖，虫口不断增多。拔节后线虫逐渐向叶鞘转移,在叶鞘内侧繁殖。幼穗形成后,线虫又转移到穗部危害并大量繁殖,开花灌浆期达到高峰,乳熟期以后下降。线虫能随雨水、流水或通过植株间接触而近距离传播,引起再侵染。线虫成熟后留在秕粒里休眠越冬,主要集中在颖片内侧,护颖内较少,胚乳与种胚中无线虫。

温度和雨量等气象条件影响线虫繁殖、转移和病情增长。温度在23℃～30℃之间,线虫繁殖最快。各年谷子拔节后温度波动不大,降雨的作用更为重要。降雨有助于线虫向叶鞘转移和在植株间传播。降雨早而多的年份发病重,干旱年份发病轻微。开花灌浆期高温多雨发病加重。

春谷播种早发病较轻,播种迟发病较重。因为播种晚的,开花灌浆期正在多雨高温季节,有利于线虫的繁殖和传播。边行靠近高秆作物的夏谷发病重。另外,黏土地由于保水能力强、容易积水,发病重。

【防治方法】

(1)种植抗病品种　谷子品种间发病程度有明显差异,尚未发现免疫品种,据称海里站、小猪尾谷、毛谷蛋、河南白谷、金刚站、高91等品种抗病。有人认为生育期长的品种,尤其是幼穗形成到终花期持续时间较长的品种发病重,穗紧密,刺毛长的品种发病也重。

(2)使用无病种子　应建立无病留种田,繁殖无病种子。留种田设在多年未种谷子的地块,播种无病且经温汤浸种处理的种子,施用无虫净肥,收获前严格选种,选出无病优良谷穗,单打、单藏,作为下年生产用种。一定不要使用来自病区、病田的种子。

(3)栽培防治　调节播种时期,在不降低产量或加重其他病害的前提下,春谷适期早播。土壤带虫较多的地块应行轮作。不用病秕粒饲喂牲畜,避免粪肥带虫。

(4)温汤浸种　温汤浸种用56℃～57℃温水(可用2份开水

兑 1 份凉水)浸种 10 分钟。操作时先将水选和晒种后的饱满种子,装入布袋内(只装半袋),放入温水中浸泡,在达到规定的时间后,取出种子袋,将种子放入冷水中浸泡 3~5 分钟,再取出晾干后播种。

(5)药剂防治 40%辛硫磷乳油拌种,用药量为种子重量的0.2%。拌好的种子应在避光环境下堆闷 4 小时,然后阴干。1.8%阿维菌素乳油拌种,用药量为种子重量的 0.1%~0.2%。另外,还可用 0.5%阿维菌素颗粒剂沟施,轻发生地块每公顷用药45~75 千克,严重地块用 75~105 千克。

7. 谷子、糜子纹枯病

纹枯病是禾谷类作物的主要病害之一。历史上谷子、糜子纹枯病发生少而轻,但随着谷子中低秆、密植型品种的推广以及农田水肥条件的改善,田间小气候的湿度增高,纹枯病渐趋严重。当前在南北各栽培区,纹枯病已经成为常见病害,南方尤其严重。高感品种在多雨年份,纹枯病异常发生,可造成较大产量损失,需行防治。

【症状识别】 谷子纹枯病与糜子纹枯病症状相同,掌握下述特点后,可准确识别。

纹枯病主要危害叶鞘和茎秆,严重时也侵染叶片和穗部。病株叶鞘上生椭圆形病斑,中部枯死,呈灰白色至黄褐色,边缘较宽,深褐色至紫褐色,后病斑汇合,形成云纹状斑块,淡褐色与深褐色交错相间,整体花秆状(彩照 10,11)。病叶鞘枯死,相连的叶片也变灰绿色或褐色而枯死。茎秆上病斑轮廓与叶鞘相似,浅褐色。高湿时,在病叶鞘内侧和病叶鞘表面形成稀疏的白色菌丝体和褐色小菌核。严重时病株不能抽穗,发病较轻时虽能抽穗,但穗小,灌浆不饱满。病秆腐烂软弱,病株易折倒,倒伏可造成严重减产。

在多雨高湿条件下,叶片上初生灰绿色水浸状病斑,随后扩大为形状不规则的病斑,有轮纹,褐色,中部色泽较浅,几个病斑可汇合成大型斑块。后期病叶干枯卷曲。穗颈上也产生形状不规则,褐色,边缘不明显的病斑,灌浆不良,穗子干缩,粒瘪。

【病原菌】　病原真菌为立枯丝核菌,是一种半知菌,但不产生无性孢子,产生菌丝和小菌核。小菌核近球形、扁球形,有时不规则形,褐色,多数直径 0.5～3 毫米。受到震动后,小菌核很容易从病患处脱落。

谷子、糜子纹枯病菌还能严重危害稗、水稻、高粱和玉米,也能侵染小麦、大麦、燕麦和禾草。

【发生规律】　病原菌主要以菌核在土壤中越冬,也能以菌核和菌丝体在病株残体中越冬。翌年越冬菌核萌发,产生菌丝侵染幼苗,造成幼苗枯萎死亡,或者病苗基部变黑褐色,成株茎基部出现典型花秆症状,此后发病节位逐渐上升。在发病部位生成菌丝和菌核。菌核脱落后随气流、雨水或灌溉水传播,接触健株,引起再侵染,菌丝则通过病叶与健叶片之间的接触而传播,也可引起再侵染。

华北谷子纹枯病的发展过程,可区分为几个连续的阶段。在春谷区,谷子在 5 月中旬播种,纹枯病在 7 月中旬始见,至 8 月上旬为病株率增长期,在这一阶段田间发病株数增多,病株率不断上升;从 7 月下旬至 8 月中旬为发病部位垂直上升时期,病株初期仅茎基部 1～2 个叶位的叶鞘发病,在这一阶段发病部位向植株中上部叶鞘延伸,可上升 9 个以上叶位;8 月上旬病原菌开始从发病叶鞘向内侵染茎秆,8 月下旬为严重度增长期,病情不断加重,此后至 9 月上中旬,随着谷子灌浆进展,穗子变重,病株很容易倒伏,称为病株倒伏期。夏谷区纹枯病的发生受到干旱的影响较大,始发期多在 7 月中旬降雨后,各发病阶段的界限不明显,病害随着降雨和高湿天气的出现而具有暴发性。

纹枯病是高温高湿病害,发病程度与环境温、湿度关系密切。随着温度升高和降雨增多,纹枯病就迅速发展。在 18℃～32℃ 的变温条件下,只要湿度适宜,病原菌就能很快侵染和扩展,而湿度低时就不会发病。湿度适宜,温度增高,发病趋于严重。

在北方较干旱的谷子栽培地区,降雨和大气湿度有重要影响,发病率增长与降雨量和大气相对湿度成显著正相关,多雨年份纹枯病垂直上升节位也较高,危害损失较重。往往在降雨或浇水后,纹枯病正常发生,干旱时病情停滞发展,若再度降雨或高湿,病害又复发展。

江淮地区多雨高湿,纹枯病发生比北方普遍而严重。该区湿度条件较好,气温就成为影响发病迟早的重要因素。当 7 月份的平均气温高于常年时,纹枯病发生早而重。9 月份在气温下降后,病情停止发展。

另外,播期过早,氮肥施用过多,播种密度过大,因免耕或秸秆还田,使菌源增多等情况都有利于纹枯病发生。

【防治方法】 防治谷子纹枯病应鉴选和使用抗病、轻病品种;收获后及时耕翻土地和清除田间病残体,重病田应轮作倒茬,减少越冬菌源;应适期晚播,合理密植,铲除杂草,改善田间通风透光条件;要合理排灌,开沟排渍,降低地下水位和田间湿度;还要科学施肥,增施有机肥和磷、钾肥料,培育壮株,增强抗病能力。

药剂防治可结合粒黑穗病的防治,采用三唑酮拌种,能有效控制苗期侵染,减轻受害程度(参见谷子黑穗病)。还可用 2.5% 咯菌腈(适乐时)悬浮剂,用种子重量 0.2% 的药量拌种。

田间喷药可使用 5% 井冈霉素水剂 600 倍液,于 7 月中下旬,病株率达到 5%～10%,且有继续增多趋势时,在谷子茎基部喷雾防治,重病田在 7～10 天后再防治一次。

还有人推荐应用三唑类杀菌剂喷雾,例如 25% 三唑酮可湿性粉剂,12.5% 烯唑醇(禾果利)可湿性粉剂等,此类药剂已在麦类纹枯病防治中应用,用药不当,可能产生麦类僵苗或造成抽穗困难,若应用于谷子、糜子不同品种,需注意预防可能发生的不良影响。

8. 谷子、糜子红叶病

谷子、糜子红叶病是病毒侵染引起的,在我国北方分布普遍,红叶病流行时病株率可达 20%～30%,严重发病地块可高达 90%以上。

【症状识别】

(1)谷子　谷子紫秆品种发病后叶片、叶鞘、颖壳和芒变为红色、紫红色。新叶由叶片顶端先变红,出现红色短条纹,逐渐向下方延伸,直至整个叶片变红(彩照 12)。有时沿叶片中肋或叶缘变红,形成红色条斑。幼苗基部叶片先变红,向上位叶扩展,成株顶部叶片先变红,向下层叶片扩展。青秆品种叶片上产生黄色条纹,叶片黄化,症状发展过程与紫秆品种相同。重病株不能抽穗,或虽抽穗,但不结实。

(2)糜子　紫秆品种发病后叶片呈现深紫色,有的节间缩短,植株变矮(彩照 13)。黄秆品种叶片、颖壳表现不正常的黄色,节间也可能缩短。少数病株早期死亡或抽不出穗,病株多数不结实。

【病原物】　病原物是大麦黄矮病毒的一个株系。据接毒测定,该株系侵染谷子、糜子、玉米、金狗尾草、青狗尾草、马唐、大画眉草、稗、野古草、大油芒、白羊草、细柄草、早熟禾等 22 种植物,表现典型红叶症状,还侵染大麦、小麦、黑麦、燕麦、老芒麦、垂穗披碱草、燕麦草、鸭茅等 12 种植物,但不表现表观症状。

【发生规律】　大麦黄矮病毒致病株系主要由玉米蚜进行持久性传毒,麦二叉蚜、麦长管蚜、苜蓿蚜等也能传毒,但传毒效率较低。该病毒不能经由种子、土壤传播,也不能机械传播。

该病毒主要在多年生带毒杂草寄主上越冬,翌春由玉米蚜等传毒蚜虫由杂草向谷子、糜子传毒。谷子、糜子发病程度与蚜虫发生时期和蚜口数量密切相关。春季干旱,温度回升较快的年份,玉米蚜发生早而多,红叶病发病就早而重。夏季降雨较少的年份,有利于蚜虫繁殖和迁飞,发病也重。杂草多的田块,毒源较多,发病较重。谷子、糜子植株的感染时期越早,发病程度和减产程度也越高。

【防治方法】

(1)选育和种植抗病、耐病品种 谷子品种间抗病性有一定差异,虽然缺乏免疫和高抗品种,但仍有抗病或耐病品种,例如P14A、P354、NP-157、摩里谷、大同黄谷 1 号、衡研百号、柳条青、红胜利等。

(2)栽培防治 及时清除田间杂草,减少毒源。加强田间管理,增施氮磷肥,合理排灌,使植株生长健壮,增强抗病能力。

(3)药剂治蚜 春季在蚜虫迁入谷田之前,喷药防治田边杂草上的蚜虫,迁入谷田后,需在大量繁殖前施药,有效药剂参见本书玉米蚜一节。

9. 糜子长叶斑病和圆叶斑病

两种叶斑病都是北方糜子田常见病害,分布较广,通常发生较晚,发病较轻,对产量影响不大。但是,高度感病品种或异常多雨高湿年份,可能大发生,造成减产。

【症状识别】 长叶斑病和圆叶斑病主要危害叶片,产生叶斑,严重时病叶布满病斑,导致叶枯。

长叶斑病病斑长椭圆形或长梭形,病斑长度可达 50～100 毫米,宽度可达 5～10 毫米,病斑中部灰黄色、黄褐色,边缘褐色,病斑上生有不明显的黑色霉状物(彩照 14)。

圆叶斑病的大型病斑圆形、椭圆形,长度可达 10 毫米以上,略有轮纹,中部灰黄色、黄褐色,边缘褐色,病斑上也着生不明显黑色霉状物。病斑可相互汇合,造成叶枯。小型病斑近圆形、椭圆形、不规则形,多数长 1～3 毫米,褐色,周边略褪绿(彩照 15)。

在病害发展的中后期,病斑形态特点已充分表现,两病不难识别,但在病害早期,病叶片上病斑仅为褐色小斑点,单凭肉眼观察,难以区分。

【病原菌】 长叶斑病的病原菌为稷离蠕孢,圆叶斑病的病原菌为山田离蠕孢。两者均为半知菌丝孢目暗色菌科离蠕孢属病原真菌。除了谷子、糜子外,两菌还侵染一些禾草。

【发生规律】 病原菌主要以菌丝体和分生孢子随病残体越冬,翌年春季,越冬分生孢子和越冬菌丝体产生的分生孢子,随风雨传播,着落在糜子叶片上,分生孢子萌发,产生侵入丝,直接穿透表皮或从气孔侵入叶片,侵染菌丝在叶肉细胞间和细胞内扩展蔓延,出现病斑。病斑上又产生新一代分生孢子,分生孢子脱落飞散后,引起再侵染。田间从幼苗期开始发病,不断扩展蔓延。成株基部叶片先发病,逐渐向中、上部叶片扩展。

叶面有水膜存在时,分生孢子方能萌发和侵入。大气湿度高,降雨次数多,雨量大,结露重的年份,发病较重。土质瘠薄,施肥不足,植株生长不良,或过施氮肥,植物旺而不壮,都会降低抗病性,发病加重。

【防治方法】 主要防治方法是种植抗病、耐病或轻病品种。常年发生重的地区,可轮作其他作物。病田要清除病残体和杂草,减少菌源,加强水肥管理,增强植株抗病性,在有大发生趋势时喷施杀菌剂。在发病晚而轻的年份,不需要采取专门的防治措施,可在防治其他病害时予以兼治。

10. 糜子丝黑穗病

丝黑穗病是糜子最重要的病害,主要分布在北方糜子产区,感病品种发病后造成严重减产,需行防治。

【症状识别】 病株较矮,抽穗较迟,有时病株上部叶片短,直立向上,在抽穗前很难识别病株。病株穗部变为菌瘿(病原菌冬孢子堆),从各节长出侧枝的穗部也变为菌瘿。菌瘿膨大,长卵圆形或柱形,一般长2~3厘米,初期包在包叶里,后部分露出(彩照16)。菌瘿包被灰白色薄膜,破裂后散出黑褐色粉状物(病原菌冬孢子),残留丝状的维管束组织,根据这一特征,可与糜子的其他黑粉病相区分。

【病原菌】 病原真菌为稷光孢堆黑粉菌,属于担子菌门黑粉菌科孢堆黑粉菌属。冬孢子球形、椭球形,黑褐色,表面光滑。初期冬孢子结成松散的孢子球,后期散开。冬孢子间混有不育细胞,其大小近似冬孢子,无色,光滑。

【发生规律】 病原菌冬孢子着落在土壤中或黏附在种子上越冬,并随带菌土壤或种子传播。丝黑穗病是系统侵染病害,冬孢子萌发后产生担孢子,担孢子萌发产生侵染菌丝,从幼芽鞘侵入,菌丝蔓延到生长点附近,再随植株生长而扩展,最后进入花序,产生冬孢子堆,表现症状。

病田连作,土壤带菌多,发病较重。播期不适,播种较深,种子萌发出苗时间拉长,病原菌侵染几率增多,发病较多。播种后土壤湿度较高,有利于病原菌孢子萌发和侵入,发病也多。

【防治方法】

(1)栽培抗病品种 糜子品种间丝黑穗病发生程度有明显差异,应通过田间调查或病田品种比较试验,发现轻病、抗病品种。

(2)选留健康种子 在种植优良品种的无病糜子田内,选出无病单穗,单收、单藏,所得种子播种于下一季种子田,生产健康种子,供大田使用。

(3)其他措施　重病田轮作倒茬;带菌种子实行温汤浸种或药剂拌种,具体方法参考谷子粒黑穗病;当季发病较轻的糜子田要在症状初现时及时拔除病株,连续拔几次,直至拔净,拔下的病株要携出田外烧毁或深埋。

11. 高粱炭疽病

炭疽病是高粱的重要病害,普遍分布于各高粱栽培区,在流行年份,病株叶片自基部往上枯死,致使灌浆不充分,造成严重减产,籽粒和茎秆产量损失达 50% 以上。另外,有些品种还发生严重的茎腐,病株易倒伏,受害更重。在种植再生高粱的地方,头季发生炭疽病,不利于再生高粱生长。

【症状识别】　炭疽病发生于高粱的各个生育阶段,危害叶片、叶鞘、茎部和穗部。

叶片和叶鞘症状最常见。病株多由下部叶片先发病,逐渐向上部叶片发展,严重时叶片逐层枯死。单个叶片,则多由叶片端部开始发病,向叶片基部扩展。叶片上(包括叶片的中肋上)产生梭形、椭圆形病斑,多数长 2~6 毫米,宽 1~3 毫米,病斑中部黄褐色,边缘紫红色、黄褐色或褐色。病斑上生出黑色的刺毛状小粒点,即病原菌的分生孢子盘(彩照 17)。严重发生时,多数病斑汇合,致使叶片大片变褐枯死,密生黑色小粒点。叶鞘上病斑椭圆形至长形,红色、紫色或黑褐色,依品种而异。

有些地区炭疽病还造成种子腐烂、苗枯、茎腐和穗腐。苗期发病可引起幼苗胚轴和子叶病变,严重的造成立枯和死苗。茎腐发生于近成熟期,茎基部节间初现水浸状变色,后形成中部红褐色、边缘紫红色的斑块,严重的茎基部开裂,茎秆内部也变色腐烂。病原菌还侵染穗颈、小穗梗和籽粒,使之腐烂变色。上述病变部位也能生成黑色小粒点。

病原菌在病斑中部形成多数黑色小粒点,用高倍扩大镜观察,还可见黑色刺毛状物(分生孢子盘的刚毛),这是本病重要的特点,据此可准确识别。但是,在抗病品种的病叶上,仅形成红褐色或褐色小点,小点可成片产生,但不再进一步扩大,也不出现病原菌的分生孢子盘,中度抗病品种的叶片病斑较小,长 1～3 毫米,也不产生分生孢子盘,在识别和鉴定抗病品种时,需注意此种区别。

【病原菌】 病原真菌为亚线炭疽菌,属于半知菌腔孢纲黑盘孢目炭疽菌属。该菌侵染高粱、帚高粱、苏丹草、约翰逊草、水生菰以及某些禾草,但不侵染玉米,玉米上的炭疽病菌也不侵染高粱。高粱的炭疽病菌也有多个小种(也称为致病型),各侵染一定的高粱品种。

【发生规律】 炭疽病菌主要随田间病残体越冬,菌丝体在田间地表的病残体中可存活 18 个月以上。高粱种子带菌传病,也能导致初侵染。翌年春季越冬菌源产生分生孢子,随气流或雨滴飞溅传播扩散,接触高粱叶片,经由气孔侵入或直接穿透叶片表皮而侵入。初侵染病株产生分生孢子,传播后引起再侵染。在一个生长季节中,往往发生多次再侵染,病株不断增多,在灌浆期以后病情更急剧发展。

温度适中,高湿、重露或连续小雨适于侵染发病,暴雨可能冲洗掉叶面分生孢子,反而不利。在多雨年份和低洼地块病最重。

品种间抗病性有明显差异,对叶斑的抗病性与对茎腐的抗病性是由不同基因控制的,有的品种抗叶斑,但不抗茎腐,有的品种则相反,还有的品种兼抗两者。由于炭疽病菌有小种分化,抗病品种可能因小种变化而"丧失"抗病性。

【防治方法】

(1)鉴选和种植抗病、轻病品种 高粱品种间抗病性存在明显差异,已有较好的抗病种质资源,可用于选育抗病品种或配制抗病杂交高粱。在生产上要因地制宜,尽量选用抗病或轻病品种。从外地或国外引进的抗病品种,最好先用本地病原菌鉴定,或先在当地病田试种观察,以确认抗病性。

(2)栽培防治　在无病田制种,繁育和使用无病种子。重病田应进行轮作,病田收获后要及时清除病残体,深翻土地,以减少越冬菌源。生长期间加强田间管理,施足基肥,适时追肥,氮、磷、钾合理配合。在发病早期要摘除植株下部病黄脚叶,减少再侵染菌源,降低病情。栽培再生高粱的地方,在头茬高粱收获后,及时将病残体移出大田,进行浅锄,对土壤表面喷施杀菌剂药液。

(3)药剂防治　防治苗枯可用50%甲基硫菌灵可湿性粉剂,用种子重量0.3%~0.5%的药量拌种,或用50%福美双可湿性粉剂,以种子重量0.2%~0.3%的药量拌种。在流行年份还可在发病初期进行田间喷药,一般7~10天后再喷第二次,共喷2~3次。有效药剂有50%多菌灵可湿性粉剂600~800倍液,70%甲基硫菌灵可湿性粉剂800~1 000倍液,25%溴菌腈(炭特灵)可湿性粉剂500~800倍液,80%福·福锌(炭疽福美)可湿性粉剂600倍液,80%代森锰锌可湿性粉剂600~800倍液,43%戊唑醇(好力克)水悬浮剂3 000倍液等。

12. 高粱大斑病

大斑病是高粱的常见病害,主要危害叶片,产生叶斑,严重时使叶片逐层发病枯死。大斑病广泛分布于各高粱栽培区,局部地区高感品种可能流行成灾。

【症状识别】　高粱各生育阶段都可被侵染。苗期叶片上产生紫红色或黄褐色小病斑,扩大后汇合成紫褐色斑块,引起病叶枯萎。成株期叶斑长梭形、长椭圆形,初期青灰色,扩展后中部淡褐色至褐色,有的品种边缘紫红色,病斑内也常有紫红色斑纹,有的品种病斑边缘深褐色至深紫色。病斑大型,一般长2～6厘米,宽0.5～1厘米,有的品种叶片上病斑更可长达15厘米,宽2.5厘米(彩照18)。潮湿时病斑两面生黑色霉状物,即病原菌的分生孢子梗和分生孢子。严重时病斑汇合引起叶片枯死。

本病病叶片上形成长梭形大病斑,潮湿时病斑表面产生黑色霉层,可与其他叶斑病相区分。但是品种抗病性也影响病斑特点,抗病品种叶片上病斑窄条状或窄梭形,水浸状褪绿或变褐色坏死。抗病型病斑不产生孢子或产生少量孢子。

【病原菌】 病原菌为大斑凸脐蠕孢,属于半知菌丝孢目暗色菌科凸脐蠕孢属。该菌除高粱外,还能侵染玉米、苏丹草、约翰逊草、大刍草和雀稗属植物等。侵染高粱的为该菌高粱专化型,而侵染玉米的则为玉米专化型。

【发生规律】 病原菌主要以菌丝体和分生孢子随病残体越冬,高粱种子也能带菌传病。有的地方,病原菌还能随野生禾草寄主越冬。在温湿条件适宜时,越冬病残体产生分生孢子,随风雨传播,引起初侵染。在一个生长季节中,可发生多次再侵染。

温度适中(18℃～27℃),多雨、露的天气条件适于大斑病流行。连茬地越冬菌源多,初侵染发生的早而多。肥水管理不良,植株脱肥,抗病性降低,发病加重。

【防治方法】 防治大斑病以种植抗病杂交种为主,配合使用减少菌源,加强栽培管理与喷药防治等措施,实行综合防治。

对大斑病的抗病性有两种类型,一类产生抗病型过敏性褪绿斑或坏死斑,另一类抗病性表现为病斑较小,病斑数量较少。大病斑菌也有不同小种,选用抗病品种时需注意小种差异。

重病田最好轮作非寄主作物(麦类、薯类、豆类、棉花等)2～3年,病田收获后应及时清除田间病残体,深耕灭茬,减少初侵染菌源。要适期播种,施足基肥,增施磷、钾肥,合理使用氮肥,使植株健壮,生育后期不脱肥,提高抗病性。发病初期摘除底部2～3片病叶或老叶、黄叶,可以减少再侵染菌源和降低田间相对湿度。

种植高感品种的病田,在有大发生态势时,需喷施杀菌剂。可供选用的杀菌剂有多菌灵、苯菌灵、甲基硫菌灵、百菌清、代森锰锌、克瘟散、异菌脲、丙环唑等。

13. 高粱煤纹病

煤纹病是高粱的常见病害,分布较广泛。感病杂交高粱在多雨高湿年份,发病较早,较重,叶片枯死,产量损失可达25％以上。

【症状识别】 煤纹病在高粱全生育期都可发病,主要危害叶片和叶鞘,形成长梭形、长椭圆形大斑,一般病斑长5～14厘米,宽1～2厘米。病斑中部黄褐色,边缘紫红色或深褐色。在高湿条件下,病斑上产生灰色霉层(病原菌的分生孢子),以后病斑中部密生黑色颗粒状物,即病原菌的小菌核(彩照19)。病情严重时,病斑相互汇合成不规则形斑块,或发展成长条纹状病斑,叶片枯死。

本病同大斑病相似,产生大型长梭形叶斑,但本病病斑中部可密生黑色颗粒状小菌核,可据此识别。

【病原菌】 病原真菌为高粱座枝孢,属于半知菌瘤座孢目座枝孢属,除栽培高粱外,还寄生高粱属其他植物,例如帚高粱、黑高粱、南非高粱、假高粱、紫高粱、甜高粱、苏丹草等。该菌在高粱叶片表皮下形成分生孢子座,从气孔突出,其上集生分生孢子梗和分生孢子。后期分生孢子消失,表生大量小菌核。小菌核黑色,球形或半球形,大小58～167微米。

【发生规律】 病原菌随病残体、种子或野生高粱越冬,其中病残体最重要,种子带菌对传入无病区有重要意义,而随野生高粱或其他野生寄主越冬,仅限于生长此类寄主的少数地区。有人认为,在病残体中越冬的主要菌态是病叶表皮下的分生孢子座与病叶表面的小菌核,两者都能存活 2 年以上。

越冬后,子座和小菌核在环境温度、湿度适宜时,产生大量分生孢子,借风、雨传播,侵染当季高粱。初侵染病株又产生新一代分生孢子,随风雨传播,发生再侵染。温暖多雨的气象条件有利于发病。7～8 月份降雨次数多,雨量大,气温较低时,煤纹病发生早而重,土壤黏重、瘠薄,栽培不当,偏施氮肥等情况也加重发病。

【防治方法】 高粱种质资源中有较多抗病材料,可用于培育抗病品种。种植抗病或轻病品种,在一般年份不需要采取药剂防治措施。在品种感病,煤纹病常发地区,则需采取轮作,清除病残体,深翻,加强水肥管理等栽培防治措施。若品种感病,天气条件适宜,发病早且有大发生趋势时,可喷施杀菌剂药液。

14. 高粱紫斑病

紫斑病是高粱的常见病害,广泛分布在南北各地,通常发生较晚,危害不重。在种植高感品种和高湿多雨时,可能异常发生。

【症状识别】 紫斑病主要危害植株下部叶片,产生叶斑,也侵染叶鞘和上部茎秆。叶片上病斑椭圆形至矩圆形,多生于叶脉之间,一般长 4～20 毫米,宽 2～5 毫米。病斑紫红色,无明显边缘,有时具淡紫色晕(彩照 20)。病斑多单生,有时也相互连接成长条状。高湿时,病斑背面生灰色霉状物。叶鞘上病斑椭圆形,较大,紫红色,边缘多不明显。

【病原菌】 病原真菌为高粱尾孢,属于半知菌丝孢目尾孢属。该菌主要在病斑背面产生分生孢子梗和分生孢子。

【发生规律】 病原菌主要在田间病残体上越冬,成为下一季发病的初侵染菌源。种子也可带菌传病。初侵染病株病斑上产生的分生孢子随风雨传播,引起多次再侵染。温暖多湿的条件适于紫斑病发生,通常在高粱生育后期发病增多。高粱品种间抗病性有明显差异。

【防治方法】 种植抗病、轻病品种,在防治其他叶部病害时予以兼治。严重发病地区应在高粱收获后及时清除病残体,进行深翻,或进行轮作,要施足充分腐熟的有机肥,适时追肥,避免生育后期脱肥,在发病初期要摘除植株下部的 1~2 片病叶、老叶,以增强通风透光,降低湿度,减轻发病。

15. 高粱镰刀菌茎腐病

茎腐病是一个笼统的提法,涵盖了以茎秆腐烂为主的一系列症状,包括早期发生的种腐、苗枯,后期的穗腐。茎腐病是高粱的重要病害,危害严重。病株生长不良,茎叶枯死,易于倒伏,未倒伏的病株也灌浆不饱满。发病田一般减产 5%~10%,严重的可绝收。

【症状识别】

(1)根腐、茎腐 病原菌侵染引起根腐和茎腐,导致茎叶枯死或病株倒伏。剖开茎基部,可见髓部变红褐色、淡红色,腐烂,中空(彩照 21)。

病株根部形成褐色病斑,从皮层向内腐烂,直至维管束。地上部症状从茎秆基部开始向上发展,病株早期茎叶仍保持绿色,不易识别,较后方逐渐明显。由于根部和茎基部腐烂,阻滞水分、养分输导,病株叶片逐渐失水变为青枯或黄枯。因病茎秆强度被削弱,病株还易折断而倒伏。病株多在地上部第二或第三节茎节和节间形成红褐色的圆形、长条形或不规则形病斑,进而变为淡红色至暗紫色斑块,其上生有白色或淡红色粉霉层,发病部位可向上位茎节发展。叶鞘上产生红色、紫红色坏死斑块,由叶鞘进一步向叶片基部扩展,在叶片上形成红色条斑,并可沿叶脉发展。

(2)其他症状 芽苗期发病引起种腐、苗枯。幼苗根系腐烂,生长严重受阻,矮小,叶片发黄,病苗死亡。生育后期花梗易折断,穗部失去光泽,发生穗腐,详见高粱穗腐病。

镰刀菌引起的茎腐病在早期从植株外观不宜察觉,直至引起倒伏或茎叶青枯或黄枯。但检查根部可见变色腐烂,纵剖茎秆,可见基部各节髓部变红腐烂。后期可见茎秆、叶鞘、甚至叶片上有明显的表观症状。

【病原菌】 病原真菌是多种镰刀菌。过去认为主要是串珠镰刀菌和禾谷镰刀菌,都属于半知菌丝孢纲瘤座孢目镰刀菌属。但晚近对镰刀菌分类再研究的结果,已废弃了串珠镰刀菌的种名,我国高粱茎腐病的病原菌种类需要进行再研究。据国外研究结果,引起高粱镰刀菌茎腐病的主要是产黄镰刀菌和朦胧镰刀菌。

【发生规律】 病原菌主要以菌丝体和分生孢子随病残体或在土壤中越冬,成为翌年初侵染菌源。种子也能带菌传病。病原菌主要从机械伤口、虫伤口侵入根部和茎部。高粱在开花期至糊熟期,遭遇干旱胁迫后发病重,茎叶黄枯,若低温阴雨后骤然高温干旱,病株易发生青枯,病情加重。病田连作或田间遗留病残体较多,土壤带菌量高,发病增多。土壤贫瘠,施用有机肥少,追肥不当,高氮低钾,养分失衡时,发病加重。

高粱品种间病情有一定差异,有耐病品种和中度抗病品种,但缺乏高抗品种。某些品种茎秆机械强度较弱,易倒伏。

【防治方法】 病田应轮作倒茬,及时清除病残体,以减少菌源;要改进栽培管理,合理施肥,防止偏施氮肥,缺钾地块应补施钾肥,使植株生长健壮,提高抗病能力;要合理密植,铲除杂草,干旱时及时灌水,改善植株水分状况;及时防治害虫,减少虫伤口;尽量选择种植耐病、轻病的杂交种以及秆强,抗倒伏的品种。

16. 高粱穗腐病

高粱穗腐病是由多种病原真菌复合侵染引起的一类病害,分布普遍,危害严重。穗腐病造成减产和营养成分降低,被污染的籽粒还可能带有真菌毒素,对人畜有毒。在许多地方,穗腐病已成为高粱减产的重要原因,需注意防范。

【症状识别】 穗腐病菌侵染穗子的各部位,有的侵染穗轴和小穗梗,影响籽粒灌浆,还有的从小穗顶部侵染颖片、稃片、籽粒等。有的病原菌仅侵染果皮(种皮),有的连胚乳、胚部也被侵染,甚至使整个籽粒腐烂变质。在潮湿条件下,病穗上生出不同颜色和形态的霉状物,依病原菌种类而异。主要病原菌类群引起的穗腐症状特点如下:

(1)镰刀菌穗腐 镰刀菌侵染小穗梗,使小穗枯死,或引起小穗梗、颖壳、籽粒等部位坏死、腐烂,发病部位变红色。受害花序、籽粒上生白色至粉红色菌丝和霉状物。镰刀菌还可侵染高粱其他器官,引起烂种、苗枯、根腐、茎腐、顶腐等复杂症状,参见本书高粱镰刀菌茎腐病一节。

(2)青霉菌穗腐 也称为"青霉颖枯病",从灌浆初期开始显症,颖壳变灰色或褐色,不甚开张,胚乳灰暗,枝梗与颖壳连接处变红色、暗红色,逐渐坏死干枯,有时枝梗上还形成不规则的红色病斑。病穗籽粒秕瘦、皱缩、色泽发暗。在干燥地区病穗上不易产生肉眼可见的霉状物,在高湿条件下则易于产生。青霉菌霉状物初为白色,后变蓝绿色。田间多见上半穗发病变色干枯,严重的全穗发病(彩照22)。

(3)弯孢霉穗腐 引起小穗腐烂坏死,病颖壳和籽粒表面密生有光泽的灰黑色绒状霉层,病籽粒腐烂易碎。

【病原菌】 引起上述症状的病原菌都属于半知菌。镰刀菌穗腐由镰刀菌属的多个种类引起,各地镰刀菌区系可能有所不同,需进一步调查研究。青霉菌穗腐由青霉属真菌引起,其中以草酸青霉菌致病性较强,主要在花期侵染,在山西还发现细链格孢菌后续寄生,两者复合侵染引起"青霉颖枯病"。该病在华北、东北、西北多有发生。引起弯孢霉穗腐的病原菌主要有新月弯孢霉等几种。

此外,还有多种致病性不同的真菌引起高粱穗腐或发生在病穗上,较常见的属于离蠕孢属、德氏霉属、茎点霉属、炭疽菌属、柱隔孢属、曲霉属、毛壳属、枝孢属、黑孢属、根霉属、单端孢属等等。

【发生规律】 引起穗腐的菌源非常复杂,有些病原菌种类随种子和病残体越冬后,先侵染高粱其他部位,抽穗后侵染穗部,有些种类可先在不同生境中腐生,开花期以后陆续由气传孢子侵染穗部,还有的种类一直在穗上腐生,也有较弱的致病性,可以通过其他病菌的病痕或虫伤口而侵入致病。

穗腐病菌存活滋生的生境非常复杂多样,包括土壤、空气、污水、动植物体、贮运场所、包装器材、农机具等,所产生的孢子主要随气流、雨水、人为活动传播。

高粱抽穗开花期遇到阴雨高湿的天气,适于多种穗腐病菌侵染发病,阴雨天气持续时间越长,发病就越重。在贮运期病情仍可进一步发展。

【防治方法】 防治穗腐病要在搞清当地主要病原菌的前提下,有针对性的采取综合措施。高粱品种间对某些穗腐病有抗病性差异,需因地制宜地鉴选和种植抗病、轻病品种。例如,有的地方选用晋杂 15、晋杂 12、晋杂 11、晋中 405、抗 4、晋杂 86-1 等抗青霉颖枯病的品种。

要重视栽培防治,搞好田间卫生,改善田间通风透光条件,降低湿度,还要合理施肥,防止后期脱肥,促进早熟。镰刀菌等多种病原菌在苗期就已经侵染高粱,因而应搞好抽穗前的防治,有效减少侵染穗部的菌源或减少害虫对穗部的危害。必要时还可在抽穗期或初花期喷药防治。例如,在初花期喷施 40%多菌灵可湿性粉剂 1 000 倍液,防治青霉颖枯病效果很好。

一些穗腐病菌在贮运场所仍可进一步蔓延,因而要适期收获,入库前充分晾晒,降低贮粮含水量,保持贮存场所低温干燥。

17. 高粱黑穗病

黑粉菌中侵染高粱,引起黑穗病的种类甚多,国内知名的有 5 种,即丝黑穗病、散黑穗病、坚黑穗病、花黑穗病和长粒黑穗病。其中丝黑穗病分布最广,危害也最重,是重要防治对象。20 世纪中期以来,我国通过推广抗病品种和药剂拌种等措施,已成功地控制了丝黑穗病的发生。但此后部分地区有回升趋势,仍需加强防范。散黑穗病也是高粱的重要病害,分布普遍,历史上曾严重发生。坚黑穗病分布较普遍,但危害不如丝黑穗病和散黑穗病严重。花黑穗病分布于东北、河北、内蒙古、甘肃等地,少数品种受害较重。长粒黑穗病也分布于国内局部地区,高感品种严重发病,可造成较大损失。

【症状识别】　各种黑穗病主要危害高粱穗部,使病穗全部或局部变为病原菌的冬孢子堆,即菌瘿,俗称"灰包"或"乌米"。抽穗后依据冬孢子堆的产生及其特点,可以准确识别黑穗病以及区分黑穗病种类。有时病株形态或茎叶组织也表现某种异常,但欠明显,不易识别。

(1)丝黑穗病　主要危害穗部,整个穗子变成菌瘿,不结实。病株在 5~6 叶期,就明显比健株矮小,叶色浓绿。孕穗期旗叶直挺,苞叶紧实,剥开苞叶可见内生白色棒状物,即菌瘿(冬孢子堆),初期较小,指状,后逐渐膨大为圆柱状,坚硬,内部组织由白变黑。菌瘿从苞叶内外伸,表面被覆白色薄膜。薄膜裂开后,散出黑粉状物(病原菌的冬孢子),残留一束束的黑色丝状物,即残存的花序维管束组织(彩照23)。有的品种叶片上形成椭圆形稍隆起的小瘤，或形成紫红色长条状病斑，破裂后均散出黑色粉末状物。

(2)散黑穗病　病株比健株稍矮，抽穗较早。病穗的穗轴和枝梗完整，护颖增大，较长，籽粒被病原菌破坏，变成卵圆形或圆筒形小菌瘿，比健粒稍大，伸出颖壳之外，外面包被暗灰色薄膜，内部充满病原菌的黑粉状冬孢子。薄膜易破裂，散出黑粉，露出长而突出的中柱，中柱为寄主组织的残余部分(彩照24)。通常全穗发病，但仍保持原来的穗形，但也有些病穗仅部分籽粒被害，变成菌瘿，其余为健粒，正常结实。

(3)坚黑穗病　抽穗前病株与健株形态无明显区别，抽穗后可见病穗籽粒变为菌瘿，露出于颖壳之外。穗形不变，内、外颖很少被害。菌瘿圆筒形，比健粒稍大，其内部充满病原菌黑粉状冬孢子，外被灰白色薄膜。薄膜较坚硬，不易破裂。破裂时，由顶部裂开小口，露出残留中轴的尖端(彩照25)。病穗籽粒全部或大多数被害，但有时也残留一些健粒。

(4)花黑穗病　危害穗部，病穗的一部分小穗发病，其余健康。病小穗多位于穗的下部，靠近旗叶叶鞘的部位。有的还混生在高粱丝黑穗病、散黑穗病的病穗上。受害子房白色，多从一侧开始膨大，形成隆起的疱斑(菌瘿)，逐渐扩展到整个子房并突出颖外。花柱和柱头完好。有的子房多处同时被侵染，形成几条隆起的疱斑。还有的子房仅部分变为菌瘿。花黑穗病菌瘿多为短角状或长圆形，顶端渐尖，菌瘿外膜灰黑色，不规则开裂，露出黑粉状冬孢子(彩照26)。

(5)长粒黑穗病　病原菌主要危害穗部，通常仅部分小穗发病。染病小穗的子房变为稍弯曲的长角状菌瘿，突出于护颖之外，外膜灰白色，颖片正常(彩照27)。冬孢子成熟以后，菌瘿外膜从顶端破裂，散出黑色粉状冬孢子球。黑粉散落后，可见无中柱存在，仅剩下8～10根黑色丝状物，即残留的维管束组织。

【病原菌】　高粱各种黑穗病都由担子菌门冬孢菌纲黑粉菌目的病原真菌侵染引起。丝黑穗病的病原菌为丝轴黑粉菌,属于轴黑粉菌属。该菌除高粱外,还侵染约翰逊草、苏丹草等高粱属植物,也侵染玉米,但侵染高粱的与侵染玉米的病原菌,分属于两个变种,高粱变种可侵染玉米,但致病性低,而玉米变种不能侵染高粱。另外,高粱丝黑穗病菌也有多个小种。

散黑穗病的病原菌为高粱散孢堆黑粉菌,坚黑穗病的病原菌为高粱坚孢堆黑粉菌,都属于孢堆黑粉菌属,两菌还侵染甜高粱、帚高粱、苏丹草、约翰逊草等高粱属植物,也都有小种分化。

花黑穗病病原菌为见城黑粉菌,属于黑粉菌属。长粒黑穗病病原菌为埃伦团黑粉菌,属于团黑粉菌属。

【发生规律】　上述 5 种黑穗病的发生规律不同,可分为 2 种类型。第一个类型为幼苗(芽)侵入,系统侵染的黑穗病,例如丝黑穗病、散黑穗病、坚黑穗病。第二个类型是花器侵入,局部侵染的黑穗病,例如花黑穗病、长粒黑穗病,但后者的侵入途径还需进一步核实。

(1)丝黑穗病　病原菌冬孢子在土壤内、粪肥内或附着在种子表面越冬,春季侵入高粱幼芽,在植株体内系统扩展。散落土壤中的冬孢子能存活 1 年,深埋土壤内的可存活 3 年。用病残体或病土沤肥,而未经腐熟,混杂的冬孢子仍能存活传病。用高粱病株秸秆喂牛,或用菌瘿喂猪,冬孢子通过牲畜消化道后,并未全部死亡,还能引起田间发病。高粱种子表面可被冬孢子污染,也能传病。种子带菌也是丝黑穗病远距离传播的重要途径。

丝黑穗病菌主要从高粱幼芽的胚芽鞘和中胚轴侵入,从高粱种子萌发起,到芽长 1~1.5 厘米这段时间,是病菌最适侵染期,芽长超过 1.5 厘米就不易被侵染。病菌侵入后,侵染菌丝进行系统侵染,最初位于生长锥下方组织中,40 天后进入生长锥内部,并随之系统扩展,至 60 天后已经进入分化的花芽中。

丝黑穗病的发病程度与菌量、环境条件、栽培条件和品种抗病性等许多因素有关。连作地积累多量冬孢子,发病比轮作地重。连作越久,发病越重。播种后覆土厚度影响幼苗出土,覆土过厚,幼苗出土慢,发病重。

从高粱种子萌芽到出土阶段的土壤温湿度对侵染发病有重要影响,但有关试验所得结果不尽一致。总的说来,适中的地温和较低的土壤含水量有利于病原菌侵染。在土壤含水量较低时,适于病原菌侵染的温度也较低。在干土中地温12℃~16℃时,就能侵染发病,而在湿土中侵染适温则为20℃。土壤含水量在18%~20%范围内最适于病原菌侵染。

高粱品种间抗病性有差异,已发现不少免疫或抗病的材料,可用于抗病育种。种植感病品种是造成丝黑穗病大发生的主要诱因。据各地试验,农家品种多数感病,但也有抗病的,例如小八棵杈、高棵八棵杈、哈白分枝等,引进的品种中多数抗病性较强。帚用型品种比食用型品种抗病,甜高粱一般较抗病。杂交种的抗病性取决于亲本自交系。大面积栽培抗病基因单一的杂交种,可能导致病原菌优势小种更替,造成抗病性"丧失",遂使丝黑穗病重新猖獗。

(2)散黑穗病 带菌种子是散黑穗病的主要初侵染菌源。在打场时,病穗孢子污染健粒,造成种子带菌。在高粱收获前,菌瘿破裂而散落在土壤中的冬孢子,虽然能够越冬,但越冬存活率低。含有病残体的未腐熟农家肥,带有存活冬孢子,也能传病。春季,在高粱种子发芽出土的同时,种子表面或土壤中的冬孢子也萌发病原菌侵入幼芽,侵染菌丝可扩展到生长点附近,随着植株生长而系统侵染,最后进入花器,形成菌瘿。

散黑粉病菌对温湿度的要求不太严格,病原菌侵染的最低地温为15℃,最适为20℃~25℃,最高为35℃。土壤湿度较低时,芽苗生长受抑制,病菌侵染时间延长,发病加重。

高粱散黑穗病菌存在不同生理小种,高粱品种间抗病性也有明显差异。据各地试验,大黑壳、大红袍等农家品种多不抗病,引进品种中美红、法农1号等高抗,早亨加利、美白、亨加利等免疫。

(3)坚黑穗病　冬孢子随种子越冬,春季冬孢子萌发后侵入高粱幼芽,系统扩展发病。土壤中的冬孢子易于萌发,存活到下一季的几率小,土壤传染的可能性不大。冬孢子经过牲畜消化道后死亡,因而农家肥也不能传病。

坚黑穗病菌的冬孢子在24℃以下都能侵入高粱幼芽,低温、低湿更为有利。地温高于24℃,土壤湿度高于30%,就不利于侵染发病。在种子带菌率高,高粱播种过深或覆土过厚,出苗缓慢时发病加重。高粱坚黑穗病菌有多个小种,且易于发生变异。高粱品种间抗病性有差异,存在抗病种质材料和抗病品种。

(4)花黑穗病　病原菌冬孢子在病穗上的菌瘿中,或在散落于地表的菌瘿中越冬,成为翌年的初侵染菌源。花黑穗病是局部侵染的病害。病原菌从护颖与外颖缝隙间侵入花器,侵入适期是在孕穗期至开花前这一段时间。高粱开花前15天左右的温湿度对发病的影响很大。若这一时期雨日多,雨量小,冬孢子滞留穗上的机会增多,发病就重。大雨可将冬孢子冲走,发病就轻。穗子基部抽出苞叶的时间较晚,也较易保湿,因而基部籽粒发病比穗子上部籽粒多。地块离场院近,接受的孢子多,发病较重,而离场院越远,发病就越轻。

高粱品种间抗病性有明显差异。中国型高粱多数感病,亨加利型和印度型高粱较抗病。在中国型高粱中护22号和久粮5号等品种发病最重,而大白色发病率较低,八叶青不发病。另外,甜质高粱较抗病,米质、黏质高粱感病,散穗、半散穗高粱发病较轻,紧穗型和上松下紧的穗型发病较重。籽粒白色的发病轻,籽粒红色的发病重。

(5)长粒黑穗病　病原菌以冬孢子在种子表面或在土壤中越

冬。侵染途径尚不能确定,还需进一步研究。有人认为在孕穗期至抽穗期,气传冬孢子着落穗部,从花器侵入而发病,也有人认为病原菌从幼芽侵入,在高粱植株体内系统扩展,进入穗部后形成冬孢子堆,即菌瘿。

【防治方法】

(1)丝黑穗病

①选用抗病品种 因地制宜地选用抗病品种或抗病杂交种,是防治丝黑穗病最经济有效的途径。高粱丝黑穗病菌有小种分化,在选育和推广抗病品种时,应明确当地小种组成和变化趋势。还要实行抗源材料或抗病品种的合理布局,例如有人建议,在1号小种流行区,可种植以 AT×3197A 为抗源的杂交种,在2号小种流行区可选用 AT×622 为抗源,在3号小种流行区,应选用SA281、516、八棵杈等作亲本,育成抗病品种。

②栽培防治 与非寄主作物实行3年以上轮作,秋季深翻灭茬,清除病残体;使用充分腐熟的或不含病残体的农家肥作基肥;播前要细致整地,保持良好墒情,适时播种,提高播种质量,避免播种过深或覆土过厚,使幼苗尽快出土,减少病菌侵入机会;在菌瘿尚未破裂之前及时拔除病株,集中深埋或烧毁,间隔一段时间后再进行复查,若发现侧芽长出的"二茬乌米",也要及时拔除。拔除病株要持续进行,坚持数年可受到显著成效。

③种子处理 药剂拌种用三唑类药剂效果最好。25%三唑酮可湿性粉剂干拌种子,用药量为种子重量的 0.12%～0.15%,15%三唑醇干拌种剂用药量为种子重量的 0.1%～0.15%,12.5%烯唑醇可湿性粉剂用药量为种子重量的 0.12%～0.16%。有的地方用2%戊唑醇(立克秀)湿拌种剂10克,对少量水成糊状后,拌高粱种子3～3.5千克,充分拌匀后稍晾干再播种。

三唑类杀菌剂对幼苗生长有一定抑制作用,可能推迟幼苗出土。特别是在低温多雨的天气条件下,受害幼苗往往不能出土,或晚出土 10 天以上。不同品种对药剂敏感程度不同,播种期间若低温多雨或品种敏感,应降低用药量。有大雨或连阴雨天气时,应停止拌药。

(2)散黑穗病　防治散黑穗病要种植抗病品种,建立无病留种田,收获时单收单打,获得无病种子,供大田使用;病田要及时清除病残体,基肥应使用充分腐熟的或不含病残体的农家肥;播前细致整地,保持良好墒情,适时播种,提高播种质量,使幼苗尽快出土,减少病菌侵入幼芽的机会;在乌米出现后但尚未破裂之前及时拔除病株,集中深埋或烧毁;种子药剂处理参见高粱丝黑穗病防治。

(3)坚黑穗病　参见高粱散黑穗病的防治方法。

(4)花黑穗病　尚缺乏成熟的防治方法,可供采取的防治途径包括选用抗病品种,病田避免连作,及时拔除病株,以及在孕穗至抽穗期喷药保护等。

(5)长粒黑穗病　对长粒黑穗病还缺乏深入研究,在生产上至少应种植抗病、轻病品种和使用无病种子,防止种子带菌传病。

18. 薏苡黑粉病

黑粉病是薏苡的常见病害,病重地块发病率可高达 50%～100%,病株产生菌瘿,不能结实,造成严重减产。

【症状识别】　薏苡黑粉病是幼芽侵入,系统侵染发病的病害。植株长到 8～9 片叶,进入幼穗分化期后,就陆续显症。病株上部 2～3 片嫩叶的叶片和叶鞘上形成瘤状菌瘿,单生或多个串生,初紫红色,后变红褐色。菌瘿为病原菌的冬孢子堆,内部充满黑色粉状物,即病原菌冬孢子。病株主茎和分蘖茎的子房也膨大成为菌瘿,卵圆形或近圆形,初紫红色,后渐变黑褐色,内部也充满黑粉状物(彩照 28)。

【病原菌】　病原菌为薏苡黑粉菌,是一种担子菌,只侵染薏苡,在病株上产生冬孢子堆和冬孢子,冬孢子卵圆形、椭圆形、不规则形,黄褐色,表面密生小刺。冬孢子在室内干燥条件下,可以存活 5 年左右。

【发生规律】 薏苡黑粉病菌的冬孢子在土壤中,或附着在种子上越冬。散布在地表和 5 厘米深土壤中的冬孢子都可以安全越冬。翌年春季地温升到 10℃～18℃后,土壤湿度适当,冬孢子就萌发,产生担孢子,侵入薏苡幼芽,然后菌丝扩展到生长点附近,随植株生长而发生系统侵染,进入各层叶片和幼穗,形成冬孢子堆,出现菌瘿。菌瘿破裂后,又散出冬孢子,污染种子和土壤,引起下年发病。薏苡黑粉病每年只发生一次侵染,没有再侵染。

发病田多年连作,土壤带菌量逐年增加,发病加重。发病田采收的种子,带菌率高,病原菌可随种子远程传播,种植带菌种子是造成黑粉病病区扩大的主要原因。

收获后不及时将田块拷干,不进行深翻,田间弃置的病株残体多,为下年发病提供了大量菌源。田间管理不良,也是黑粉病大发生的主要诱因。

【防治方法】

(1)栽培防治 避免病田连作,实行 2 年以上轮作;收获后彻底清园,收集病株残体集中烧毁,实行冬翻晒土,清除杂草,以减少田间越冬菌量;发病地区要建立无病留种田,由无病株采种;不用带菌病残体制作有机肥,施用腐熟的有机肥,氮、磷、钾肥要合理搭配,适当增施磷、钾肥,以减轻发病;要及时进行田间检查,发现病株后立即拔除,集中烧毁。

(2)种子和土壤处理 播种前用 70%甲基硫菌灵可湿性粉剂,50%多菌灵可湿性粉剂,或 15%三唑酮可湿性粉剂拌种,用药量为种子重量的 0.4%～0.5%。也可用 40%福·拌(拌种双)可湿性粉剂 0.5 千克拌 60 千克薏苡种子。温汤浸种用 60℃温水浸种 30 分钟,用水量为种子量的 4～5 倍,浸种完毕后要及时晾干,然后用于播种。也有人先将薏苡种子在 60℃温水中浸泡 10～15分钟,捞出后再用 2％的生石灰水浸种 48 小时。土壤处理可用50％多菌灵可湿性粉剂 500 倍液或 75％百菌清可湿性粉剂 500倍液泼浇土壤。

19. 燕麦、莜麦锈病

冠锈病和秆锈病是燕麦、莜麦的主要锈病种类,分布普遍。冠锈病危害叶片,叶鞘和穗,秆锈病则主要危害茎秆和叶鞘,在适宜的气象条件下,能迅速爆发成灾,造成严重减产。中度至重度流行时减产达 10％～40％,高感品种重发田块可能绝收。

【症状识别】

(1)冠锈病 发病叶片上初生褪绿病斑,后变为橙黄色至红褐色椭圆形疱斑,这是病原菌的夏孢子堆,叶鞘和穗上也产生夏孢子堆。冠锈病的夏孢子堆较小,稍隆起,不规则散生,覆盖在夏孢子堆上的寄主表皮均匀开裂,散发出黄色粉末状夏孢子(彩照 29)。在燕麦生育后期,病叶产生黑色的冬孢子堆。

(2)秆锈病 夏孢子堆多生在茎秆和叶鞘上,也发生在叶片上。初生褪绿病斑,很快变为红褐色至褐色夏孢子堆,长椭圆形至长方形,较大,隆起高,不规则散生,可相互汇合。覆盖孢子堆的寄主表皮大片开裂,常向两侧翻卷表皮破裂明显。生育后期也形成黑色的冬孢子堆。

(3)抗病品种的症状 两种锈病依据夏孢子堆的形态特点,不难区分。但上面提到的特征仅适用于感病品种,抗病品种与其明显不同,且抗病性程度不同,表现也不一致。免疫品种无肉眼可见症状,近免疫品种仅产生褪绿或枯死病斑,不产生夏孢子堆,高度抗病品种产生枯死斑,枯死斑上有微小的夏孢子堆,中度抗病品种夏孢子堆小至中等大小,周围组织失绿或枯死。

【病原菌】 2种锈菌皆属于担子菌门锈菌目柄锈菌属。冠锈病菌为禾冠柄锈菌,侵染燕麦、莜麦的是该菌燕麦专化型,该专化型能够寄生燕麦属、鸭茅属、大麦属、羊茅属、甜茅属、黑麦草属、䶮草属、早熟禾属以及雀麦属等属的植物。秆锈病菌为禾柄锈菌,寄生燕麦、莜麦的为其燕麦专化型。

【发生规律】 在自然界中,两种锈菌都有转主寄主,即相继在两种不同植物上发育,完成整个生活史。冠锈菌的转主寄主是鼠李属植物。燕麦、莜麦上的冬孢子越冬后,萌发产生担孢子,侵染鼠李,先在鼠李属植物的叶面产生性子器和性孢子,后在叶背产生锈孢子器和锈孢子。锈孢子随气流传播,侵染燕麦、莜麦,并产生夏孢子堆。夏孢子由气流分散传播,持续侵染,直至季节之末,又产生冬孢子堆越冬。秆锈病菌的全生活史与其相似,但转主寄主是小檗属植物。在我国,两种锈菌的转主寄主在侵染循环中的作用,尚待澄清。

实际上,在广大锈病流行区域,夏孢子世代是唯一有效菌态,以夏孢子世代在燕麦、莜麦上辗转危害,完成周年循环。这一规律与小麦叶锈病和小麦秆锈病相似。

在贵州、云南等南方产区全年以夏孢子阶段进行重复侵染。锈菌还可以在冷凉山区晚熟燕麦、莜麦上越夏。在北方燕麦产区,初侵染菌源是来自外地的远程传播的夏孢子,盛发期在生育中、后期。生长季节适温多雨有利于锈病流行。

【防治方法】 主要防治措施是选育和栽培抗病品种,两种锈菌都有多个小种,需选用能够抵抗当地小种的抗病品种。还可调整播期,使大田锈病盛发期处在燕麦的生育末期,以减少损失。种植感病品种,锈病可能流行时,要及时喷施杀菌剂药液。

同小麦锈病一样,防治燕麦、莜麦冠锈病和秆锈病主要应用三唑类杀菌剂,例如在锈病始发期和始盛期喷施20%三唑酮乳油1 500～2 000倍或25%丙环唑(敌力脱)乳油4 000倍液等。药液浓度需根据品种抗病程度不同,由试喷确定,且不要随意提高,以避免产生药害。

20. 燕麦、莜麦炭疽病

炭疽病是燕麦、莜麦的常见病害,通常不重。高感品种发病可导致叶片黄枯,植株衰弱,易倒伏,籽粒不饱满,甚至严重减产。

【症状识别】　病原菌侵染麦株叶片、叶鞘、茎秆甚至穗部。多在病株基部叶片、叶鞘上产生黄褐色椭圆形病斑,扩展后变不规则形,长条形,严重时叶片变黄枯死(彩照30)。根颈部与茎秆基部褪绿,产生黑褐色斑块,分蘖瘦弱或枯死。炭疽病的主要识别特征是在病斑上产生多数黑色小粒点,即病原菌的分生孢子盘,小粒点在叶脉间成行排列。用手持扩大镜可见小黑点上有隐约可见的黑色刺毛。

【病原菌】　病原真菌为禾谷炭疽菌,属于半知菌腔孢纲黑盘孢目炭疽菌属。其寄主范围很广,寄生燕麦属、剪股颖属、雀麦属、拂子茅属、鸭茅属、披碱草属、羊茅属、茅香属、大麦属、黑麦草属、早熟禾属、棒头草属和小麦属植物。禾谷炭疽菌侵染引起多种麦类作物和草坪禾草炭疽病。

【发生规律】　病原菌以分生孢子盘和菌丝体,在病株残体上或在杂草寄主上越夏或越冬,然后产生分生孢子,侵染幼苗。分生孢子借风雨传播,可引起多次再侵染,使发病植株逐渐增多。另外,种子也可以带菌传病。

麦类作物连作,杂草多,土壤瘠薄、缺磷、pH 值高时,发病增多。田间管理不良,天气多雨高湿时病重。

【防治方法】　炭疽病通常发生不重,不需采取特定防治措施,可在防治其他病害时予以兼治。重病田块可与非禾本科作物进行2 年以上轮作,清除田间病残体和杂草。同时加强田间管理,增施肥料,特别是有机肥和磷肥。

21. 燕麦、莜麦德氏霉叶斑病

德氏霉叶斑病是燕麦、莜麦的常见病害,分布于各燕麦产区,南方发生较多,通常不严重。种植高感品种,且当季田间湿度较高,有可能流行,造成减产。

【症状识别】 病原菌主要危害叶片和叶鞘,引起叶斑与叶枯。幼苗叶片上生椭圆形至长条形病斑,浅红褐色至褐色,严重时苗枯。成株叶片初生紫红色小病斑,后扩展成为椭圆形、梭形至不规则形条斑,褐色,长度可达 0.7~2.5 厘米,后期有些病斑中部色泽较淡,黄褐色或红褐色,边缘色泽较浓,黑褐色或紫褐色,病斑周围可能有黄色晕环(彩照 31)。严重时多个病斑汇合,叶片干枯。高湿时,病斑上生黑褐色霉状物。病原菌还可侵染颖壳和籽粒,病部变褐色。

【病原菌】 病原真菌无性态为燕麦德氏霉,是一种半知菌,有性态为毛壳核腔菌,是一种子囊菌。该菌除了燕麦、莜麦外。还侵染大麦、小麦以及多种禾草。

【发生规律】 分生孢子、菌丝体在病残体上或病种子上越冬。种子内部和种子表面都可能带菌。翌年春天越冬菌源产生分生孢子,萌发后从幼苗幼嫩组织侵入,发病后又产生分生孢子,进行多次再侵染。播种后若地温低而土壤湿度高,幼苗易发病。生长期间天气多雨高湿,适于成株叶斑和叶枯症状发展,从基部叶片先开始发病,逐渐向上层叶片部扩展。

【防治方法】 种植抗病或轻病品种,收获后及时清除田间病残体,使用无病种子,必要时实行种子药剂处理。发病重的地区或田块,于发病初期开始喷施甲基硫菌灵、多菌灵或代森锰锌等杀菌剂,防治 1~2 次。

22. 燕麦、莜麦壳多孢叶斑病

壳多孢叶斑病是燕麦、莜麦常见病害,病原菌危害叶片、叶鞘和茎秆,引起叶枯和倒伏,也可以侵染穗部和籽粒,在阴湿冷凉的地区发生较多,感病品种可因病减产 15% 以上。

【症状识别】

(1)**叶片症状** 叶片上生梭形、椭圆形病斑,黄褐色、红褐色或黑褐色,边缘有黄晕,扩大后病斑长径可达 1 厘米。多个病斑可相互汇合,形成形状不规则的斑块,造成叶枯。病斑上形成多数黑色小粒点,即病原菌的分生孢子器。病斑可由叶片基部延伸到叶鞘和茎秆上,叶鞘上病斑红褐色至黑褐色。

(2)**茎秆症状** 茎秆上产生灰褐色至黑褐色不规则形、长条形斑块,有光泽,多发生在上部两个茎节上,高度感病品种几乎全秆发病,严重时病斑环绕茎秆。茎秆内腔生有灰色菌丝体,病茎秆腐坏,常折倒,造成结实减少或不结实。

(3)**穗部症状** 颖壳上形成不规则形黄褐色或褐色斑块,外稃和内稃上生出黑色或暗褐色斑块,严重时种子也变色。

【病原菌】 病原菌无性态为燕麦壳多孢燕麦专化型,是一种半知菌,有性态为燕麦暗球腔菌燕麦专化型,是一种子囊菌。

【发生规律】 病原菌主要以菌丝体和分生孢子器在田间病残体中越冬,含有未腐熟病残体的有机肥,也是传染源。种子也能带菌传病。

春季,越冬病残体产生分生孢子,也可能产生有性态子囊壳与子囊孢子,因地而异。分生孢子和子囊孢子主要随风雨传播,也可被昆虫、农机具等携带而传播。在一个生长季中,发生多次侵染,发病部位从基部叶片,逐渐上移。多雨高湿的天气适于发病。品种间发病程度有明显差异,早熟品种发病较轻,有的还能避病。

【防治方法】 发生轻微的地区,可在防治其他病害时予以兼治。发病较重地区应采用以栽培抗病、轻病或早熟避病品种为主的综合措施。要使用无病种子,收获后要及时清除病残体,深耕灭茬,施用腐熟有机肥,搞好田间卫生,重病田可停种燕麦 2~3 年。育种田、种子田和高感品种生产田,可在病情上升前喷施杀菌剂药液。

23. 燕麦、莜麦黑穗病

燕麦、莜麦感染的黑穗病主要是坚黑穗病和散黑穗病。坚黑穗病分布广泛,危害严重,一向是燕麦、莜麦最重要的真菌病害。散黑穗病也常发生,病穗率一般不过 2%,但有的品种病穗率可高达 25%,亦需防治。

【症状识别】 坚黑穗病和散黑穗病主要危害穗部,破坏籽粒,造成减产。

(1)坚黑穗病 花器被破坏,籽粒变为病原菌的冬孢子堆,称为"菌瘿",其内部充满黑褐色粉末状物,为病原菌的冬孢子。菌瘿外面包被污黑色膜,坚实不易破损。冬孢子粘结成块,不易分散。有些品种颖片不受害,菌瘿隐蔽在内,难以看见,有的则颖壳被破坏(彩照 32)。

(2)散黑穗病 病株较矮小,抽穗期提前,明显症状表现在穗部,大部分病株整穗发病,少数植株仅中、下部小穗发病。病穗子房被破坏,变为病原菌的菌瘿,有的颖片也被破坏消失。菌瘿内部充满黑粉状冬孢子,外被一层灰色薄膜。后期膜破裂,散出冬孢子,仅剩下穗轴。

【病原菌】 坚黑穗病的病原菌为燕麦坚黑粉菌,散黑穗病的病原菌是燕麦散黑粉菌,都属于担子菌门冬孢菌纲黑粉菌目黑粉菌属。

【发生规律】 坚黑穗病是幼芽侵入，系统侵染病害，散黑穗病基本上也是幼芽侵入，系统侵染病害，但少数种子在其灌浆成熟期已被侵入。

(1)坚黑穗病　病原菌以冬孢子附着在种子上，或落入土壤中，混杂在粪肥中越季。冬孢子抗逆性强，可在土壤中存活 2～5 年。燕麦种子萌发时，冬孢子也同时发芽，产生担子和担孢子。不同性别的担孢子萌发后结合，产生双核侵染菌丝，侵入幼芽。以后在病株体内系统扩展，开花时进入花器中，破坏子房，又产生大量冬孢子。

坚黑穗病原菌发育适温 15℃～28℃，最低 4℃～5℃，最高 31℃～34℃。土壤中性到微酸性最有利于病原菌侵染。侵染适温随土壤湿度而不同。土壤含水量 15％时，侵染适温为 15℃，土壤含水量 20％～25％时，侵染适温为 20℃，土壤含水量再增高，侵染适温也可提高到 25℃。一切延长种子发芽和出苗的因素，都可能使侵染率提高。燕麦品种间抗病性差异明显。

(2)散黑穗病　病株抽穗较早，在燕麦开花期，病株菌瘿破裂，冬孢子通过风雨传播，降落在健株穗子的颖壳上或进入张开的颖片与籽粒之间。部分孢子迅速萌发，菌丝侵入颖壳或种皮中，以菌丝体休眠。部分孢子不立即萌发，在种子上或种子与颖壳之间长期存留。

带菌种子是主要侵染菌源。燕麦播种后，种子外部污染的冬孢子和土壤中的冬孢子萌发，相继产生担、担孢子和侵染菌丝。后者侵入胚芽鞘，胚芽鞘长度达到 2.5 厘米以前为易感阶段，适于病原菌侵入。同时，已经进入颖壳和种皮的菌丝体，也开始活动。病菌侵入幼苗后，菌丝随生长点系统扩展，最后进入幼穗，形成菌瘿。

播种后温度 18℃～26℃，土壤含水量低于 30％，幼苗生长缓慢，适于病原菌侵染的时间拉长，发病增多。播种过深时，发病也加重。

【防治方法】

（1）种植抗病品种　品种间抗病性有显著差异,应因地制宜,栽培抗病品种。

（2）栽培防治　以土壤带菌为主的病地,轮作小麦、玉米、豆类、甜菜或马铃薯等作物,例如河北北部实行"豌豆—小麦—马铃薯—裸燕麦—亚麻—豌豆"5 年轮作制。建立无病种子田或异地换用无病种子,选用无病种子播种。秋播要适时早播,春播要适时晚播,要搞好整地保墒,提高播种质量,促进发芽出苗。抽穗后发现病株要及时拔除,携至田外集中烧毁。

（2）药剂拌种　播前可用三唑类杀菌剂或其他药剂拌种。用三唑酮拌种,拌 100 千克种子,25%三唑酮可湿性粉剂用 80～120克,15%三唑酮可湿性粉剂用 120～200 克。10%三唑醇可湿性粉剂拌种,每 100 千克种子拌药 75～150 克。用 2%戊唑醇（立克秀）湿拌种剂拌种,每 100 千克种子用药 100 克,再按每 10 千克种子用水 150～200 毫升的比例,量取所需水量,与药剂混合搅匀成糊状,再将所需的种子倒入并充分搅拌,使每粒种子都均匀地沾上药剂。拌好的种子放在阴凉处晾干后即可用于播种。

用 50%多菌灵可湿性粉剂拌种,每 100 千克种子拌药 200～300 克,用 50%甲基硫菌灵可湿性粉剂拌种,每 100 千克种子拌药 200 克,用 40%拌种双可湿性粉剂,每 100 千克种子拌药 100～200 克。此外,也可用种子重量 0.5%～1%的细硫黄粉拌种。

三唑类药剂和拌种双拌种,可能有药害,应严格控制用药量,最好对所处理的品种,先做试验,确定适宜用药量。

24. 燕麦、莜麦红叶病

由大麦黄矮病毒引起的麦类黄矮病是世界性病害,小麦黄矮病流行范围最广,危害最大,为人们所熟知。但许多燕麦品种被大麦黄矮病毒侵染后,引起叶片发红,根据这一特点被称为"红叶病"。红叶病也是燕麦、莜麦的重要病害,流行年份严重减产。

【症状识别】　全发育期均可被侵染,整株发病,叶片变色,茎秆矮小,结实率和千粒重降低。

燕麦、莜麦的症状因品种、病毒株系与侵染发生的生育阶段而有所差异。多数燕麦品种病株叶片变红色或紫色,但也有的品种病叶变黄色(彩照33,34)。变红色的品种,苗期被侵染后,叶片就变红,病苗矮缩,严重的枯死。成株期被侵染,一般上部叶片先表现症状,旗叶症状尤其明显。就单个叶片来看,先自叶尖或叶缘开始,呈现紫红色或红色,逐渐向下扩展成红绿相间的条纹或斑驳,病叶还变短,变厚,僵硬直立。后期叶片橘红色,叶鞘紫色。成株发病后也有不同程度的矮化。

【病原物】　红叶病是病毒侵染引起的病害,病原物是大麦黄矮病毒。该病毒属于黄症病毒属,粒体为等轴对称二十面体,自然侵染小麦、大麦、燕麦、小黑麦、玉米、谷子、糜子、高粱、水稻以及野燕麦、鹅冠草等百余种禾本科植物。

【发生规律】　由20多种蚜虫传毒,主要是麦二叉蚜、麦长管蚜、无网长管蚜和禾谷缢管蚜等。蚜虫持久性传毒,循回型,病毒在蚜虫体内循回期较短,不能增殖,也不能经卵传播。蚜虫一次获毒后可以保持2~3周时间。在我国,大麦黄矮病毒主要有4种株系,其主要的蚜传介体不同。

各地造成黄矮病毒流行的病毒来源非常复杂,包括罹病麦类作物、自生麦苗、带毒禾草或其他寄主植物等,各地依耕作制度不同而有所差异。黄矮病流行区栽培面积最大的寄主作物是小麦和大麦,了解小麦、大麦发病情况,对于了解病毒整个周转过程和发病规律非常重要。在冬麦区,传毒蚜虫在当地自生麦苗、其他作物或禾草上越夏,秋季又迁回麦田,危害秋苗并传毒。冬季麦蚜以若虫、成虫或卵在麦苗和杂草基部或根际越冬。翌年春季又继续危害和传毒，随后进入主要发病时期。在冬、春麦混种区，冬麦是毒源寄主和蚜虫越冬处所。蚜虫春季由冬麦田向春麦田迁飞并传毒，夏季在春麦或其他寄主作物上越夏。秋季又迁回冬麦田传毒。在春麦区，蚜虫很难就地越冬。每年带毒蚜虫随气流由冬麦区远距离迁飞到春麦区，危害并传毒，因而冬麦区黄矮病的大发生，往往引起春麦区黄矮病的流行。

按燕麦作物生育时期不同，有春播夏收的夏燕麦和夏播秋收的秋燕麦，夏燕麦区一般于春分至清明前后播种，而秋燕麦区一般于立夏至芒种之间播种。引起夏燕麦发病的带毒蚜虫，可能是由当地冬小麦或其他冬作物迁飞而来的，也可能是由其他冬麦区远程迁飞而来的。秋燕麦发病，毒源则是当年发病的各种麦类作物或其他带毒植物。

红叶病的流行因素很复杂，涉及气象条件、介体蚜虫数量与带毒率、品种抗病性、耕作制度与栽培方法等，气象条件往往是主导因素。气温和降雨对蚜虫数量消长的影响很大。春季降雨少，气温回升快且偏高，有利于蚜虫繁殖，病害就可能大发生。夏季气温偏低有利于蚜虫越夏。冬季气温偏高则有利于蚜虫越冬，翌年春季发病加重。改善灌溉条件，增加水浇地，田间湿度增高，对麦二叉蚜等传毒蚜虫有抑制作用，虫口减少，发病减轻。

【防治方法】 防治红叶病要以农业防治为基础，药剂防治为辅助，选育抗病品种为重点，实行综合防治。

要优化耕作制度和作物布局，需考虑各种作物对蚜虫和黄矮病发生的影响，慎重规划，达到减少虫源，切断介体蚜虫传毒的效果。要清除田间杂草，减少毒源寄主，扩大水浇地的面积，创造不利于蚜虫滋生的农田环境。要尽量选用抗病、耐病、轻病品种。

施用药剂治蚜，减少蚜口数量，控制传毒。有效药剂及其施用方法参见本书麦二叉蚜、麦长管蚜和禾谷缢管蚜等节。

25. 青稞锈病

青稞锈病主要有条锈病,叶锈病和秆锈病。我国以条锈病发生最为严重,叶锈病和秆锈病分布也较广泛。在适宜的气象条件下,锈病能迅速传播,爆发成灾。在锈病大流行年份,感病品种减产 30% 左右,在特大流行年份减产 50%~60%。

【症状识别】 条锈病主要发生在叶片上,也危害叶鞘、茎、穗、颖壳和芒。叶锈病也主要发生在叶片上,也危害叶鞘。秆锈病则主要发生在茎和叶鞘上,叶片和穗部也有发生。

3 种锈病最初都在发病部位生成小型的褪绿病斑,随后发展成为黄色或黄褐色的疱斑,即锈菌的夏孢子堆。最初疱斑上有叶表皮覆盖,成熟后表皮破裂,散出铁锈色的粉末,即锈菌的夏孢子。生育末期或叶片衰弱后在发病部位还形成另一种黑色的疱斑,称为冬孢子堆。根据夏孢子堆与冬孢子堆的特点,可以识别和区分3 种锈病。

条锈病的夏孢子堆最小,鲜黄色,长椭圆形。在成株叶片上沿叶脉排列成行,呈现"虚线"状(彩照 35)。覆盖孢子堆的表皮开裂不明显;冬孢子堆也小,狭长形,黑色,成行排列,覆盖孢子堆的表皮不破裂。叶锈病的夏孢子堆较小,橘红色,圆形至长椭圆形,不规则散生,多生于叶片正面(彩照 36)。覆盖孢子堆的寄主表皮均匀开裂;冬孢子堆也较小,圆形至长椭圆形,黑色,散生,表皮不破裂。秆锈病的夏孢子堆大,褐色,长椭圆形至长方形,隆起高,不规则散生,可相互愈合。覆盖孢子堆的寄主表皮大片开裂,常向两侧翻卷;冬孢子堆也较大,长椭圆形至狭长形,黑色,散生,表皮破裂,卷起。

以上介绍的是感病品种的典型症状,抗病品种的症状则有明显区别,抗病性程度不同也有较大变化。免疫品种不表现任何肉眼可见的症状,近免疫品种仅产生小枯条(条锈病)或枯斑(叶锈病和秆锈病),不产生夏孢子堆,抗病品种的夏孢子堆小,周围组织枯死,中度抗病品种的夏孢子堆较大,周围失绿或枯死。

【病原菌】 青稞条锈病菌主要为条形柄锈菌大麦专化型(大麦条锈病菌),但该菌的小麦专化型(小麦条锈病菌)也能侵染青稞和大麦。叶锈病菌为大麦柄锈菌。秆锈病菌主要为禾柄锈菌小麦专化型(小麦秆锈病菌),但该菌的黑麦专化型(黑麦秆锈病菌)也能侵染大麦和青稞。

条锈病菌较喜冷凉,秆锈病菌适温较高,叶锈病菌的温度要求则较宽,但都需要叶片上有水膜,夏孢子方能萌发和侵入。

锈菌不能脱离活的寄主植物而存活。在麦类作物上,它们只产生夏孢子和冬孢子。但冬孢子对其传种接代已经起不起作用。3种锈菌都只能以夏孢子通过持续侵染麦类寄主的方式,完成周年循环。

3种锈菌群体内部都有多个致病性不同的小种,如果出现了新的优势小种,便能感染对原来优势小种抗病的品种,这就使一批原来抗病的品种"丧失"抗病性,沦为感病品种,这种情况往往导致锈病大发生。

【发生规律】 锈病是气传病害,夏孢子可以随气流传播,最远可传播到几百公里以远。夏孢子脱离植株后或者在病残体上存活时间都不长。麦类寄主作物在收获前,部分夏孢子就已经随气流传播到远方,另觅适宜的麦类作物侵染和危害。麦类收获后,锈病也随之死亡。当地下一季麦类出苗后,又接受远方随气流传来的锈菌夏孢子,发生锈病。

(1)条锈病 条锈病菌不耐高温,夏季在凉爽地区的麦类作物上越夏。凡夏季最热一旬的旬平均气温在20℃以下,又有适宜麦类寄主生长的地区,夏季就会正常发生条锈病,条锈菌得以越夏。条锈菌的主要越夏基地在我国西部,包括甘肃、青海东部、四川西北部以及云南等地的高山、高原地区。

越夏菌源侵染秋苗,距越夏地区越近,播期越早,麦苗发病就越早、越重。条锈菌能否安全越冬取决于冬季气象条件。在1月份平均气温低于$-6\sim-7℃$的地区,入冬后小麦的地上部分全部枯死,条锈菌不能越冬。在此线以南,当冬季气温降低到$1\sim2℃$后,条锈菌就以潜伏菌丝在未枯死的麦叶内越冬,而在更南一些的地方,条锈病菌在冬季还可以继续繁殖和侵染,春季可以提供大量菌源,侵染邻接地区的适宜麦类作物。

我国大部分青稞栽培地区,种植春播青稞,引起发病的条锈病菌来自远程传入的秋播麦类越冬菌源,也可能来自邻近发病较早的麦类作物。夏季通常是青稞条锈病的主要流行时期,部分青稞栽培地区,处于我国条锈病菌越夏地区。

(2)叶锈病　叶锈病菌对温度的适应范围比条锈菌宽泛,在大部分冬大麦、冬小麦栽培地区,叶锈病菌可以就地在自生麦苗和晚熟小麦上越夏。秋季就近侵染秋苗,并向邻近地区传播。叶锈病菌的越冬方式和越冬条件与条锈病菌相似。春季叶锈病的发展较条锈病缓慢。青稞的菌源传播情况,需根据当地情况具体分析,很难一概而论。引起春青稞、春大麦、春小麦栽培地区发病的菌源,是从邻近发病较早地区随气流传播而来的当季夏孢子。

(3)秆锈病　就全国情况来说,小麦、大麦秆锈病菌主要在西南、西北许多冷凉地方的自生麦苗或晚熟小麦、大麦上越夏,主要越冬基地则在在东南沿海地区和云南等地,春季夏孢子由越冬基地逐步北移、西移,直至西南、东北、西北和内蒙古春麦栽培区。春、夏季主要在春麦区,包括春青稞栽培区流行危害。空中孢子来临和地面发病的始见期比常年早,麦类抽穗前后气温比常年高,降水多,湿度高,秆锈病就可能流行。

【防治方法】　采取以种植抗病品种为主,栽培防治和药剂防治为辅的综合措施。选育和使用抗病品种,特别是抗条锈病的品种,是防治青稞锈病的根本措施,为此需要了解锈菌的小种组成及其变化。在购进和种植新品种时,特别要仔细了解该品种是否抵抗当地的小种。

从全国麦类锈病的全局来说,栽培防治的重点治理越夏、越冬的关键地带。对具体的发病地区来说,则要因地制宜,调整播期,推迟发病,降低病情。要加强田间管理,施用腐熟有机肥,增施磷肥、钾肥,搞好氮、磷、钾肥的合理搭配,增强麦株长势,避免贪青晚熟,以减轻发病。有灌溉条件的地方,要合理排灌,降低田间湿度,发病重的田块需适当灌水,维持病株水分平衡,减少产量损失。

种植感病品种的地区,若锈病发生早,天气条件有利于锈病发展,需行药剂防治,不能掉以轻心。当前用于叶面喷雾的主要是三唑类内吸杀菌剂,常用品种有 15% 三唑酮(粉锈宁)可湿性粉剂、25% 三唑酮可湿性粉剂、20% 三唑酮乳油等,较少使用的还有烯唑醇(特谱唑)、三唑醇、粉唑醇、丙环唑、腈菌唑等。三唑酮叶面喷雾防治小麦条锈病的适宜用药量,高度感病品种,每 667 平方米用药 9~12 克(有效成分),中度感病品种 7~9 克(有效成分),喷药适期为病叶率 5%~10%,可资参考。

以当地菌源为主的常发区,还可用三唑酮拌种,拌种用药量为种子重量的 0.03%(以有效成分计),要混拌均匀。三唑类杀菌剂拌种后可延迟出苗,在土壤含水量较低的田块,还可能降低出苗率。一定要采用适宜的用药量,提高拌种质量,或酌情增加播种量,以避免或减轻药害。

26. 青稞网斑病

网斑病是青稞的重要病害,主要危害叶片,也侵染叶鞘和穗部。病株减产 20%~30%,高感品种可减产 50% 以上,病麦品质也有所降低。

【症状识别】　叶片上症状有 2 种类型,即网斑型和斑点型,依菌系与品种不同而异。

(1)网斑型　病叶生黄褐色至淡褐色的斑块,病健界限不明,内有纵横交织的网状细线,暗褐色,病斑较多时,连成暗褐色条纹状斑,上生少量孢子,但有的品种缺横纹或不明显,成为一类中间型症状。

(2)斑点型　病叶上产生暗褐色的卵圆形、梭形、长椭圆形病斑,长 3～6 毫米,周围常变黄色或不清晰。病斑上生黑色霉状物。病斑可互相汇合,引起叶枯(彩照 37)。

【病原菌】　病原菌为网斑德氏霉,属于半知菌丝孢纲德氏霉属,也有人将该菌区分为网斑专化型和斑点专化型。有性态为圆核腔菌,是子囊菌门的真菌。

【发生规律】　病原菌在田间遗留的病株残体内越冬,是主要的初侵染菌源。翌年,越季病残体产生分生孢子和子囊孢子,随风雨分散,降落在幼苗上,引起初侵染。初侵染病株又产生分生孢子,借风、雨传播,进行再侵染。

病原菌以菌丝体潜伏在种皮内,或以分生孢子附着在种子表面。带菌种子也是重要初侵染来源。种子传带的病原菌,可直接侵染幼芽、幼苗。

分生孢子产生温度 15℃～25℃,适温 22℃。叶片上有水膜或相对湿度达 100%,温度 20℃左右时有利于病菌孢子萌发和侵入寄主。低温、多雨、高湿、寡照有利于网斑病流行。

【防治方法】

(1)农业防治　选用抗病、轻病品种,使用无病种子;收获后及时清除和翻埋病残体,重病田避免连作;平衡使用氮肥与磷肥,避免过量施用氮肥,合理灌溉,降低田间湿度。

(2)药剂防治　使用杀菌剂处理种子,或在发病始期田间喷药。种子处理方法可参见本书大麦条纹病部分。田间喷药可选用

50%多菌灵可湿性粉剂（每 667 米² 用药 100 克），60%多菌灵盐酸盐可湿性粉剂（每 667 米² 用药 60 克），70%代森锰锌可湿性粉剂（每 667 米² 用药 143 克），25%丙环唑乳油（每 667 米² 用药 33～40 毫升）或 25%三唑酮可湿性粉剂（每 667 米² 用药 30 克）等。

27. 青稞条纹病

条纹病是青稞的重要病害和主要防治对象，分布广泛。病原菌主要危害叶片和叶鞘，严重时叶片迅速枯死，不能抽穗或形成白穗。病株减产 20%～30%，高感品种可减产 50%以上。

【症状识别】　幼苗叶片上初生淡黄色小点或短小条纹。部分幼苗心叶变灰白色而枯死。至分蘖期，病斑发展成为黄色细长条纹，从叶片基部延伸到叶尖，与叶脉平行，有的条纹断续相连。拔节以后叶片上的条纹由黄色变褐色，大多数老病斑中部黄褐色，边缘黑褐色，有的周围有黄晕（彩照 38）。叶片可沿条纹开裂，呈褴褛状，高湿时条纹上生灰黑色霉状物。因品种不同，条纹的形态变化很大，有些大麦品种的叶片上有多条与叶脉平行的纤细条纹，有些品种则只有一条或少数宽带状条纹，有的条纹宽度甚至可占到叶片宽度的 1/2～3/4。病株可能早期枯死，存活到抽穗期的，多不能结实或籽粒不饱满。有的品种旗叶紧裹，抽不出穗或穗弯曲畸形，麦芒可能被夹在鞘内而呈拐曲状。

条纹病的症状在苗期就可以看到，但孕穗和抽穗期后尤其明显。发现田间植株枯死，或出现白穗，可检查病叶的条斑症状，予以确认。

【病原菌】　病原菌为禾德氏霉，属于半知菌丝孢纲德氏霉属。有性态为禾核腔菌，是一种子囊菌。该菌主要侵染大麦属植物。

【发生规律】　种子带菌传病，病原菌的休眠菌丝潜伏在种子内外,可以长期存活。播种后,随着种子发芽生长,病原菌的休眠菌丝也萌发,长出芽管和菌丝侵入幼芽。以后病原菌的菌丝体随植株生长而系统侵染,相继进入各叶位的叶片。在叶片内,菌丝沿着叶脉扩展蔓延,形成长条形病斑。以后病原菌又进入穗部,病穗不能抽出或变畸形。到发病后期,病部产生大量分生孢子,随风雨传播,降落到正在扬花的健穗上,随即萌发为菌丝,进入到内颖与种子之间或侵入麦粒内部。对裸大麦,潜伏菌丝多在种皮内和胚乳内,对有颖大麦,病原菌多潜伏在颖片与种皮之间。

残留在病残体中的病原菌,经过一段时间后,多丧失生活力,不能侵染下一季青稞。

播种时地温低,土壤湿度高,种子发芽慢,幼苗出土迟,生长发育不良,有利于条纹病菌侵染。地温 12℃～16℃,最适于发病。若播种早,生长前期地温较低,发病重。土壤干旱,麦苗出土也慢,发病也较多。播种发芽率高、发芽势强的健康种子,可加快发芽和出苗,缩短病原菌的侵染时间,降低侵染几率,减少发病。生长期间多雨高湿,温度低,发病加重,若环境条件有利于植株生长,部分叶片和麦穗可以逃避病菌侵染。偏施氮肥,植株柔嫩,发病也重。抽穗开花期雨多露重,有利于病菌分生孢子的产生、传播和侵入,种子带菌率增高。

【防治方法】

(1)农业防治　种植抗病品种,不用病田收获的种子,建立无病留种田,繁育无病种子。搞好播前选种,选用颗粒饱满,发芽率高,发芽势强的种子。播前晒种 1～2 天,以提高发芽率和增强发芽势。要适期播种,避免出苗期间遭遇低温,要施足基肥,培育壮苗。抽穗前要及早拔除病株。

(2)播前种子处理　采用温汤浸种、石灰水浸种或药剂处理等方法。

温汤浸种用 53℃～54℃的温水浸种 5 分钟,或用 52℃的温水浸种 10 分钟。浸后立即将麦种摊开冷却,晾干后播种。冷水温汤浸种先用冷水预浸麦种 4~5 小时,然后移入 53℃~54℃ 温水中浸 5 分钟,然后将麦种摊开冷却。

1%石灰水浸种,即在伏天里用 50 千克石灰水浸种子 30 千克,24 小时后取出摊开晾干,贮藏备用。另外,用 5%硫酸亚铁水溶液浸种 6 小时,也有一定效果。

药剂拌种可用 25%三唑酮可湿性粉剂 80~120 克,拌麦种 100 千克。或用 2%戊唑醇(立克秀)湿拌种剂 100 克拌麦种 100 千克。或用 3%敌萎丹(恶醚唑)悬浮种衣剂 100~200 毫升拌 100 千克种子。

34%大麦清可湿性粉剂 120~150 克,加水 8 升,调匀后喷拌 100 千克种子,堆闷 4 小时后播种。若不能及时播种,要晾干存放,几天后再播种。该药是三唑酮与福美双的混剂。

多菌灵浸种,每 50 千克水中加入 50%多菌灵可湿性粉剂 100~150 克,浸种 30 千克,24 小时后捞出晾干。

(3)田间喷药 常发麦田可在发病初期喷布杀菌剂。常用药剂有多菌灵、代森锰锌、丙环唑等。青稞抽穗后喷药,可降低种子带菌率。

28. 青稞云纹病

云纹病是青稞的常见病害,分布广泛而严重。云纹病主要危害叶片和叶鞘,也侵染穗部。病株叶片早期枯死,造成减产,严重田块减产 45%以上。有人在自然发病条件下,分级测定了青稞的损失情况,结果随云纹病严重度增高,穗粒数、千粒重、单穗粒重都明显减低,而产量损失率明显增高,严重度为最高一级时产量损失率达 67.3%。

【症状识别】 叶片上和叶鞘上初生卵圆形白色透明的小病

斑,病斑扩大后变为梭形、长椭圆形,病斑中部青灰色至淡褐色,边缘宽而色深,呈暗褐色或黑褐色(彩照 39)。多个病斑相互汇合,呈云纹状,病叶变黄枯死。在高湿条件下,病斑上形成灰黑色霉状物,为病原菌的分生孢子梗和分生孢子。

【病原菌】　病原真菌是黑麦喙孢,属于半知菌丝孢纲喙孢霉属。病原菌除危害青稞、大麦外,还侵染黑麦、小黑麦、小麦和多种禾本科草。

【发生规律】　病原菌以分生孢子和菌丝体在病残体上越冬或越夏。种子也可带菌传病。下一季青稞出苗后,分生孢子随风雨传播,侵染幼苗,在整个生育期可多次再侵染。在乳熟期至蜡熟期病情增长最快。

分生孢子萌发适温 $10℃ \sim 20℃$,在 $25℃$ 以上发芽率明显降低。气温 $18℃$,大气相对湿度 92% 时,分生孢子在 6 小时内即可萌发和侵入寄主。在 $20℃$ 时潜育期为 11 天。低温、高湿的天气有利于病害发生。田间遗留病残体多,或施用含有病残体的未腐熟有机肥时,初侵染菌源多,发病率增高。田间高湿,过施氮肥,播种密度过大,植株徒长柔弱时发病重。

【防治方法】　防治方法包括:①收获后深翻,翻埋病残体,促进病残体分解,减少初侵染菌源。②种植抗病、轻病品种,使用健康种子,合理密植,平衡施肥,促进麦株健壮生长。合理排灌,及时中耕,降低田间湿度。③用 50% 多菌灵可湿性粉剂,按种子重量 0.3% 的药量拌种。④发病初期喷施杀菌剂,可供选用的药剂有 15% 三唑酮宁可湿性粉剂 1 000 倍液,70% 甲基硫菌灵可湿性粉剂 1 000 倍液,50% 多菌灵可湿性粉剂 800 倍液,70% 代森锰锌可湿性粉剂 500 倍液等。

29. 青稞黑穗病

青稞的黑穗病主要有坚黑穗病和散黑穗病,分布于各栽培区。黑穗病是青稞的重要病害和主要防治对象。坚黑穗病破坏麦粒,使之变为黑粉菌的菌瘿,病田损失率常达 10%～30%。散黑穗病破坏整个麦穗,发病率一般低于 1%,有的地方感病品种发病率可达 7%左右,严重年份在 10%～20%,还有高达 40%的记载,也需重视。

【症状识别】 主要危害穗部,抽穗前症状不易识别,抽穗后可依据病穗特点区分。

(1)坚黑穗病 病株多比健株略矮,抽穗稍迟,有时部分穗子被叶鞘包裹,不完全抽出。病小穗的子房被破坏,为菌瘿(病原菌的冬孢子堆)所取代。菌瘿坚硬,外面包被一层灰白色薄膜,不易破裂,破裂后露出颗粒状的黑色孢子团,冬孢子(黑粉孢子)间相互黏结,不易散开(彩照 40)。

(2)散黑穗病 病株抽穗略早,抽穗后可见明显症状。整个病穗全部被病原菌破坏,变为菌瘿,充满冬孢子,外面包被灰色薄膜。薄膜易于破裂,破裂后冬孢子飞散,仅残留穗轴和芒(彩照 41)。

【病原菌】 坚黑穗病的病原菌为大麦坚黑粉菌,散黑穗病的病原菌为大麦散黑粉菌,都属于担子菌门冬孢菌纲黑粉菌目黑粉菌属,主要危害大麦、青稞等。

【发生规律】 坚黑穗病病原菌从幼芽侵入,进行系统侵染,而散黑穗病菌则从花器侵入,系统侵染。两者都随带菌种子传播。

(1)坚黑穗病 坚黑穗病主要由带菌种子传播。在脱粒作业时,冬孢子散落,污染了种子。冬孢子在田间也可以通过病穗与健穗之间的摩擦,而黏附种子。播种带菌种子后,在种子发芽过程中,冬孢子萌发,产生双核侵染菌丝,由青稞的胚芽鞘侵入,进入生长点附近,以后随麦苗生长而在青稞体内系统扩展,最后进入花器,形成菌瘿,出现病穗。

冬孢子萌发适温 20℃,最低 5℃~6℃,最高 35℃,在 52℃ 温水中 15 分钟后致死。冬孢子在水滴中,或相对湿度 95%~100% 的环境中易于萌发。

病原菌只能在胚芽鞘出土前侵入,播种过深、整地不良、土壤干旱等延迟麦苗出土的因素都加重发病。地温 10℃~25℃,湿度适中,酸性土壤发病较重。

(2)散黑穗病　病原菌的休眠菌丝体潜伏在带菌种子的胚内,种子萌发后,菌丝开始活动,逐渐转移至生长点附近。幼穗形成后,菌丝进入穗组织,形成菌瘿。抽穗后不久,菌瘿破裂,冬孢子随风分散,飘落到健株花器上,萌发并最终形成侵染菌丝,侵入子房和胚,种子成熟后,以菌丝体潜伏在种胚内。

【防治方法】

(1)栽培防治　栽培抗病品种,使用健康种子;平整土地,适期播种、浅播,以利于迅速出苗,减少坚黑穗病菌侵染,有的地方适期晚播,使花期避过降雨期,减少散黑穗病;抽穗后及时在菌瘿破裂前拔除病株,减少病原菌对种子的污染。

(2)石灰水浸种和温汤浸种　散黑穗病菌潜伏于青稞种胚内,适用石灰水浸种或温汤浸种。常用 1% 石灰水浸种,即用生石灰或消石灰 500 克,加清水 50 升,浸麦种约 30 千克。水面要高出种子面 5~10 厘米。种子层不宜过厚,以免底层种子发热,降低发芽能力。麦种入水中后不要翻动,水面结成的石灰膜也不要弄破。所需时间随水温不同而改变。水温 10℃~15℃ 时需浸种 7 天,15℃~20℃ 时需 4~5 天,25℃ 时需 2~3 天,30℃ 时需 1.5~2 天,35℃ 时需 1 天。有损伤和发芽率低的麦种,不宜用石灰水浸种。浸过的麦种要摊开晒干,如遇连续阴雨,可将种子捞出,拌上草木灰,摊晾在通风处所,防止种子发芽或霉烂。

温汤变温浸种应先将种子用冷水预浸 4～6 小时,然后再移至 49℃的温水中,浸 1 分钟,再移至 54℃水中浸 10 分钟,随后取出迅速放入冷水中,冷却后捞出晾干。另法,将种子冷水预浸后,移至 52℃～55℃的温水中浸 1～2 分钟,使种子温度达到 50℃,再移至 55℃水中浸 5 分钟。需准确掌握规定的浸种温度和时间,温度偏低杀菌效果差,温度偏高或时间过长则降低种子发芽率。不了解所用品种的种子耐热性,宜先做预备试验确定。

(2)药剂拌种 可用三唑类杀菌剂、多菌灵、甲基硫菌灵、拌种双等拌种,参见本书燕麦、莜麦黑穗病一节。

30. 荞麦轮纹病和褐斑病

轮纹病和褐斑病都是荞麦常见的叶斑类病害,分布于各荞麦栽培地区,主要危害叶片,造成叶枯。通常发生较晚,招致的产量损失不重,但若天气多雨高湿,提早发病,感病品种也可严重减产。

【症状识别】

(1)轮纹病 叶片上病斑圆形、近圆形,直径 2～10 毫米,红褐色,边缘明显,病斑上有明显轮纹,后期生有黑色小粒点,即病原菌的分生孢子器(彩照 42)。叶鞘上病斑梭形、椭圆形、红褐色,亦生黑色小粒点。严重发病植株提前落叶和变黑枯死。

(2)褐斑病 病斑圆形、椭圆形,直径 2～5 毫米,内部变为灰白色或淡褐色,边缘红褐色。湿度大时病斑背面生有灰色霉状物,即病原菌分生孢子梗和分生孢子(彩照 43)。

两病都侵染叶片,形成叶斑,但叶斑形态明显不同,可据以准确识别。轮纹病的叶斑生有轮纹,病斑上产生黑色小粒点,而褐斑病的叶斑上无轮纹,也不产生黑色小粒点。

【病原菌】 轮纹病的病原真菌为荞麦壳二胞,褐斑病为荞麦尾孢,都是半知菌。轮纹病菌在病斑上初生分生孢子器,释放分生孢子,而褐斑病菌产生分生孢子梗和分生孢子。

【发生规律】　病原菌以菌丝体和分生孢子随病残体越冬,翌年分生孢子随风雨传播,侵染荞麦。种子也能带菌传病。在一个生长季中,可发生多次再侵染,由苗期开始,全生育期发病。

水肥管理失当,植株旺而不壮,田间荫蔽,天气多雨高湿,发病加重。

【防治方法】　通常不需采用特别的防治措施,可在防治其他病害时予以兼治。在常发地区或气象条件适于发病的年份,仍需进行防治。主要防治措施有:种植抗病、轻病品种,使用无病种子;收获后应及时耕翻灭茬,清除病残体,以减少菌源;加强水肥管理,降低田间湿度;在发病初期喷施杀菌剂,有效药剂有 70%甲基硫菌灵可湿性粉剂 800～1 000 倍液,50%多菌灵可湿性粉剂 600～800 倍液,80%代森锰锌可湿性粉剂 600～800 倍液,50%异菌脲可湿性粉剂 1 000～1 500 倍液等。

31. 荞麦立枯病

立枯病分布广泛,是荞麦幼苗的重要病害,常引起幼苗根腐,萎蔫死苗,以致缺苗断垄。大苗和成株期也能被侵染,造成死株。

【症状识别】　立枯病主要危害幼苗,但成株期也能发生(彩照44)。荞麦幼芽被侵染后变黄褐色腐烂,不能出土。出土幼苗的茎基部,出现水浸状病斑,红褐色至黑褐色,随后病斑扩大并腐烂,可绕茎一周,病茎出现凹陷或缢缩,病苗萎蔫,倒折烂死,病苗根部也变黑褐色腐烂。若病苗较大,发病后虽然枯萎,但保持直立而不倒伏,被称为"立枯病"。

该病原菌还能侵染成株,使根部、根颈和茎基部腐烂,病株地上部分生长不良,矮小变黄,萎蔫枯死。

用放大镜仔细观察发病部位,有时可以见到蛛丝状菌丝体和黑色小菌核。

【病原菌】 病原真菌为立枯丝核菌,是一种半知菌。该菌不产生无性孢子,仅有菌丝体和小菌核。小菌核近球形、不定型,黑褐色,直径 0.5～1 毫米。立枯丝核菌寄主范围广泛,包括多种农作物、蔬菜、林业植物、牧草、花卉等,但由不同作物分离得到的菌株,致病性有差异。立枯丝核菌发育适温 24℃,最高 40℃～42℃,最低 13℃～15℃。

【发生规律】 病原菌以菌丝体和小菌核在病残体和土壤中越冬,该菌能在土壤中依靠有机质腐生,存活多年,是主要的初侵染菌源。种子内可带有菌丝体,种子间可混杂小菌核,因而种子也能带菌传病,但种子带菌对田间发病的作用效果,尚不明了。病原菌在田间还可混杂在土壤和未腐熟的农家肥中而分散传播,也可随灌溉水、雨水、农机具等传播。

越季立枯病菌在条件适宜时产生侵染菌丝,侵入幼苗,一般在出苗后半个月左右最易发病。连作地土壤带菌多,发病重。在播种早,地温低,以及地势低洼,土壤黏重,排水不良,雨后板结等条件下,发芽和出苗时间延长,发病也重。立枯病在高温,高湿条件下发生严重,但在低温条件下,幼苗生长发育不良,发病也增多。

【防治方法】 立枯病虽然是荞麦的重要病害,但有关防治的试验研究和防治实践甚少,以下防治建议仅供参考。

(1)栽培防治 重病田与燕麦、豆类等轮作;收获后清除病残体,进行深耕。低湿田块要做好排水,降低土壤湿度。使用无病田采收的健康种子,适期晚播,密度不宜过大,覆土不宜过厚,促进出苗。在发病初期拔除病苗,携出田外销毁。

(2)药剂防治 播前土壤处理可用 70%恶霉灵可湿性粉剂,每 667 米²用药 1.5～2 千克,混合 40～80 千克细土,作成药土撒施。

发病初期用 20%甲基立枯磷乳油 1 200 倍液,5%井冈霉素水

剂 800 倍液,15％恶霉灵水剂 450 倍液,或 70％恶霉灵可湿性粉
剂 1 500 倍液等进行土壤喷淋或灌根,7～10 天防治 1 次,连续防
治 2～3 次。另外,30％甲霜·恶霉灵水剂 800～1 000 倍液灌根
防治立枯病效果也好。

32. 荞麦白粉病

白粉病是荞麦的常见病害,主要危害叶片,病叶上覆盖白粉
层,光合作用受阻,籽实产量降低。发病较早的高感品种,病叶片
枯死脱落,不结实或严重减产。

【**症状识别**】 多发生于生育后期,主要危害叶片,也发生在茎
部和籽实上。病叶片两面初生白色小粉斑,随病情发展,粉斑逐渐
扩大,甚至覆盖全叶(彩照 45)。后期病叶上的白粉层变灰色至淡
褐色,其中散生黑色小粒点,为病原菌的闭囊壳。发病早而严重
的,病叶枯死脱落。

【**病原菌**】 病原菌主要为蓼白粉菌,是一种子囊菌。该菌寄
主植物很多,达 157 科 357 种,可引起多种豆类、经济作物、蔬菜、
花卉的白粉病。

【**发生规律**】 病原菌的闭囊壳可在病残体上越冬,翌年春季
闭囊壳成熟,散出子囊孢子,由气流传播,侵染寄主植物。该菌寄
主种类很多,病株产生的分生孢子可以在各茬、各种作物或杂草之
间辗转侵染。有些地方不产生闭囊壳,荞麦的初侵染菌源,就可能
来自其他发病寄主。另外,还有人发现荞麦种子可以潜藏白粉病
菌,也是初侵染菌源之一。

荞麦白粉病发生的适宜气温为 25℃(白昼)和 15℃(夜间),适
宜大气湿度为 14.5％(白昼)和 30％(夜间)。

【**防治方法**】 因地制宜种植抗病、轻病品种,收获后清除田间
病残体和杂草,田块周围尽量不种白粉病严重的作物。发病初期

喷施15%粉锈宁可湿性粉剂1 500倍液,40%多·硫悬浮剂300～400倍液,或84.2%十三吗啉乳油2 000倍液等。

33. 豌豆褐斑病

褐斑病是豌豆的常见病害,分布广泛,在发病条件适宜的地块可大量发生。该菌还可与另外两种壳二胞属病原菌共同危害,引起相似症状,统称为"壳二胞疫病",产量损失一般5%～15%,严重时可达50%以上。

【症状识别】 病原菌侵染叶片、叶柄、茎蔓和豆荚。叶片上病斑近圆形,淡褐色、褐色,有明显的深褐色边缘,有的病斑上有2～3圈轮纹,后期病斑上长出黑色小粒点,为病原菌的分生孢子器。叶柄和茎蔓上病斑纺锤形,长椭圆形,或不规则形,褐色至紫褐色,边缘色泽较浓。茎基部发病后缢细,易倒伏,称为"基腐"或"脚腐"。果荚上病斑近圆形,灰褐色至紫褐色,边缘明显,略凹陷,后期也产生黑色小粒点。

【病原物】 病原真菌主要为豌豆壳二胞,是一种半知菌,有性态为豌豆亚隔孢壳,是一种子囊菌。该菌侵染20余属50多种植物,其中有豌豆、大豆、菜豆、豇豆、蚕豆、甜豌豆、扁豆、苜蓿、三叶草等作物,但不同寄主植物的分离菌有一定的专化性。病原菌生长的温度范围8℃～33℃,适宜温度15℃～26℃。

【发病规律】 病原菌主要以菌丝体、分生孢子器随种子、病残体或在土壤中越季,侵染下一茬豌豆。种子带菌率较高,易于引起幼苗发病,严重时大量死苗。当季病株产生的分生孢子,随风、雨、灌溉水传播,发生再侵染。温暖、高湿、多雨露时病重。据测定,发病的温度范围为4℃～35℃,适温20℃～21℃,叶面需保持水湿状态6小时以上。条件适宜时潜育期仅6～8天。

【防治方法】

（1）栽培防治　不与豆科作物连作、间作、套种，种植豌豆抗病或轻病品种，选留无病植株留种，收获后及时清洁田园和翻耕，减少越冬病菌。

（2）种子处理　商品种子应行处理，防止种子传病。温汤浸种可用 50℃～55℃温水浸种 5 分钟。操作时种子先在凉水中预浸 4～5 小时，然后置入温水中浸 5 分钟，再取出种子，移入凉水中冷却，晾干后播种。药剂处理可用种子重量 0.3％的 70％甲基硫菌灵可湿性粉剂，或 50％敌菌灵可湿性粉剂拌种。

（3）田间药剂防治　在发病初期喷施 70％甲基硫菌灵可湿性粉剂 800～1 000 倍液，75％百菌清可湿性粉剂 800 倍液，80％代森锰锌可湿性粉剂 800 倍液，70％丙森锌（安泰生）可湿性粉剂 700 倍液，50％异菌脲（扑海因）可湿性粉剂 1 000 倍液，40％多·硫悬浮剂 400～800 倍液，或 45％噻菌灵（特克多）悬浮剂 1 000 倍液等。棚室内也可施用 5％百菌清粉尘剂或 5％加瑞农粉尘剂，每次每 667 米² 用药 1 千克。

34. 豌豆白粉病

白粉病是豌豆的主要病害之一，各地普遍发生。病株叶片由下向上逐层枯黄，提前衰老，豆荚产量大幅降低，品质变劣。发病轻的田块产量损失 10％～30％，发病严重的更达 40％以上。

【症状识别】　主要危害叶片，初期叶面产生圆形微小白粉状斑点，后扩大成不规则形粉斑，可相互连接，遍布全叶，叶背呈现褐色或紫色斑块。后期病斑颜色由白色转为灰白色，叶片枯黄脱落。茎蔓和豆荚上也出现白色粉斑，致使茎蔓枯黄，豆荚变小，干枯。病斑上的白色粉状物为病原菌的菌丝体和分生孢子，有些地方后期病斑上出现微小的黑色点状物，为病原菌的闭囊壳。

【病原菌】 病原真菌为豌豆白粉菌，是一种子囊菌。该菌除侵染豌豆外，还可侵害 13 科 60 多种植物，其中包括菜豆、豇豆、花生、蚕豆、苜蓿、草木樨、三叶草、野豌豆、香豌豆、紫云英等。

【发病规律】 在北方豌豆栽培地区，病原菌可以产生闭囊壳，以闭囊壳和菌丝体在病残体上越冬，翌年春产生子囊孢子，由气流传播，进行初侵染。病原菌还可随带菌种子越季和传播。初侵染病株又产生下一代分生孢子，随气流传播，进行再侵染。在一个生长季中发生几次至十几次再侵染，终至全田发病，后期病原菌产生闭囊壳越冬。

在南方温暖地区，病原菌以分生孢子在各茬寄主作物之间，在露地与棚室之间，辗转侵染，周年危害，无明显越冬期，也未见产生闭囊壳。

温度 25℃ 左右，昼夜温差大，环境郁闭潮湿有利于白粉病的发生。在干旱条件下，植株对白粉病的抗病性减低，发病也重。种植密度过大，田间通风透光状况不良，施氮肥过多，管理粗放等都有利于白粉病发生。

【防治方法】 防治白粉病首先应因地制宜，选种抗病品种。还要搞好田间卫生，收获后及时清除病残体，带出田外集中烧毁。要避免寄主作物接茬种植或间作套种。播种无病种子，或用种子重量 0.3% 的 70% 甲基硫菌灵可湿性粉剂或 50% 多菌灵可湿性粉剂拌种。棚室栽培要通风降湿和增加光照，干旱时要及时浇水，防止植株因缺水而降低抗病性。开花结荚后及时追肥，适量施用氮肥，可适当增施磷、钾肥，防止植株早衰。

发病初期喷施 15% 三唑酮可湿性粉剂 1 000～1 500 倍液，40% 多·硫悬浮剂 400 倍液，43% 戊唑醇（菌力克）悬浮剂 6 000～8 000 倍液，40% 氟硅唑（福星）乳油 6 000～8 000 倍液，10% 苯醚甲环唑（世高）水分散粒剂 1 500～2 000 倍液，30% 氟菌唑（特福灵）可湿性粉剂 4 000～5 000 倍液，2% 武夷霉素水剂

200～300 倍液,或 2%农抗 120 水剂 200～300 倍液等,交替使用,每隔 10～15 天喷 1 次,连喷 2～3 次。

棚室粉尘法施药可用 5%加瑞农粉尘剂或 5%百菌清粉尘剂,每次每 667 米² 用药 1 千克。发病初期可施用 45%百菌清烟剂,每次每 667 米² 用药 200～250 克。

35. 豌豆根腐病

豌豆根部可被多种病原菌侵染,发生根腐病,严重时造成大片死苗、死株。根腐病分布很广泛,在各栽培区都有发生,且严重程度逐年递增,已成为主要防治对象之一。

【症状识别】　幼苗期至成株期均可发病,主要危害根部和茎基部。苗期发病可造成死苗。成株根部变黑或变褐,皮层软化腐烂,根瘤和根毛明显减少。茎基部也变黑色或变褐,病部凹陷或缢缩。整株或个别分枝叶片变浅黄色,突然萎蔫。轻病株不一定完全枯死,仍可继续生长和开花结实,但植株矮小,结荚数减少,籽粒秕瘦,严重的开花后大量枯死,田间一片枯黄。

不同病原菌侵染造成的根腐,虽然发病部位,腐烂程度,腐烂部分的外表色泽等相对有所区别,但很难截然区分,且多复合侵染,造成复杂症状,一般难以由表观症状推定病原菌,必须诱发或分离病原菌,进行鉴定。下面结合各种病原菌,介绍发病特点。

另外,豌豆还发生由尖孢镰刀菌豌豆专化型侵染引起的枯萎病,有时易与镰刀菌根腐病混淆。枯萎病是维管束病害,病株较矮,叶片变黄萎蔫,小叶叶缘下卷,通常先从下部叶片开始显症,逐渐向上部叶片发展,病株多在结荚期前后枯死。由茎基部横剖面可见木质部维管束变黄褐色至黑褐色,可与根腐病区分。发病后期根部变褐腐烂,难以与根腐病区分。

【病原菌】　多种病原真菌、卵菌单独或复合侵染,引起豌豆根腐病。主要种类有以下 5 种(类)。

(1)根腐丝囊霉 病原菌是一种卵菌,产生卵孢子和丝状孢子囊,除了侵染豌豆外,还侵染香豌豆、豇豆、羽扇豆、苜蓿以及其他一些豆科植物根部。罹病主根皮层水浸状软腐,易与木质部分离,须根多烂死,地面下的茎部也发生腐烂(彩照 46)。各腐烂部位表面粘湿,初为灰色,后变浅黄色,最后变黑褐色。病株较矮,从下部叶片开始变黄枯萎,荚与籽粒少而小,严重的病株在结荚前枯死。晚期侵染的病株地上部分几无异常。

(2)根串株霉 病原菌是一种半知菌,该菌形成分生孢子和厚垣孢子。寄主范围广,严重侵染豌豆、番茄、黄瓜、芹菜、莴苣、烟草等作物。幼苗和成株都可被侵染,根和茎基部初生黑褐色条斑,后变黑色腐烂,俗称"黑根病"(彩照 47)。病株地上部分生长缓慢,变黄枯萎。

(3)腐霉菌 属于卵菌,侵染豌豆的腐霉属卵菌中以终极腐霉菌最重要,该菌产生卵孢子和球形、近球形的孢子囊。寄主范围很广,通常引起种子腐烂和幼苗猝倒,但在土壤高湿时也引起成株根腐。病株较矮小,病根短小,湿腐,变淡褐色,叶片暗绿色至黄色(彩照 48)。

(4)茄腐镰刀菌豌豆专化型 是一种半知菌,该菌产生大分生孢子、小分生孢子和厚垣孢子。茄腐镰刀菌寄主范围广,其豌豆专化型寄生豌豆,多与腐霉菌复合侵染。病株多从主根接近种子的部位开始发病,初现红褐色坏死条纹,随后相互融合成腐烂斑块。主根内部深红色。茎基部生砖红色、红褐色病斑,以后病斑变为尖端向上的楔形(彩照 49)。有时病斑环切茎部,使病株折倒。通常病株地上部分较矮小,从下叶起变黄萎蔫,最终枯死。

(5)立枯丝核菌 是一种半知菌,该菌仅产生菌丝体和小菌核,不产生无性孢子。寄主范围广泛,多引起种子腐烂和幼苗立枯。成株根部、茎的地下部分和茎基部被侵染,形成红褐色凹陷的腐烂病斑(彩照 50),茎部病斑扩大后可能环切茎部。病株地上部分矮小变黄。用放大镜观察,根、茎病部可见细丝状菌丝体,有时还能看到黑色小菌核。

【发病规律】 上述各种病原菌都可以在病残体内或在土壤中越冬,越冬菌态依种类而异,有卵孢子、厚垣孢子、小菌核、菌丝体等,加之寄主广泛,初侵染菌源复杂多样。这些病原菌有不同程度的腐生能力,可以在土壤中较长时间存活,有的可存活多年。例如,即使没有寄主,丝囊霉的卵孢子也可在土壤中有机物残渣内长期存活,甚至可存活 10 年以上。茄腐镰刀菌豌豆专化型产生的厚垣孢子脱离寄主后可在土壤中存活 5 年以上。

越冬后,土壤中水分充足时,丝囊霉的卵孢子萌发产生菌丝和孢子囊。孢子囊释放梨形游动孢子,在孢子囊孔口外变为休止孢子,休止孢子萌发,产生肾形游动孢子,发芽后穿透根部外皮层而侵入。该菌可在病根组织中产生大量卵孢子,根腐烂后,卵孢子进入土壤。丝囊霉游动孢子产生和萌发的温度范围为 8℃～30℃,适温为 13℃～20℃,侵染豌豆的适温为 16℃,在较高温度下显症更快。丝囊霉在土壤高湿,地温 22℃～27℃时危害最重。丝囊霉的孢子可由雨水、灌溉水传播,也可随土壤由气流传播,卵孢子可混杂在种子间远传。

根串珠霉的越冬厚垣孢子萌发后,产生侵染菌丝穿过根表皮直接侵入,也可通过自然孔口、伤口侵入。发病后,在病根表面形成分生孢子和厚垣孢子,在定植的皮层和维管束组织中形成厚垣孢子。孢子主要由雨水、灌溉水传播,引起再侵染。也可经病、健根系接触而传病,或者随土壤、病株残渣由气流、农机具等传播。在土壤湿度较高,土壤温度较低(17℃～23℃)时,根串珠霉发病重,温度不利于植物生长时,发病更重。土壤酸度低于 pH 5.6 时症状有所减轻,施用石灰可使症状加重,但机制不明。

腐霉菌主要以卵孢子和菌丝体在病残体和土壤中越季,下茬温湿条件适合时,产生游动孢子或直接产生芽管,侵染幼芽和幼苗。在终年温暖地区或保护地育苗时,这些病害可常年发生。腐霉菌可通过土壤、未腐熟的农家肥、灌溉水、雨水、农具等多种途径传播。土壤菌量大,高湿低温,光照不足,幼苗瘦弱等是发病的主要诱因。

茄腐镰刀菌主要以菌丝体、厚垣孢子随病残体在土壤中越季,种子带菌情况因寄主种类不同而异。镰刀菌的菌丝、厚垣孢子、分生孢子等还可以污染其他栽培基质、营养液、灌溉水、肥料、工具等,菌源广泛。病原菌多从伤口侵入致病,病苗产生的分生孢子,随气流、雨水、灌溉水、农事操作等途径分散传播,进行再侵染。连作田土壤带菌量高,发病重。土壤湿度适中,土壤温度较高有利于发病。地下水位高或土壤黏重,田间积水时,土壤持水量高,透气性差,发病也较重。播后萌芽出苗阶段和幼苗期遇到雨雪连阴天气,长时间低温寡照,地温较低,幼苗长势弱,病苗、死苗增多。施用未腐熟的有机肥料,地下害虫多,伤根多,有利于病菌侵入,发病率增高。

立枯丝核菌以菌丝体或小菌核在土壤和病残体中越冬,条件适合时产生侵染菌丝,侵入幼苗。立枯病菌的菌核在土壤中存活时间较长,菌丝体也可依靠有机质腐生。在终年温暖地区或保护地育苗时,可常年发生侵染。病原菌可通过土壤、未腐熟的农家肥、灌溉水、雨水、农具等多种途径传播。立枯丝核菌可以在较低(18℃)或较高(24℃~30℃)的土壤温度下危害豌豆,适宜的土壤湿度范围也较宽泛。豌豆生长早期低温多湿,植株根系发育慢,生机被削弱,抵抗力降低,而后高温干旱,根腐病发生重。

【防治方法】 根腐病的病原菌种类多,发病态势复杂。有条件的地方,最好参考发病情况,进行土壤带菌检查。所得结果可作为制定综合防治方案的依据,特别是作为合理轮作与选择药剂的依据。防治根腐病,首先要选种抗病品种,在缺乏抗病品种时,要尽量选种抗逆性强,发病较轻的丰产品种。豌豆不宜连作,常发田块更要及时换种谷类作物。病田要彻底清除病残体,深耕细耙,施用充分腐熟的有机肥。要提高播种技术,适期播种,促进出苗。要搞好水肥管理,合理排灌,不要大水漫灌,实行配方施肥,供给豌豆充足的养分,提高抗病性、抗逆性。

药剂防治是防治根腐病的重要措施,可采用种子处理、土壤处理、灌根、喷淋等多种方式,配套实施。以腐霉菌、根腐丝囊霉为主的可使用甲霜灵、三乙膦酸铝、甲霜灵·锰锌、噁霜·锰锌、恶霉灵等对卵菌有效的药剂。对于镰刀菌、根串株霉引起的根病,可使用多菌灵、苯菌灵或甲基硫菌灵等杀菌剂。对于立枯丝核菌引起的病害可使用恶霉灵、甲基立枯磷、井冈霉素、苯噻氰、拌种双等药剂。

36. 蚕豆和豌豆病毒病害

蚕豆和豌豆可遭受多种病毒侵染,发生症状复杂的病毒病害,各地发生的病毒种类并不清楚,需要通过病毒鉴定,逐步澄清。还需要警惕从国外随种子传入新病毒。

【症状识别】　病毒病害的症状复杂,又因品种和毒源不同,而有很大差异。在田间诊断中,并不要求具体给出病毒种类,但要识别病毒的一般症状,以及某些特殊症状。

(1)蚕豆　蚕豆萎蔫病毒发病初期,叶面表现明脉和深绿、浅绿交错的花叶症状,不久植株萎蔫坏死或茎部顶端叶片坏死。有些病株矮小,不显花叶,叶片变黄易落。

菜豆黄花叶病毒因株系不同,表现花叶型或黄化型症状。花叶型表现黄绿相间的斑驳和花叶症状,有的叶片皱缩卷曲。轻病株矮缩不明显,但顶端心叶多变黄或卷缩,重病株明显矮小,不开花结实。黄化型病株矮小,叶片黄且薄,茎直立,一般不萎蔫,后期病叶易早落。

感染蚕豆染色病毒的植株矮化,顶端枯死,病叶表现斑驳、花叶或畸形,也有的小叶正常无明显病变。苗期和开花期被侵染的,结荚少,籽粒小,种皮出现坏死色斑,严重时外种皮上形成连续坏死带。

当两种或两种以上病毒复合侵染时症状表现更为复杂,但基本是花叶、黄化、坏死和萎蔫。

(2)豌豆 蚕豆萎蔫病毒侵染的豌豆,表现重度花叶,出现叶片皱缩或扭曲等症状,植株矮化、萎蔫或坏死。

黄瓜花叶病毒侵染豌豆引起的症状较轻,往往为轻花叶,但常与蚕豆萎蔫病毒复合侵染,使症状加重,茎、叶、叶柄甚至豆荚均可产生坏死症状。

菜豆黄花叶病毒侵染后产生叶脉褪绿和花叶症状,有时茎上有坏死斑,叶脉也可能坏死。

莴苣花叶病毒侵染豌豆后产生轻花叶、脉间褪绿等症状。

豌豆花叶病毒的病株表现花叶,矮小,结实减少。

总之,豌豆病毒病的田间症状,除蚕豆萎蔫病毒较特殊外,其他病毒无大区别,主要表现花叶症状。由于普遍存在复合侵染,单凭症状很难确定病毒种类。

【病原物】 国内已知的蚕豆病毒有9种,分别是蚕豆萎蔫病毒、蚕豆染色病毒、芜菁花叶病毒、大豆花叶病毒、菜豆黄花叶病毒、黄瓜花叶病毒、菜豆卷叶病毒和蚕豆真花叶病毒等。侵染豌豆的病毒多达36种,国内已发现的有蚕豆萎蔫病毒、芜菁花叶病毒、黄瓜花叶病毒、莴苣花叶病毒、大豆花叶病毒、菜豆黄花叶病毒、豌豆花叶病毒和苜蓿花叶病毒等,其中以蚕豆萎蔫病毒、黄瓜花叶病毒、莴苣花叶病毒发生较多。

(1)蚕豆萎蔫病毒 病毒粒体球形,可通过汁液摩擦传毒,还由桃蚜、豆蚜等多种蚜虫以非持久性方式传毒,一般不能通过种子传毒。寄主范围广,可侵染 328 种植物,在我国豌豆、蚕豆、菜豆、豇豆、大豆、茄子、辣椒、菠菜、芹菜等广泛发生,是侵染豌豆和蚕豆的主要病毒种类。根据血清型不同,蚕豆萎蔫病毒被区分成 2 种,即蚕豆萎蔫病毒 1 号(BBWV-1)和 2 号(BBWV-2)。在我国,蚕豆萎蔫病毒 2 号普遍发生,而蚕豆萎蔫病毒 1 号尚未发现。

(2)黄瓜花叶病毒　病毒粒体球形,可通过汁液摩擦传毒,也由 60 余种蚜虫以非持久性方式传毒,还可通过种子传播。寄主范围很广,能侵染 775 种植物,其中包括主要蔬菜作物和多种杂草(繁缕、荠菜、马齿苋,鸭跖草等)。侵染豌豆产生轻花叶,侵染蚕豆产生系统褪绿斑。

(3)菜豆黄花叶病毒　病毒粒体线形,主要是靠蚜虫以非持久性方式传毒,汁液接触传毒,种子带毒率低。主要侵染豆科植物,分布普遍。

(4)莴苣花叶病毒　病毒粒体线形,可由蚜虫以非持久性方式传毒,汁液接触传毒。寄主范围较窄,主要侵染莴苣等植物,莴苣种子传毒。侵染豌豆引起花叶症状。

(5)豌豆花叶病毒　病毒粒体线形,可由桃蚜等 15 种蚜虫以非持久性方式传毒,汁液接触传毒,种子不传毒。侵染豌豆、蚕豆等。

(6)蚕豆染色病毒　病毒粒体为等径球状体,在自然条件下侵染蚕豆、豌豆等豆科植物。主要由花粉和种子传病,某些蚕豆品种种子带毒率可达 10% 以上。在国外豆长吻象和豌豆根瘤象等昆虫传毒,国内尚未发现。

【发病规律】　在南方,各种病毒终年在豆类或其他寄主作物间辗转危害,毒源植物多,发病态势复杂。在北方,病毒主要在越冬杂草上,以及在棚室内豆类作物或其他寄主上越冬。翌年春季主要由蚜虫扩散传播,造成当季作物大面积发病。各地对当地豌豆和蚕豆发病规律,应进行具体分析。

寄主作物间作套种,毒源植物多,传毒蚜虫发虫量大,有翅蚜迁飞高峰期与豆类感病生育阶段重合,田间管理条件差,天气干旱等都加重病毒的发生。蚕豆染色病毒种子带毒率高,带毒种子萌发,造成幼苗发病,形成发病中心,再由传毒昆虫传毒,或通过农事操作接触摩擦而传毒。

有的病毒并非以蚕豆、豌豆等豆类植物为主要寄主,其周年发病过程更为复杂。例如,莴苣花叶病毒主要危害莴苣,冬季在莴苣病株或杂草根部越冬。莴苣种子也带毒。带毒的莴苣可能是豌豆发病的主要毒源。菜田内的豌豆,尤其是邻作为莴苣的豌豆,发病较多。

【防治方法】 防治豌豆和蚕豆的病毒病害,首先应选用抗病或发病较轻的品种。对于商品抗病品种应具体了解该品种所能抵抗的病毒种类,或者先少量试种,根据田间发病情况来决定取舍。其次,应合理安排种植规划,要合理确定茬口接续和间作套种方式,避免毒源植物接续或相邻种植。豆类与大蒜套栽,避蚜防病作用明显。多种病毒都由蚜虫传毒,要及早施药防治蚜虫,压低蚜口基数。还要合理调节播期,尽量使苗期避开有翅蚜迁飞高峰期。要加强水肥管理,培育壮苗,增强抗病能力。发病初期开始喷施植病灵、病毒 A、菌毒清等抑制病毒或减轻病情的药剂。防治蚕豆染色病毒,要强调播种不带毒种子,更不要从发病地区引种和购种。一旦发现田间有蚕豆染色病毒的病株,要及时拔除并销毁。

37. 蚕豆赤斑病

赤斑病是蚕豆的主要病害,各地都有发生,在长江流域、东南沿海栽培地区以及西北的阴湿地带发病尤其普遍,严重时病株叶片早落,早衰枯死,甚至可成片死亡,减产高达 50%～70%。

【症状识别】

(1)赤斑病症状特点　病原菌主要侵染叶片,也危害茎、花和豆荚,根据症状易于识别。

叶片上产生多数紫红色针头状小斑点,扩大后成为圆形、卵圆形病斑,直径1～3毫米,病斑的中部略凹陷,色泽较淡,周缘稍隆起,色泽较浓,病健部交界明显,似红色小圆圈(彩照51)。在适宜条件下,病叶片大部分变为灰绿色或灰黑色而枯死,其上常产生肉眼可见的毛刺状物(集聚的分生孢子梗和分生孢子)。茎和叶柄被侵染后最初也出现紫红色小病斑,后扩展为梭形、长圆形、条形病斑,有时可长达8～10厘米,边缘红褐色,表皮易破裂翘起或形成长短不等的裂痕。枯死的茎腔内壁附着许多黑色块状小菌核。花器上生棕褐色小斑点,扩展后花冠变褐枯萎。豆荚上生成多数很小的红褐色病斑,种子也被侵染,种皮上出现红褐色小斑点。豆荚内侧也产生黑色小菌核,不易脱落。

(2)赤斑病与灰霉病的区别　蚕豆还发生一种灰霉病,由灰葡萄孢侵染引起,该菌与引起赤斑病的蚕豆葡萄孢在分类上属于同一个属,形态相似,不要混淆。

灰霉病罹病叶片上初生红褐色的圆形小斑,高湿时病斑迅速扩大成褐色大斑,轮廓不明显,常扩展连接成片,叶片很快发软变黑而脱落。而赤斑病叶片病斑多保持原状,不再扩大。灰霉病病株茎秆上出现红褐色不定型的斑块,迅速发展,使主茎变软折断。茎基发病易使植株倒伏,茎端发病后垂落,变黑死亡。花瓣被侵染后,产生浅褐色水渍状斑块。后期也在荚皮或茎秆上产生不定型黑色小菌核。

【病原菌】　病原真菌为蚕豆葡萄孢,是一种半知菌。该菌除蚕豆外,还侵染菜豆、豌豆以及其他一些豆科植物。病原菌产生黑色小菌核,圆形、长圆形或不规则形,较扁平,直径0.5～2.5毫米。菌丝生长的温度范围为5℃～36℃,适温24℃～26℃。

【发病规律】 在北方产区,病原菌以小菌核在土壤中,或以菌丝体、小菌核等随病残体越冬。次年在适宜条件下,小菌核或菌丝体产生分生孢子,借风雨传播,相继引起初侵染和再侵染。在南方产区,病原菌随病残体在土壤中越夏,在秋末冬初侵染蚕豆,在冬季也能缓慢发展。此外,种子也能带菌传病。

适温高湿有利于赤斑病发生。病原菌侵染的温度范围为$1℃\sim30℃$,适温$18℃\sim24℃$。分生孢子从发芽到侵入,在$5℃$时需$3\sim4$天,在$20℃$时仅需$8\sim12$小时。病原菌侵入需有饱和湿度或叶片表面有水膜。连阴雨时病情迅速增长,甚至$3\sim5$天就可能使植株病死。蚕豆开花期后,抗病性降低。有人认为盛花至结荚期的降雨量多,气温在$20℃$左右,有利于赤斑病流行。

在云南省中部初发期一般在$1\sim2$月份,下部叶片出现病斑,时值春旱低温,不易发展蔓延,2月份以后气温升高,如遇雨日增多,湿度高,则迅速蔓延。在长江流域,$4\sim5$月间阴雨高湿,赤斑病迅速发展。在甘肃春蚕豆产区,该病往往在7月下旬至8月上旬雨水较多且连续阴雨时大量发生。

地势低洼,土壤黏重,排水不良的地块有利于发病,酸性土壤、缺钾、密植郁闭田块发病加重。轮作田块比连作田块,间作套种田块比蚕豆单作田块发病重。

【防治方法】 提倡种植抗病或发病较轻的品种,与小麦等作物间作,重病田要与非豆科作物轮作2年以上。要合理密植,高畦深沟栽培,雨后及时排水,降低田间湿度,要合理追肥,适量增施磷、钾肥。病田要严格采取田间卫生措施,收获后及时清除病残体,深埋或烧毁。种子可选用50%多菌灵可湿性粉剂,50%多霉灵可湿性粉剂或50%敌菌灵可湿性粉剂拌种,用药量为种子重量的0.3%。

在发病初期及时选喷50%农利灵(乙烯菌核利)可湿性粉剂$1\,000\sim1\,500$倍液,50%腐霉利(速克灵)可湿性粉剂$1\,000\sim1\,500$

倍液,50％异菌脲(扑海因)可湿性粉剂 1 000 倍液,40％多·硫悬浮剂 500 倍液,45％特克多悬浮剂 800 倍液或 65％甲霉灵可湿性粉剂 800 倍液等,隔 10 天左右喷药 1 次,连续防治 2～3 次。此外,百菌清、多菌灵、甲基硫菌灵等杀菌剂也有效。

38. 蚕豆轮纹病和褐斑病

轮纹病和褐斑病是蚕豆的重要病害,分布普遍,各地都有程度不同的发生。早期发病,可能造成幼苗枯死,成株期大发生时造成落叶,折茎,病株衰弱、枯死或严重减产。

【症状识别】 两种病原菌主要侵染叶片,也危害茎和荚。

(1)轮纹病 最初在植株基部叶片上产生红褐色小点,大小仅 1 毫米左右。扩大后成为圆形、长圆形病斑,直径 6～7 毫米,中央浅褐色,外缘较宽,深紫褐色,稍隆起。在叶片边缘的病斑,进一步发展成为黑褐色"V"字形或半圆形大斑,长度可达 14～20 毫米(彩照 52)。病斑上有环纹,散生黑色小粒点(病原菌的子座)和灰色霉状物(分生孢子梗与分生孢子)。病斑相互汇合后形成不规则形坏死斑块,病叶变黑而早期脱落。叶柄和茎上产生梭形至长圆形病斑,中间凹陷,灰褐色,边缘黑褐色。荚上生近圆形的黑色凹陷病斑。

(2)褐斑病 病叶片初生红褐色小斑点,直径 1 毫米左右,后扩大为近圆形或椭圆形病斑,直径 3～8 毫米,病斑中部灰褐色,周缘红褐色,高湿时病斑上密生黑色小粒点(分生孢子器),有时呈轮纹状排列。病部可破裂穿孔,几个病斑可相互汇合成不规则大斑块,病叶变黄,进而枯死脱落。茎部生纺锤形、椭圆形病斑,中央灰白色,稍凹陷,周缘红褐色,也散生黑色小粒点。病茎常折断或枯死。豆荚上病斑圆形、近圆形,中部灰褐色至暗褐色,明显凹陷,周边黑褐色,病荚皱缩枯萎。种子瘦小,皱缩,种子表面有褐色或黑褐色病斑。茎部和豆荚的病斑上也产生黑色小粒点。

【病原物】 轮纹病的病原真菌为蚕豆尾孢,是一种半知菌,除了栽培蚕豆外,还侵染野豌豆属一些其他植物。该菌生长适温 25℃,最高 30℃,最低 5℃,

褐斑病的病原真菌主要为蚕豆壳二孢,也是一种半知菌,除蚕豆外还侵染野豌豆属其他植物,诸如紫花苕子、小巢菜、四籽野豌豆、救荒野豌豆等。该菌生长适温 20℃～26℃,最高 35℃,最低 8℃。此外,豌豆壳二孢,小豆壳二孢等病原菌也可侵染蚕豆,引起类似症状。

【发病规律】 病原菌主要随病残体在土壤中越季,成为初侵染菌源。种子也能带菌传病。在生长季节,病株产生分生孢子,通过风雨传播,进行多次再侵染。

在甘肃春蚕豆产区,在 5 月下旬至 6 月上旬,田间轮纹病就有零星出现,6～7 月份气温 18℃～20℃且阴雨高湿时,就会大发生。

栽培因素与发病也有密切关系。病田连作,播种带菌种子,种植密度大,低洼潮湿时发生较重。土壤黏重,偏施氮肥,缺钾的地块发病也重。

【防治方法】

(1)栽培防治 选用抗病或轻病品种,从无病田采种,播种不带菌种子。据英国标准,褐斑病的种子带菌率,原种应低于 0.2%,良种一代低于 0.4%,良种二代低于 2%。必要时播前实行温汤浸种(56℃温水浸种 5 分钟)或杀菌剂拌种。常发地区应换种非豆类作物 2 年以上。要适时播种,不宜过早,低湿地区采用高畦栽培,合理密植,增施有机肥和磷、钾肥。收获后彻底清除病残体,减少越季菌源。

(2)药剂防治 发病初期开始喷施杀菌剂,有效药剂有 80%代森锰锌可湿性粉剂 500～600 倍液,50%敌菌灵可湿性粉剂 500 倍液,70%甲基硫菌灵可湿性粉剂 600～800 倍液,30%碱式硫酸

铜悬浮剂 500 倍液,50%多霉威可湿性粉剂 1 000～1 500 倍液,
50%琥胶肥酸铜可湿性粉剂 500 倍液,77%可杀得可湿性微粉剂
500 倍液,或 47%加瑞农可湿性粉剂 600 倍液等,一般间隔 10 天
左右,防治 2 次。

39. 蚕豆锈病

锈病是蚕豆的常见病害,南北各地都有发生。病株叶片、茎
秆、豆荚上布满锈菌孢子堆,抑制光合作用,甚至引起落叶,感病品
种在大发生年份减产可达 50%以上。

【症状识别】 病原菌在蚕豆上可完成整个生活史,相继发生
多个菌态,但夏孢子阶段最明显,发生时间也最长,可据以识别锈
病。叶片两面初生淡黄色小斑点,扩大后成为隆起的黄褐色至红
褐色的疱斑,直径可达 1 毫米,这就是锈菌的夏孢子堆,有时其周
围的叶片组织褪绿。夏孢子堆初为寄主叶片表皮覆盖,成熟后表
皮开裂,飞散出黄褐色粉末状的夏孢子。在叶柄、茎秆、豆荚上也
同样产生夏孢子堆。锈病大流行时,茎叶布满夏孢子堆,导致生长
衰弱或落叶。至生育后期,各发病部位产生另一种疱斑,椭圆形或
不规则形,黑褐色至黑色,这就是冬孢子堆,冬孢子堆内产生黑褐
色冬孢子。

【病原菌】 病原真菌为蚕豆单胞锈菌,是一种担子菌。该菌
单主寄生,在蚕豆上相继产生性子器、锈子器、夏孢子堆以及冬孢
子堆,完成复杂的生活史。叶片表面的性子器产生性孢子,两性性
孢子交配后,在叶片背面形成锈子器,由锈子器产生锈孢子,锈孢
子释放后随气流传播扩散,又侵染蚕豆。夏孢子阶段发生时间长,
有多次再侵染,是主要危害时期。在季节之末,病叶上出现冬孢子
堆和冬孢子。越冬后冬孢子萌发,产生担孢子,担孢子随气流扩
散,接触并侵入蚕豆,又产生新一代性子器。

【发生规律】 蚕豆锈菌的冬孢子堆和冬孢子在蚕豆病残株上越冬。翌年冬孢子萌发产生担子,担子生出担孢子,担孢子成熟后释放,随气流飞散传播,着落在到蚕豆幼苗叶面,萌发后侵入,在病叶上先后产生性子器和锈子器。锈孢子萌发后又侵入蚕豆叶片,随后产生夏孢子堆,释放夏孢子。夏孢子借气流传播,发生再侵染。在一个生长季中发生几次至十几次再侵染。至秋季形成冬孢子堆和冬孢子。性子器和锈子器阶段短暂,发生量很小,不易被注意。夏孢子阶段发生期很长,是主要危害阶段。起初,田间出现少数病株,形成发病中心,并不断向周围扩展,最后造成全田发病。

在南方终年有寄主生长的蚕豆栽培区,能够以夏孢子反复侵染的方式,完成病害循环。例如在云南省,早播蚕豆年前即开始发病,形成发病中心,冬季气温较高,锈菌在病株上越冬,有的还缓慢发展,至春季气温回升后,锈菌复苏,开始迅速发展。

锈病的发生与品种抗病性、气象条件与栽培管理有密切关系。大面积栽培感病品种是蚕豆锈病大流行的主要诱因。在品种感病的前提下,气象因子往往决定了锈病的发生程度。温暖、多雨、高湿有利于锈病发生。多数蚕豆产区都在3~4月份气温回升后发病,春雨多的年份易流行。云南省冬春气温较高,若2~3月份雨日多,易酿成大流行。

栽培条件对锈病发生也有明显影响。低洼积水,土质黏重,生长茂密,湿度较高的地块发病较重。自生豆苗多,有利于锈菌侵染接续,发病也重。早熟品种生育期短,可能避病。

【防治方法】

(1)种植抗病品种 蚕豆品种间抗病性有明显差异,应栽培抗病、耐病品种。蚕豆锈菌也有不同的小种,但现在还缺乏研究,尚不了解小种组成及其分布。因而在选育抗病品种时,要用预期推广地区的锈菌菌种进行抗病性鉴定。在从外地或国外引进抗病品种时,一定要先在当地试种,在锈病流行条件下,确认品种的抗病性。

（2）栽培防治 在以冬孢子越冬的地方,要清除田间病残体。在蚕豆病株冬季依然存活的地方,要适时播种,减少或防止冬前发病。要清除田间自生豆苗,减少春季菌源,不种夏播蚕豆或早蚕豆,减少冬、春菌源。要因地制宜地选用早熟避病品种,减轻发病。田间要开沟排水,合理密植,及时整枝,降低湿度。

（3）药剂防治 在发病初期开始喷施15％三唑酮可湿性粉剂1 000～1 500倍液,20％三唑酮乳油1 500～2 000倍液,25％丙环唑(敌力脱)乳油3 000～4 000倍液,50％萎锈灵乳油800倍液,或50％硫黄悬浮剂200～400倍液等。

40. 蚕豆茎疫病

茎疫病主要分布于南方产区,云南发生最重。该病在蚕豆整个生育期都可发生,病原菌侵染茎、叶、花器、豆荚等部位,引起死苗、茎枯、叶腐、花腐等多种症状,发病率几乎等于减产率,大流行时可能全田发病而绝产。

【症状识别】 病原菌侵染植株地上部分,罹病幼苗发黑腐烂,成株则在茎的顶端产生黑色小斑块或短条斑,稍凹陷,在高温高湿条件下,病斑迅速扩大并向下方蔓延,使病茎变黑腐烂,有黏性,失水后收缩成线状,叶片逐渐枯萎脱落,最后只残留变黑色的茎端(彩照53)。

从叶片侵入的,最初叶尖和叶缘变褐,发展成V字形或不规则形病斑,继而整叶变黑腐烂,叶片扭卷。有的叶缘形成一暗褐色坏死环,使叶片下卷,成勺状。还可通过叶柄向茎秆蔓延,在茎上形成长条形黑褐色病斑,随后腐烂。在温度较高的晴天,病茎变黑有光泽。花器、荚发病后也变黑腐烂,种子表面生褐色病斑,中部色泽较深,边缘有晕环。

【病原菌】 病原菌为蚕豆假单胞,是一种细菌,除蚕豆外,还侵染菜豆、豌豆、大豆、羽扁豆等豆类植物。该菌生长适温 35℃,最高 37℃~38℃,最低 4℃,在 52℃~53℃经 10 分钟致死。

【发病规律】 病原细菌在病残体和土壤中存活越季,是老病区的主要初侵染菌源。带菌种子可传病到未发生地区或未发生田块。在生长季节,病原菌随风雨、灌溉水和农事操作而传播扩散。病原菌多从伤口侵入,也可从气孔等自然孔口侵入。蚕豆整个生育期都可发病,但田间病情多在开花、结荚以后迅速增长。

在云南病田的调查表明,在温度突然下降,雨季或雨后湿度较高时集中出现病斑。田间症状最早在 11 月中旬出现,12 月至翌年 1 月份大面积暴发流行。冬季低温多雨是茎疫病流行的主因,低洼高湿,排水不畅的淹水田块尤其严重,植株营养不良或遭受冻害后会加重病情。增施钾肥能大幅降低茎疫病的发病率。

【防治方法】

(1)选用抗病品种　蚕豆品种间抗病性有明显差异,应鉴选和推广使用抗病品种。据云南省鉴定,启豆 2 号、启豆 4 号、洪都蚕豆、通研 1 号、宜池小胡豆、蓬溪二板子、黑牛蚕豆、冕宁大胡豆、临蚕三号、海门大青豆、K0747、K0627 等品种抗病。

(2)减少菌源　病田收获后要彻底清除病残体,深翻晒土。要建立无病留种田,选留无病种子,防止种子带菌传病。种子播前还可用 1%次氯酸钠液浸种 30 分钟,或用 1%盐酸液浸种 8~12 小时,然后洗净晾干备用。

(3)合理栽培　低湿多雨地区采用高垄栽培,建好排灌系统,雨后及时排水,降低田间湿度。要合理施肥,保证植株生长健壮,高发田块追施硫酸钾(10~15 千克/667 米²)。要早期拔除中心病株,减少再侵染。

(4)药剂防治　在发病初期,喷施 72%农用硫酸链霉素可溶性粉剂 4 000 倍液,50%琥胶肥酸铜可湿性粉剂 500~600 倍液,

30％碱式硫酸铜悬浮剂 400～500 倍液,77％可杀得可湿性粉剂 500～600 倍液,或 47％加瑞农可湿性粉剂 800 倍液等,隔 7～10 天 1 次,防治 2～3 次。云南病区在初花期和初荚期各喷药 1 次,在大暴雨过后要及时喷药保护。

41. 蚕豆枯萎病和根腐病

枯萎病和根腐病是蚕豆重要的土传病害,都由镰刀菌侵染引起,但枯萎病是系统侵染病害,根腐病是根部腐烂性病害。两病都引起幼苗枯死,成株叶片变色枯萎,导致产量剧降。

【症状识别】

(1)枯萎病　病株根系细弱,发育不良。横剖根部或茎基部,可见维管束变为黑褐色。严重时罹病幼苗枯死。成株茎叶往往在开花期表现出明显症状,叶片由下而上逐渐变黄枯萎,有时病株仅一侧茎叶枯萎。叶尖和叶缘变黑焦枯,叶脉间出现黑色枯斑。后期根部外表也出现黑褐色腐烂斑块,侧根、主根大部分变黑腐烂,须根消失。根部腐烂是由木质部向皮层扩展形成的。高湿时茎基部可能产生粉红色霉状物。

(2)根腐病　根和茎基部变黑腐烂,后期侧根或主根大部分干缩(彩照 54)。由于根系受害,可使幼苗枯萎死亡,成株叶片边缘或脉间出现黑色枯斑,严重的整个叶片变黑枯死。根腐病的地上部症状表现虽然与枯萎病相似,但其根部腐烂由皮层向内扩展,木质部维管束不变色,后期由于根系腐烂,丧失机能,茎叶也萎蔫死亡。

【病原菌】　蚕豆枯萎病的病原菌为尖孢镰刀菌蚕豆专化型,是一种半知菌,该菌只危害蚕豆。病菌菌丝生长适温 24℃～26℃,最高 33℃,最低 5℃～6℃,分生孢子萌发的最适温度在 24℃～28℃。蚕豆根腐病的病原菌主要为茄腐镰刀菌蚕豆专化型,但从腐烂的根部还能分离出其他多种镰刀菌,它们的致病性较弱。

【发生规律】 枯萎病菌主要以菌丝体、厚垣孢子在病残体、土壤和带菌肥料中越季,成为重要初侵染菌源。病原菌可在土壤中可腐生 3 年,在浸水条件下也能存活 1 年。种子也可带菌传病。

在生长季节,病原菌通过土壤、有机肥料、雨水、灌溉水、农机具等传播。病原菌主要通过细根和根部伤口而侵入,并进入木质部导管,在植株体内系统侵染而发病。在田间往往有苗期和成株期两个发病高峰期。苗期引起死苗,成株期造成病株枯萎。

土壤温度较高,湿度居中有利于枯萎病发生。据测定,土壤温度达到 15℃后,病株茎叶开始显症,在 25℃上下,病株常迅速枯死,高于 32℃时,病情发展减缓。土壤相对含水量在 18%～65% 范围内发病率较高,高于 65%发病率反而下降,达到 100%时发病率甚低。缺肥贫瘠土壤、酸性土壤和线虫多发土壤发病也重。

根腐病菌在病残体、土壤和种子中越季,都为重要初侵染菌源。病原菌在田间也随带菌土壤肥料、雨水、灌溉水、农机具等传播。连作田,地下水位高或积水田块发病重。出苗期多阴雨,则根病死苗严重。蚕豆与麦类轮作,蚕豆与大麦套种,发病都有所减轻。

【防治方法】 提倡蚕豆与小麦、油菜等作物轮作 3 年以上。收获后要及时清除田间病残体,不用病残体沤肥。播种无病种子,或播前实行种子处理,进行温汤浸种(56℃温水浸种 5 分钟)或用 50%多菌灵可湿性粉剂 700 倍液浸种 10 分钟。要合理排灌,防止土壤过干、过湿。苗期可施用多菌灵药土,药土用 50%多菌灵可湿性粉剂 1 份与 50 份细干土混匀制成,撒在幼苗的基部,也可在发病初期往植株基部喷淋 50%多菌灵可湿性粉剂 600 倍液,或 70%甲基硫菌灵可湿性粉剂 800 倍液等。

42. 芸豆锈病

锈病是芸豆的常见病害,主要在生长中、后期发生,分布广泛。锈病主要危害叶片,也危害叶柄、茎蔓和豆荚,病叶干枯脱落,损失程度因品种而异。种植高度感病品种或天气条件有利,发病提早,可能造成严重减产,不能掉以轻心。

【症状识别】　叶片背面出现许多浅黄色小斑点,以后逐渐扩大,并变为黄褐色突起疱斑,覆盖疱斑的表皮破裂后,有红褐色粉状物分散出来,叶片正面对应的部位形成褪绿斑点。这种疱斑就是病原菌的夏孢子堆,夏孢子堆内产生红褐色椭球形夏孢子,粉末状。夏孢子堆有时也生于叶片正面(彩照55)。一张菜豆叶片上夏孢子堆数量甚至可多达 2 000 个以上,严重时病叶干枯脱落。生长末期病叶上长出黑褐色的疱斑,即冬孢子堆,表皮破裂后散出黑褐色的冬孢子。

因品种抗病性不同,夏孢子堆的形态也有变化,抗病品种孢子堆小,周围有枯死组织,有的仅为枯死斑,没有夏孢子堆产生。中抗品种孢子堆较小,周围组织枯死或明显褪绿。感病品种孢子堆大,周围组织不枯死,但有的略有褪绿。有时在孢子堆周围还生出一圈或两圈更小的孢子堆,称为次生孢子堆。在枯黄叶片上,孢子堆周围有时仍保持绿色。

叶柄、茎蔓和豆荚上症状与叶片上相似,疱斑稍大,荚上疱斑较隆起。

【病原菌】　病原真菌是疣顶单胞锈菌,为一种担子菌。该菌侵染芸豆、扁豆、绿豆、小豆等豆类作物。疣顶单胞锈菌单主寄生,在豆类寄主上可完成整个生活史。

【发病规律】　在北方冬季寒冷地区,病原菌以冬孢子随病残体越冬,春季冬孢子萌发,产生担孢子。担孢子随气流分散传播,着落在芸豆植株叶片上。担孢子萌发后侵入叶片,先后在叶片表面产生性子器,在叶片背面产生锈子器,皆为微小的疱斑,不易被发现。锈子器产生锈孢子,锈孢子又随气流传播,降落在芸豆叶片上,萌发后侵入,随后形成夏孢子堆和夏孢子。夏孢子堆破裂后,散出成熟夏孢子,随气流分散传播,又复侵入芸豆,发生再侵染。在一个生长季节内发生几次或十几次再侵染。至生长季之末,在芸豆病叶上又产生冬孢子堆和冬孢子。

以上就是芸豆锈病菌完整的生活史。但性子器和锈子器阶段发生数量很少,发生时间很短促,在田间很难被发现。在南方终年有芸豆生长地方,锈菌靠夏孢子世代周年循环,在各茬寄主植物之间辗转侵染危害,在生活植株上越夏、越冬。秋季日照变短,日照时间的变化诱导病原菌产生冬孢子堆和冬孢子。在南方长日照地区,锈菌不产生冬孢子。

南方发病早,产孢早,北方地区发病除了当地菌源之外,还接受南方随气流传来的异地菌源。

一般现蕾或初花后,开始进入锈病盛发期,近地面的成熟叶片先发病,逐步向上蔓延。若发病早,常造成叶片早期脱落,结荚减少,损失较大。若发病过晚,仅部分下叶发病,危害不大。

气温 20℃~25℃,相对湿度 95％以上最适于锈病流行,叶面结露,有水膜是锈菌孢子萌发和侵入的先决条件。降雨早,雨次多,雨量大,锈病将严重发生。在适宜条件下,锈菌完成一代约需10~14 天。土质黏重,地势低洼积水,种植密度过大,田间郁蔽不通风,或过多施用氮肥,植株旺长等都有利于发病。芸豆不同品种间抗病性有明显差异。

【防治方法】

(1)选用抗病品种　品种抗病性差别较大,各地应因地制宜选用抗病、耐病品种。芸豆锈病菌有致病性分化,存在不同小种,选育或引进抗病品种时应注意小种差异。

（2）栽培防治 在冬孢子能够有效越冬,提供翌年侵染菌源的地区,可彻底清除田间病残体或轮作其他作物2～3年。多雨地区宜采用高畦定植,地膜覆盖,适期播种,合理密植。要加强肥水管理,采用配方施肥技术,施用充分腐熟的有机肥,适当增施磷、钾肥,提高植株抗病性。

（3）药剂防治 发病初期及时喷药防治,有效药剂有15％三唑酮可湿性粉剂1 000～1 500倍液,40％多·硫悬浮剂400～500倍液,25％丙环唑(敌力脱)乳油3 000倍液,10％苯醚甲环唑(世高)水分散性颗粒剂1 500～2 000倍液,40％氟硅唑(福星)乳油6 000～8 000倍液,或70％代森锰锌可湿性粉剂1 000倍液加15％三唑酮可湿性粉剂2 000倍液。隔10～15天左右喷1次,连续防治2～3次。上列药剂大多是三唑类内吸杀菌剂,多·硫悬浮剂为多菌灵和硫黄的复配剂。

43. 芸豆白粉病

白粉病是芸豆常见病害,分布广泛,可造成植株中下部叶片大量发病枯死,引起产量和品质的较大损失。

【症状识别】 白粉病危害植株各个部位,以叶片发生较多。初期成株叶片上产生圆形白色小粉斑,严重时相互连接,叶片大部或全叶覆盖白色粉状物(彩照56),有时由白色变为灰白色至灰褐色。病株叶片枯黄脱落。叶柄、茎、豆荚染病也产生白色粉状物,并可使茎、豆荚早枯,籽粒干瘪。

【病原物】 病原真菌为蓼白粉菌和单囊壳白粉菌等,两者都是寄主众多,分布广泛的种类,引起多种蔬菜、花卉和其他双子叶植物的白粉病。

【发病规律】 病菌的闭囊壳可在病残体上越冬。翌年春季闭囊壳成熟,散出子囊孢子,由气流传播,侵染寄主植物。但有些地方不产生闭囊壳,以分生孢子在各茬、各种豆类之间,在豆类与其他寄主作物或杂草之间,在棚室与露地之间辗转侵染。温度适中,昼夜温差大,湿度适宜(65％),适于白粉病发生流行。品种之间抗病性有明显差异,栽培感病品种往往是白粉病流行的重要诱因。

【防治方法】 防治白粉病要因地制宜选种抗病品种,采取栽培控病措施。加强田间通风降湿和增加透光,天旱时要及时浇水,防止植株因缺水而降低抗病性。在开花结荚后要及时追肥,但勿过量施用氮肥,可适当增施磷钾肥,防止植株早衰。收获后要及时清除病残体、杂草和自生豆苗。

在发病始期喷药防治,防治白粉病的有效药剂较多,例如15％三唑酮(粉锈宁)可湿性粉剂 1 500 倍液,40％多·硫悬浮剂300～400 倍液,50％硫黄悬浮剂 250 倍液,10％苯醚甲环唑(世高)水分散性粒剂 1 500～2 000 倍液,40％氟硅唑(福星)乳油6 000～8 000 倍液,43％戊唑醇(菌力克)悬浮剂 6 000～8 000 倍液,30％氟菌唑(特福灵)可湿性粉剂 4 000～5 000 倍液等,各种药剂宜轮换使用。生物源农药可用 2％农抗 120 水剂 200～300 倍液,2％武夷霉素水剂 200～300 倍液等。防治锈病的药剂可兼治白粉病,若喷药防治锈病,就不必再单独喷药防治白粉病了。

44. 芸豆炭疽病

炭疽病是芸豆的重要病害,发生普遍,常发区一般减产20％～30％,高感品种甚至减产 80％以上,芸豆品质和商品性也明显降低。炭疽病在贮运期间仍可持续发生,引起豆荚、豆粒腐烂,也能招致严重损失。

【症状识别】 幼苗子叶上生成黑褐色的近圆形病斑,幼茎下部产生红褐色小斑点,发展后成为长条形的凹陷病斑,有时表面破裂,凹陷溃疡状,病斑可相互汇合,甚至可环切茎基部,致使幼苗倒伏枯死。

成株叶片多从背面开始显症,沿叶脉形成红褐色或黑褐色条斑,扩展后成为三角形或多角形的网状斑,边缘不整齐。叶柄和茎上产生红褐色条斑,可凹陷龟裂,叶柄受害后常造成全叶萎蔫。炭疽病的叶部症状不甚明显,在田间需仔细观察。

豆荚上产生圆形、近圆形稍凹陷的病斑或不规则形斑块(彩照57)。典型病斑中部灰褐色,边缘红褐色至黑褐色,有橙红色晕圈。病斑大小不一,大病斑的长径可达 1 厘米。多个病斑汇合,可形成较大的变色斑块,甚至能覆盖整个豆荚。病原菌能穿透豆荚,进入豆粒内部。豆粒上生成圆形、近圆形、不规则形黑褐色溃疡斑,稍凹陷。

高湿时在豆荚和茎蔓的病斑上,出现粉红色黏质物,为病原菌的粘分生孢子团。

【病原菌】　病原真菌为豆刺盘孢,除芸菜豆外,还能侵染多花菜豆、豇豆、豌豆、扁豆、蚕豆、绿豆、利马豆、金甲豆、苜蓿等豆科植物。该菌生长适温 21℃～23℃,最低 6℃,最高 30℃。分生孢子致死温度为 45℃,10 分钟。

芸豆炭疽病菌有明显的致病性分化,世界各地小种组成差异很大。我国学者利用 12 个鉴别寄主,对国内各地采集的 53 个菌株进行了鉴定。结果发现了 11 个小种,其中小种 17、小种 81 和小种 119 国外已有报道,而其余 8 个为我国特有的小种。

【发病规律】　炭疽病菌主要随种子和病残体越季传播。播种带病种子,造成幼苗子叶和嫩茎染病,进而产生分生孢子侵染成株。随病残体越季的病原菌,在条件适宜时产生分生孢子,侵染幼苗。当季病苗、病株上产生的分生孢子通过气流、灌溉水、昆虫、农事操作而分散传播,进行多次再侵染。

在温度适宜,多雨高湿的条件下发病重。温度 20℃～23℃,湿度 100%最适于炭疽病发生。温度 27℃以上,湿度低于 92%发病少或不发生,温度低于 13℃,病情停止发展。在适宜条件下炭疽病的潜育期仅 4～9 天。土壤黏重,地势低洼,田间郁闭,湿度增高则发病加重。芸豆品种间抗病性有明显差异。

【防治方法】

(1)选用无病种子或种子处理　从无病田、无病株和无病荚上采种。播前种子粒选,严格剔除病种子。种子处理可用 50％多菌灵可湿性粉剂或 50％福美双可湿性粉剂拌种,用药量为种子重量的 0.4％。也可实施温汤浸种(45℃温水浸种 10 分钟),或用福尔马林液 200 倍稀释液或 40％多·硫悬浮剂 600 倍液浸种 30 分钟,捞出后用清水洗净,晾干备用。

(2)种植抗病品种　国外和国内不少栽培地区都有抗病品种可资利用。在抗病育种中广泛采用了多个 Co 抗病基因,仅对一定的病原菌小种有效,因而在育种或引进抗病品种时,一定要了解所针对的小种。引进的抗病品种要在当地试种观察,确认其抗病性。另外,芸豆的叶部抗病性与荚部抗病性两者不一定相同,需要全面观察和鉴定。

(3)加强栽培管理　与非豆科作物实行 2～3 年以上轮作。收获后清除病残体,及时翻耕,以减少菌源。旧架材使用前以 50％代森铵水剂 800 倍液或其他有效药剂消毒。实行高畦栽培和地膜覆盖栽培,开花期少浇水,开花后合理浇水追肥,结荚期增施磷肥。加强田间发病监测,及时发现并拔除病苗或摘除病叶、病荚。要适时采收,包装储运前要剔除病荚。

(4)药剂防治　可选用 50％多菌灵可湿性粉剂 800 倍液,70％甲基硫菌灵可湿性粉剂 800～1 000 倍液,50％咪鲜胺锰盐(施保功)可湿性粉剂 1 000～1 500 倍液,25％咪鲜胺(施保克)可湿性粉剂 2 000 倍液,25％溴菌腈(炭特灵)可湿性粉剂 600～800倍液,75％百菌清可湿性粉剂 600 倍液,或 80％代森锰锌可湿性粉剂 600～800 倍液等。一般从发病初期开始喷药,隔 7～10 天喷

1次药,连喷2~3次。或苗期喷2次,结荚期喷药1~2次。喷药要周到,注意不要漏喷叶片背面。

45. 芸豆菌核病

菌核病是芸豆的重要病害,可引起茎蔓枯死,豆荚腐烂。病原菌可以在土壤中长期生存并随土壤和病残体传播,若防治不力,病原菌在土壤中不断积累,使病情逐年加重,甚至可能造成毁灭性损失。

【症状识别】 苗期与成株期都可发生。幼苗期先在茎基部出现暗褐色水浸状病斑,向上下发展,使整个幼茎变褐软腐,叶片萎蔫脱落,幼苗枯死。病苗可以很容易地从土壤中拔出,拔出后可见根部腐烂,须根少。湿度大时病部表面长出白色棉絮状菌丝,以后菌丝团中出现黑色鼠粪状菌核。

成株多在茎基部或茎枝分杈处,产生水浸状不规则形暗绿色、污褐色病斑,后变为灰白色,皮层纤维状干裂。茎基部腐烂后,往往全株枯死。茎蔓贴近地面处、相互缠绕相连处以及茎蔓与叶片接触处也容易发病,发病部位以上的茎叶萎蔫枯死。病株茎组织内或茎蔓表面产生密集的白色菌丝和黑色菌核。叶片发病则生出暗绿色水浸状不规则形大病斑,继而腐烂,干枯。另外,病叶片还略向背面卷缩,叶片背面产生密集的白色菌系。病原菌能在衰老花瓣上腐生,花器褐腐并生白色菌丝,进而侵染嫩荚。豆荚还可以从接触病茎蔓或叶片的部位开始发病。病豆荚出现水浸状腐烂,后变褐,也产生白色菌丝体和黑色菌核(彩照58)。

菌核病的主要鉴别特点是各发病部位软腐,产生白色棉絮状菌丝体和较大的黑色鼠粪状菌核。

【病原物】 病原菌为核盘菌,是一种子囊菌,其寄主范围广泛,能危害400多种植物,引起豆类、油菜、向日葵、花生、马铃薯、多种蔬菜和观赏植物的菌核病。

核盘菌在被侵染的植物上生成白色絮状菌丝体和菌核。菌核最初白色,后变成黑色、鼠粪状、豆瓣状,长度 3～7 毫米,宽度 1～4 毫米或更大,有时单个散生,有时多个聚生在一起。菌核在湿润环境中萌发,长出称为"子囊盘"的繁殖器官,由子囊盘产生子囊和子囊孢子。在土壤湿度较低时,菌核萌发后仅产生菌丝体,不产生子囊盘。

核盘菌生长发育的温度范围为 5℃～30℃,适温为 15℃～24℃。在 5℃～30℃ 范围内均能形成菌核,以 10℃～25℃ 最适。菌核在 5℃～20℃ 范围内萌发,适温为 10℃,子囊孢子在 5℃～25℃ 之间萌发,5℃～10℃ 最适。

【发病规律】 核盘菌的菌核散落在土壤中,病株残体中与堆肥中或夹杂在种子间越冬,成为下茬发病的初侵染的菌源。在老病田,表层土壤中和上一季病株残体中的菌核是主要初侵染菌源。菌核病一旦发生,土壤带菌量将逐渐增多,病情将逐年加重。菌核在土壤中至少存活 3 年以上,它们并不在同一时间萌发,而是参差不齐,延续一段相当长的时期,这大大提高了侵染的效率。

越冬菌核萌发产生子囊盘,放散出子囊孢子,子囊孢子借气流、雨水、灌溉水传播,侵染周围植物。在干旱条件下,土壤中的菌核萌发后直接产生菌丝,土壤中的带菌病残体也长出菌丝,菌丝向周围扩展,接触并侵入植株的茎部或植株底部衰弱的老叶。

在潮湿的环境中,芸豆发病部位长出的菌丝,也能蔓延到邻近的健康茎、叶或果荚上,引起再侵染。病原菌还能通过植株之间的相互接触,以及与脱落的带菌花器接触而传染。贮运期豆荚堆积过密,环境湿度过大,豆荚可继续腐烂,并传染周围健康豆荚。

菌核病是低温病害,冷凉高湿的环境条件适于菌核病发生,发病的适宜温度为 5℃～20℃,最适温度 15℃,相对湿度 100%。

寄主植物连作、套种或间作时,菌源增多,发病重。栽植密度大,偏施氮肥,田间郁闭也导致发病加重。病原菌可在凋谢的花器、植株下部老叶、黄叶、病叶上存活繁殖,积累菌量,若不及时清理,也有利于病情扩展。

病原菌侵染的温度范围为 0℃～28℃,适温为 15℃～21℃,要求有 85% 以上的湿度。冬、春低温季节,凡导致土壤和空气湿度升高,光照减弱的因素都有利于发病。开花结果期灌水次数增多,灌水量增大,有利于菌核萌发和产生子囊孢子,进行花器侵染,至盛果期达到发病高峰。

【防治方法】

(1)栽培防治 发病地应换种禾谷类作物 3 年以上。收获后清除病株残体,结合整地进行深翻,将菌核埋入土壤深层。选用健康种子,汰除种子间混杂的菌核和病残体。施用不含有病残体的有机肥,合理密植,增施磷、钾肥,使植生长健壮,增强抗病性。发病初期及时摘除老叶、病叶,拔除病株,以利于通风透光,降低湿度和减少菌源。

(2)药剂防治 发病始期及时喷药防治,药剂可试用 50% 腐霉利(速克灵)可湿性粉剂 1 500～2 000 倍液,40% 菌核净可湿性粉剂 1 000～1 200 倍液,50% 异菌脲(扑海因)可湿性粉剂 1 000 倍液,50% 乙烯菌核利(农利灵)可湿性粉剂 1 000 倍液,65% 硫菌·霉威(甲霉灵)可湿性粉剂 600～700 倍液,50% 多·霉威(多霉灵)可湿性粉剂 700 倍液,45% 噻菌灵(特克多)悬浮剂 1 200 倍液,或 40% 施加乐悬浮剂 800～1 000 倍液等。视病情发展,确定喷药次数。若连续喷药,两次喷药之间间隔 7～10 天。生长早期需在植株基部和地表重点喷雾,开花期后转至植株上部。

菌核净是防治各种作物菌核病的常用药剂,有效成分是 N-3,5-二氯苯基丁二酰亚胺,具有保护作用和内渗治疗作用,持效期较长。现已发现保护地种植的菜豆伸蔓期对该剂较敏感,用 40% 菌核净进行常规喷雾后,对生长会有明显的抑制作用,对菜豆的开花、结荚产生明显的不利影响,应慎用。

46. 芸豆镰刀菌根腐病

镰刀菌根腐病是芸豆的常见病害,由于连茬增多,发病趋重,严重时甚至连片死秧,产量损失可达 50%～70%。镰刀菌根腐病还常与其他种类的根部病原菌复合侵染,症状复杂,危害加重。

【症状识别】 从苗期到成株都可发病,主要危害根部和茎基部皮层,造成皮层腐烂,导致地上部叶片萎蔫黄枯。

幼苗多在出苗后 2～3 周发病,先是初生根发病,随之次生根也发病。病部表面出现红褐色斑点或条斑,扩展后根部变红褐色或黑褐色腐烂,可深达皮层内部。腐烂部分略下陷,皮层易剥离,有时纵裂。侧根也腐烂变褐,残留很少(彩照 59)。幼茎基部病痕褐色,长条形,可环绕茎基部一周。因根部腐烂,幼苗叶片自下部开始相继发黄,上部真叶也萎蔫,但病叶一般不脱落。发病严重的幼苗烂死。高湿时,病部生出粉红色霉状物。

成株根系被侵染,自主根根尖开始变褐腐烂,病变部分稍下陷,表皮开裂,变色腐烂部位还向根内发展,深入皮层,小根、侧根腐烂脱落,整个根系变红褐色坏死。腐烂部分可延伸到茎基部。有时在主根腐烂部分的上方生出多数侧根。高湿时病株根部、茎基部生出粉红色霉状物,干旱时病根干缩。一般到开花结荚期,地上部分表现出明显异常,病株矮小,下部叶片变黄,荚瘦瘪。因根系腐烂,病株可很容易地被拔出。

根腐病与枯萎病都造成叶片变黄枯萎,容易混淆。但根腐病局部侵染,引起根部皮层腐烂,枯萎病系统侵染,剖视茎基部,可见维管束变褐色。

【病原物】 病原菌主要为腐皮镰刀菌菜豆专化型,为一种半知菌,该菌还侵染豇豆等作物。其生长适温为 29℃～32℃,最低

13℃,最高 35℃。还有其他种类的镰刀菌,例如燕麦镰刀菌、串珠镰刀菌、木贼镰刀菌等也能引起根腐病,但致病性较弱。

【发病规律】　病原菌随病残体在土壤中越冬,在没有寄主植物的情况下,病原菌厚垣孢子也可在土壤中长期存活。根腐病是土传病害,病原菌以及带菌土壤和病株残渣等,能够随有机肥、风雨、灌溉水、农机具等载体扩散传播,引起发病。病原菌主要从根部伤口侵入。在初发病田块,病株少,散生,随着病原菌往周围扩散,侵染邻近植株,病株增多,形成病点,呈点片状分布,后病点逐渐增大,增多,最终发展到全田普遍发病。这一过程可能经历数年。

多年连作田块,土壤中积累的病菌增多,这是根腐病流行的重要诱因。高温、高湿的环境适于根腐病发生,低洼积水地块以及黏重土壤、酸性土壤发病较重。在冷凉、干旱条件下,或遭受冻害、冷害、药害后,根系发育受抑,发病也重。密植,缺肥,地下害虫多或农事操作伤根多,都可能加重发病。

【防治方法】

(1)栽培防治　栽培轻病、耐病品种。病田不宜连作,需换种禾谷类作物、白菜类蔬菜、葱蒜类蔬菜等非寄主作物,实行 3～4 年以上轮作。在多雨地区或灌区,宜采用高垄栽培,合理排灌,避免土壤过湿或过干。要适期播种,合理密植,增施肥料,保证植株健壮生长。发现病株后要立即拔除,病穴及四周撒施生石灰粉或药土消毒。

(2)药剂防治　药剂防治要提早,在茎叶症状明显时用药,已为时过晚,需在发病初期施药。有效药剂有 70%甲基硫菌灵可湿性粉剂 800～1 000 倍液,60%多菌灵盐酸盐水溶性粉剂 800 倍液,30%恶霉灵(土菌消)水剂 600 倍液,10%苯醚甲环唑(世高)可湿性粉剂 3 000 倍液等,在发病初期喷淋茎基部。连喷 2～3 次。另外,还可用多菌灵、代森锰锌、可杀得等杀菌剂的药液灌根,或者用多菌灵、甲基硫菌灵等制成的药土穴施。

47. 芸豆枯萎病

枯萎病是菜豆重要的萎蔫性病害,各主要芸豆栽培地区都有发生,发病植株茎叶枯萎,结荚显著减少,发病严重的在结荚盛期就可能死亡。

【症状识别】 病株地上部分的症状,通常在开花结荚期方明显表现,先从下部叶片开始发黄,逐渐向上部叶片发展。发病叶片的叶脉变褐,叶脉间变黄,有时叶尖和叶缘变黑焦枯,随后叶片萎蔫以至枯死(彩照60)。发病早的病株明显矮小。

与根腐病不同,病株根部、茎部起先并不表现外在症状,但剖检茎基部可见维管束变褐色或红褐色。到发病后期,特别是并发其他根部致病菌后,也发生根系腐烂,细根先变褐腐烂,以后主根也腐烂。

【病原菌】 菜豆枯萎病的病原菌为尖孢镰刀菌菜豆专化型,只侵染芸豆(菜豆),不侵染其他豆类,国外报道还侵染甜菜。菜豆枯萎病菌有致病性分化现象,例如在美国已发现了7个小种。

【发病规律】 病原菌主要以菌丝体、厚垣孢子在病残体、土壤和带菌肥料中越冬。种子也能带菌传病。在田间,病原菌还可随灌溉水、农机具、土壤肥料等分散传播。病原菌主要从根部的伤口侵入,并进入木质部导管,在植株体内系统扩展而发病。木质部发生病变后,变色腐烂部分逐渐向外扩散到皮层,后期也造成皮层腐烂。

在北京地区,春芸豆6月中旬开始发病,7月上旬为发病高峰期。日平均气温达到20℃以上,田间出现病株,上升到24℃~28℃时,发病最重,低于24℃或高于28℃,发病减轻。土壤含水量越高,发病越重,土壤相对含水量低于30%,则发病较轻。土壤酸性、黏重、地势低洼、肥力不足、管理粗放和植株生育不良时受害加重。线虫发生较多的地块,往往枯萎病也较重。

【防治方法】

(1)选用抗病品种 要因地制宜选用抗病丰产品种。对枯萎病的抗病性可能具有小种专化性,仅对一定的小种有效,在育种和引种时应注意小种变化。

(2)轮作 重病地应换种禾谷类作物或其他非寄主作物3年以上。前茬收获后及时清除病株残体并集中烧毁。

(3)种子处理 播种不带菌种子或行种子药剂处理。可用种子重量0.5%的50%多菌灵可湿性粉剂拌种,或用40%甲醛300倍液浸种30分钟,再用清水冲洗干净,晾干后播种。

(4)土壤处理 播种前用50%多菌灵可湿性粉剂,每667米²用药1.5千克,加细土30千克,混匀制成药土施用。初发病地块,应及时清除病株,深埋或销毁,病穴撒施药土或灌浇杀菌剂药液消毒。

(5)药液灌根 在田间出现零星病株时,用杀菌剂药液浇灌病株根部,可用70%甲基硫菌灵可湿性粉剂800~1 000倍液,50%多菌灵可湿性粉剂600倍液,10%双效灵水剂300~400倍液,10%恶霉灵(土菌消)水剂400倍液,或10%苯醚甲环唑(世高)可湿性粉剂3 000倍液等。每株不少于50毫升,间隔7~10天后,再灌1次。

48. 芸豆细菌性疫病

细菌性疫病是芸豆的常见病害,病株叶片干枯,病田呈现火烧状,因而又称为"火烧病"或"叶烧病"。发病严重时芸豆产量和品质剧降。

【症状识别】 叶片、茎蔓、豆荚和种子等部位都可受害,而以叶部为主。在叶片上先出现暗绿色油渍状小斑点,后扩大成为较大的褐色病斑,近圆形至不规则形,病斑周围有明显黄色晕环。往往在叶尖和叶缘发生较多,在叶缘的病斑多发展成为"V"字形斑(彩照61)。病斑组织干枯变薄,近透明,易破裂穿孔。多个病斑汇合后可使全叶变褐枯萎,通常病叶不脱落。茎蔓上产生红褐色稍凹陷的溃疡状条斑,扩展后可绕茎一周,导致上部茎叶枯萎。豆荚上病斑不规则形,红褐色,严重时豆荚萎缩,种子变色。潮湿时各部位病斑上有淡黄色的菌脓溢出,干燥后变成黄白色的菌膜。

【病原菌】 病原细菌为地毯草黄单胞菜豆致病变种,该菌除芸豆(菜豆)外,还侵染扁豆、利马豆、绿豆、乌头叶豇豆、红花菜豆等豆科植物,但侵染豇豆的为该种豇豆致病变种,侵染大豆的为大豆致病变种。

【发病规律】 病原细菌在种子内部或黏附在种子表面越冬,以种内带菌为主。带菌种子传病的效率很高,在100 000个植株中,只要有1株由带菌种子产生的病株,就足以造成疫病流行。另外,病原菌也可随病残体在土壤中越冬,成为翌年春季的初侵染菌源。当季病株病斑上产生菌脓,其中含有大量细菌菌体,这些细菌可随气流、雨水、灌溉水、昆虫以及农事操作而传播,发生再侵染。病原细菌从气孔、水孔、伤口等处侵入,环境温度较高时,潜育期仅2~3天。

适于发病的气温为24℃~32℃,最适28℃。高温和连续阴雨的天气有利于疫病流行,发病株迅速增多。田间通风不良,高湿郁闭,结露多,发病就严重。重茬种植,实行大水漫灌或施肥不当,偏施氮肥,以及杂草丛生,虫害严重时,都会加重病情。

【防治方法】

(1)减少菌源 病地与非豆科作物轮作3年以上。收获后彻底清除病株残体,深耕翻土,以减少田间菌源。应使用无病种子,不用病田、病区生产的种子。种子可用95%敌磺钠(敌克松)粉剂拌种,用药量为种子重量的 0.3％。还可用农用链霉素药液浸种,药液浓度和浸种时间由试验确定。

(2)加强栽培管理　实行高畦定植,地膜覆盖,加强通风,避免环境高温高湿。施用腐熟有机肥,促进植株健壮生长。

(3)药剂防治　发病初期可喷洒 47％春雷·王铜(加瑞农)可湿性粉剂 800 倍液,77％氢氧化铜(可杀得)可湿性粉剂 800 倍液,30％琥胶肥酸铜可湿性粉剂 600～800 倍液,12％松脂酸铜(绿乳铜)乳油 600 倍液,60％琥·乙膦铝可湿性粉剂 500 倍液,10％双效灵(混合氨基酸铜络合物)水剂 300～400 倍液,78％波尔·锰锌(科博)可湿性粉剂 600 倍液,20％噻菌铜(龙克菌)悬浮剂 500～700 倍液,或 72％农用硫酸链霉素可溶性粉剂 3 000～4 000 倍液等。一般间隔 7～10 天喷 1 次(科博施药间隔期在 10～15 天左右),连喷 2～3 次。

49. 芸豆花叶病

花叶病是由多种病毒单独或复合侵染所产生的病害,发生普遍,是芸豆的重要病害。栽培高感品种或早期发病,损失率可高达 30％～40％。

【症状识别】　侵染芸豆,引起花叶症状的病毒有多种,各种病毒引起的症状有所不同,田间发病往往是几种病毒复合侵染的结果,症状表现更为复杂。

菜豆普通花叶病毒侵染后,病株表现黄绿相间的花叶(彩照 62),有时叶片沿主脉下卷。嫩叶初期还有明脉现象。另外,叶面还出现疱状突起,沿叶脉有绿色带以及叶片畸形等异常现象。早期侵染的植株生育不良,矮小,变黄。荚果短小,表现斑驳、褪绿、畸形等症状。有的品种还发生系统性叶脉黄化,叶脉坏死或局部坏死斑。具有抗病基因 I 的品种,则发生全株系统性过敏性坏死。

菜豆黄色花叶病毒的典型症状为黄花叶,也常出现叶片畸形、扭曲、落叶等症状。早期被侵染的植株矮小。该病毒有的株系引起下叶基部变紫色,叶柄、茎部坏死,或叶片产生局部坏死斑。

黄瓜花叶病毒菜豆株系的症状与菜豆普通花叶病毒相似,表现花叶、卷叶、疱斑等,有的品种发病后沿主脉出现拉链状皱纹。

【病原物】 侵染芸豆、菜豆,引起花叶病的病毒主要有 3 种:

(1)菜豆普通花叶病毒 寄生菜豆属植物,分布普遍。病毒粒体线状。种子带毒率高达 30%～50%,传毒蚜虫有蚕豆蚜(黑豆蚜)、豆蚜、豌豆蚜,大戟长管蚜和桃蚜等,汁液接触传毒。抗病品种较多。花叶症状在适温 20℃～25℃易表达,系统脉坏死多在高温 26℃～32℃时表达。

(2)菜豆黄色花叶病毒 寄生芸豆(菜豆)、豌豆、大豆、苜蓿等作物,分布普遍。病毒粒体线状。生长期间主要是靠蚜虫传毒,汁液接触传毒,菜豆种子带毒率低。

(3)黄瓜花叶病毒菜豆株系 传毒蚜虫有 60 余种,汁液接触传毒,通常不由种子传毒,但某些品种也可能种传。

【发病规律】 初侵染的毒源主要来自越冬的寄主植物,其次是带毒种子,特别是菜豆普通花叶病毒,种子带毒率较高。在田间,主要由蚜虫进行非持久性传毒,蚜虫发虫量大,带毒率高,花叶病发生就严重。影响蚜虫发生的环境因素,也相应地影响花叶病的流行。温度和光照等因素还影响花叶病的严重程度,温度较高(26℃)时,病株多表现重花叶、矮化与卷叶,在 18℃左右表现轻花叶,在 28℃以上和 18℃以下,症状受到抑制。增强光照和延长光照时间有加重症状的趋势。加强肥水管理,适时施肥灌水,补充营养和水分,可减轻病株的产量损失。

【防治方法】 防治花叶病,首先要栽培抗病、轻病、耐病品种。品种间抗病性有明显差异,要因地制宜,鉴选抗病品种。缺乏抗病品种时,要尽量利用轻病或耐病品种,前者症状表现相对较轻,后者虽然发病较重,但产量损失较轻。另外,要选留无病种子,不由病田留种,商品种子需了解其产地发病情况和种子带毒情况。采用较多的种子处理法,是将种子用清水预浸后,再放入10%磷酸三钠溶液中浸种20～30分钟,捞出后用清水冲洗干净。但这种处理方法仅能钝化种子表面的病毒。

芸豆不与其他豆科作物接茬种植,也不与之间作套种。防治蚜虫是关键防治措施,要及早安排,切实执行,参见本书介绍蚜虫的各节。发病田还要加强水肥管理,适时追肥,喷施叶面营养剂,高温季节及时浇水,以缓解症状,减少产量损失。发病初期可选喷1.5%植病灵乳剂1 000倍液、NS83增抗剂100倍液,20%盐酸吗啉胍·铜(病毒A)可湿性粉剂500倍液,5%菌毒清水剂300倍液等,10天左右1次,连续防治3～4次。

50. 绿豆和小豆红斑病

红斑病也称为尾孢叶斑病,是绿豆和小豆的常发病害,在多雨高湿条件下,高感品种可严重发生,病株叶片由下而上枯死,造成减产,若发生较晚,则受害较轻。

【症状识别】　病株叶片上病斑圆形、近圆形、不规则形,多数直径5～8毫米,病斑的边缘浓褐色,中间灰褐色至红褐色,后期病斑背面密生灰黑色霉状物。严重时,病斑之间相互汇合,致使病叶干枯(彩照63)。茎上和豆荚上也产生类似病斑。

【病原菌】　病原真菌为变灰尾孢,是一种半知菌,其寄主植物除了绿豆、小豆外,还有豇豆、菜豆、扁豆、大豆、黑豆、四棱豆(翼豆)、野豌豆,以及籽粒苋、菽麻、蓖麻、番茄等。

【发病规律】　病原真菌主要随病残体越冬,种子也可带菌传病。分生孢子和菌丝体在绿豆种子中至少存活8个月。在生长季节,病株产生分生孢子,随风雨传播,引起多次再侵染,开花结荚期病情趋重。高温高湿有利于该病流行,连作地发病重。

【防治方法】 要因地制宜地栽培抗病或轻病品种。发病地块在收获后要深耕灭茬,清除病残体,重病田应轮作谷类作物。选无病株留种,使用健康种子,市贩可疑带菌种子可行温汤浸种。加强田间发病监测,在发病初期喷施杀菌剂,有效药剂有多·霉威、百菌清、代森锰锌、加瑞农、松脂酸铜或碱式硫酸铜等。

51. 绿豆和小豆轮纹斑病

轮纹斑病是绿豆和小豆的常见病害,分布广泛。严重发生时,病叶片枯死或早期脱落,结实减少,籽粒不饱满。

【症状识别】 主要危害叶片,病叶片上产生圆形、近圆形、不规则形病斑,多数病斑直径 4~10 毫米,但在叶片边缘等处也产生更大的病斑。病斑灰褐色、褐色,边缘色泽略深,周围稍褪绿。轮纹斑病的主要特征是病斑上有明显而较致密的同心轮纹,后期出现多数黑色小粒点,即病原菌的分生孢子器(彩照 64)。干燥时病斑易破碎穿孔。

【病原菌】 病原真菌为短小茎点霉短小变种,是一种半知菌。该菌寄主范围较宽,据称自然寄主有 14 科 48 种植物,其中包括豆类作物。

【发病规律】 病原菌主要随病残体越冬或越夏,成为下一季豆类发病的初侵染菌源。种子也可带菌传病。在生长季节,病株产生分生孢子,借气流或雨水溅射分散传播,进行再侵染。高温高湿的气象条件有利于轮纹斑病发生,田间管理不良,过度密植或施肥不当,造成植株长势过旺或长势衰弱,都使病情加重。

【防治方法】 病地收获后要彻底清除病残体,深耕晒土,减少越季菌源,重病地块最好轮作禾谷类作物。要栽培抗病品种,播种无病田采收的不带菌种子,加强田间肥水管理,增强植株抗病能力。在发病初期及早喷施甲基硫菌灵、百菌清、多·硫、氢氧化铜、加瑞农或碱式硫酸铜等杀菌剂。

52. 绿豆和小豆锈病

锈病是绿豆和小豆的重要病害,危害叶片、茎秆和豆荚。种植抗病、轻病品种时锈病发生较轻、较晚,但若品种感病,往往酿成锈病流行,造成严重减产。

【症状识别】　叶片正面散生近圆形小斑点,背面出现锈褐色的隆起疱斑(夏孢子堆),后表皮破裂外翻,散出红褐色粉末(夏孢子),秋季则产生黑色隆起疱斑(冬孢子堆)。发病重的叶片早期脱落。茎蔓和豆荚上症状与叶片相似。

【病原菌】　病原真菌为疣顶单胞锈菌,该菌寄主广泛,侵染绿豆、小豆、芸豆、扁豆、荷包豆、利马豆等多种豆类,但也有人将侵染小豆的种类定名为疣顶单胞锈菌小豆变种或小豆单胞锈菌。锈菌有致病性分化现象,存在多个致病性不同的小种。

【发生规律】　绿豆、小豆锈病的病原菌来源,有以下3个不同的途径。第一条途径是以冬孢子越冬而完成整个生活史,该病原菌是单主寄生的,在生长季的末期,病株上产生冬孢子堆和冬孢子,冬孢子随病残体越冬,翌年春季冬孢子萌发,产生担孢子。担孢子随气流分散传播,侵染豆株,先后在病叶片上产生性子器和锈子器。锈子器产生的锈孢子随气流传播,又侵染豆株,产生夏孢子堆和夏孢子。性子器和锈子器发生的时间很短,夏孢子堆与夏孢子发生时期很长,是主要危害菌态。第二条途径是以夏孢子世代反复侵染的方式,完成周年循环。这发生在冬季较温暖,从而全年有豆类作物生长的地区。第三条途径是依赖外来菌源。病原菌在当地不能越冬,每年较早发病的地区提供夏孢子,随气流远程传播而来,引起当季发病。

多雨高湿,气温 20℃以上,昼夜温差大,结露时间长易发生锈病。在冬孢子随病残体越冬地区,连作地块发病早而重,早播地块发病也重。品种之间抗病性有明显差异,种植感病品种往往是锈病流行的主要诱因。

【防治方法】 防治锈病的主要措施是栽培抗病品种和适期喷施杀菌剂,具体方法参见本书芸豆锈病一节。

53. 绿豆和小豆白粉病

白粉病是绿豆和小豆的重要病害,发生相当普遍,当种植感病品种,天气条件又适宜,田间发病提早,病情加重,可造成 30%～50%或更高的产量损失,需采取应急防治措施。

【症状识别】 白粉病菌侵染叶片、茎秆和果荚。叶片两面产生白色粉斑,扩展后形成一层白色粉状物,后期变灰白色至灰褐色(彩照 65),并密生黑色小粒点(闭囊壳)。严重时病叶片变黄,提早脱落。茎秆和果荚上症状相似。发病早的病株矮小,叶片扭曲、变黄。

【病原菌】 能够侵染绿豆、小豆的白粉病菌较多,先后报道的有蓼白粉菌,单囊壳,黄芪单囊壳,棕黑叉丝单囊壳等,皆为寄主植物广泛的种类。引起当地绿豆、小豆发病的白粉病菌是哪一种,需进行鉴定,不能一概而论。

【发病规律】 病原菌以闭囊壳随病残体越冬,翌年条件适宜时释放子囊孢子进行初侵染。另外,白粉病菌也可以在越冬作物或杂草上存活,产生分生孢子,持续侵染下一季豆类。白粉病菌的分生孢子可以随气流远程传播。因而,有些地方造成白粉病流行的可能不是当地越冬菌源,而是远处传来的异地菌源。

当季发病后,病叶产生分生孢子,随气流或雨滴飞溅传播,进行再侵染。在一个生长季节中,可发生多次再侵染。与其他寄主植物间作套种,有利于菌源交流,会加重白粉病发生。温度适中,干、湿交替有利于白粉病流行。有研究表明,蓼白粉菌引起的绿豆白粉病适宜的天气条件为平均日最高温度 27.2℃～30.3℃,早晨大气相对湿度 67%～90%,中午 12%～38%,风速 2.3～4.1 千米/小时。绿豆和小豆品种间抗病性有明显区别,但抗病性也因病原菌种类或小种不同而有变化。

　　【防治方法】 防治绿豆、小豆白粉病,应栽培抗病或轻病品种,避免与其他感病作物接茬种植或间作套种。要清除田间杂草和自生豆苗,收获后及时清除病残体,搞好田间卫生。要加强水肥管理,培育壮株。在发病初期喷施多·硫、三唑酮、氟硅唑、苯醚甲环唑、农抗 120 或武夷霉素等药剂,参见芸豆白粉病的防治。

第三章　小杂粮害虫、害螨及防治

　　小杂粮害虫、害螨种类很多,本书介绍了常见而又重要的 63 种,其中大多数为多食性种类,在监测和防治工作中,需要兼顾其他寄主作物。

1. 蛴　螬

　　蛴螬是鞘翅目金龟甲科昆虫的幼虫,种类很多,是主要的地下害虫。所谓地下害虫是指生活史的全部或大部分时间在土壤中生活,危害植物的地下和近地面部分的一类害虫。主要地下害虫除蛴螬外,还有后述的蝼蛄、金针虫、地老虎等。常见蛴螬种类有华北大黑鳃金龟,东北大黑鳃金龟,暗黑鳃金龟,棕色鳃金龟,黑皱鳃金龟,铜绿丽金龟等多种。蛴螬的食性很杂,取食多种植物的种子,咬断幼苗的根、茎,取食的植物断面整齐平截,易于识别。蛴螬危害多造成缺苗、死苗,严重时毁种。

　　【形态特征】　蛴螬属鞘翅目金龟甲科,有成虫、卵、幼虫、蛹等虫态。金龟甲类成虫身体坚硬肥厚,前翅为鞘翅,后翅膜质。口器咀嚼式,触角 10 节左右,鳃叶状,末端叠成锤状,中胸有小盾片,前足开掘式。幼虫蛴螬型,体白色,柔软多皱,胸足 3 对 4 节,腹部末端向腹面弯曲,肛腹板刚毛区散生钩状刚毛,多数种类还着生刺毛列(彩照 66)。

　　(1)华北大黑鳃金龟

　　①成虫　体长 17～21 毫米,宽 8～11 毫米,长椭圆形,黑褐色,有光泽。前翅表面微皱,肩凸明显,密布刻点,缝肋宽而隆起,

两鞘翅共有 4 条纵肋。臀板后缘较直,顶端为直角。

②卵　椭圆形,后变球形,白色有光泽。

③幼虫　体长 35～45 毫米,头黄褐色,体乳白色,多皱折,头部前顶刚毛每侧各 3 根,排成一列。肛腹板上的钩状刚毛群紧挨肛门孔裂缝区,两侧有明显的无毛裸区。

④蛹　体长 21～24 毫米,裸蛹,初期白色后变红褐色。

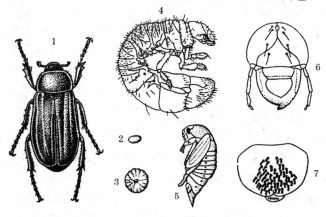

图 2　华北大黑鳃金龟

1. 成虫　2. 初产卵　3. 孵化前卵　4. 幼虫　5. 蛹

6. 幼虫头部前顶刚毛　7. 幼虫肛腹板刚毛区

(2)东北大黑鳃金龟　与华北大黑鳃金龟形态相似的近缘种。成虫形态与华北大黑鳃金龟相似。但臀板后缘较弯,呈弧形,顶端球形。蛴螬肛腹板上钩状刚毛群两侧无明显的无毛裸区。

(3)暗黑鳃金龟

①成虫　体长 16～22 毫米,宽 7.8～11 毫米,长椭圆形,羽化初期红棕色,渐变红褐色,黑褐色或黑色,无光泽。前胸背板前缘有成列的褐色长毛,鞘翅的 4 条纵肋不明显。

②卵　乳白色有绿色光泽,长 2.5 毫米。

③幼虫　体长 35～45 毫米,头及胸足黄褐色,胸腹部乳白色

或污白色。臀节肛腹板刚毛区散生多数钩状刚毛,而无刺毛列(图3)。头部蜕裂缝两侧的前顶各有刚毛1根。

④蛹 体长20~25毫米,宽10~12毫米。腹部具2对发音器,分别位于腹部第四与第五节,第五与第六节背面中央节间处。尾节三角形,二尾角呈锐角岔开。雄外生殖器明显隆起,雌体可见生殖孔及两侧的骨片。

(4)棕色鳃金龟

①成虫 体长20毫米左右,体宽10毫米左右,体棕褐色,具光泽。触角10节,赤褐色。前胸背板横宽,与鞘翅基部等宽,两前角钝,两后角近直角。小盾片光滑,三角形。鞘翅较长,为前胸背板宽的2倍,各具4条纵肋,第一条和第二条明显,第一条末端尖细,会合缝肋明显,足棕褐色有强光。

②卵 初产时乳白色,半透明,椭圆形,长3.0~3.6毫米,宽2.1~2.4毫米,此后缓慢膨大。孵化前长6毫米,宽5毫米,卵壁薄而软,可见到幼虫在内蠕动。

③幼虫 体长45~55毫米,乳白色。头部前顶刚毛每侧1~2根,绝大多数仅1根。肛腹板上的钩状刚毛群的中央有两列平行的毛列,每个毛列有18~22根毛(图4)。

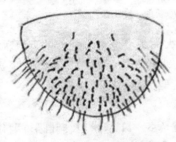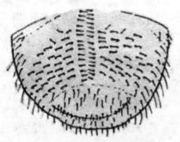

图3 暗黑鳃金龟幼虫　　图4 棕色鳃金龟幼虫
　　肛腹板刚毛区　　　　　　肛腹板刚毛区

④蛹　黄色,长 21～24 毫米。羽化前头壳、足、鞘翅变为棕色并逐渐加深。蛹室卵圆形,长 35 毫米,宽 20 毫米。

(5)黑皱鳃金龟

①成虫　体长 15～16 毫米,宽 6.0～7.5 毫米,黑色无光泽,刻点粗大而密,鞘翅无纵肋。头部黑色,触角 10 节,黑褐色。前胸背板横宽,前缘较直,前胸背板中央具中纵线。小盾片横三角形,顶端变钝,中央具明显的光滑纵隆线,两侧基部有少数刻点。鞘翅卵圆形,具大而密,排列不规则的圆刻点,基部明显窄于前胸背板,除会合缝处具纵肋外无明显纵肋。后翅退化仅留痕迹,略呈三角形。

②卵　白色透明,略带黄绿或淡绿光泽,球形或圆柱形,尺度为 2.2～3.0 毫米×1.4～2.0 毫米。

③幼虫　体长 24～32 毫米。头部前顶刚毛每侧各 3 根或 4根,成一纵列。在肛腹板后部无刺毛列,只有钩状刚毛群,钩状刚毛 35～40 根。刚毛群后端与肛门孔侧裂缝间有较宽的无毛裸区。

④蛹　在化蛹当日乳白色发亮,翌日变为淡黄色,以后颜色逐渐加深成黄褐色,羽化前变为红褐色。

(6)铜绿丽金龟

①成虫　体长 19～21 毫米,体宽 8.3～12 毫米,体表铜绿色,有金属光泽。前胸背板两侧淡黄色,鞘翅密布小刻点,背面有两条纵肋,边缘有膜质饰边,鞘翅肩部有疣突。臀板三角形,黄褐色,基部有 1 个倒三角形大黑斑,两侧各一个椭圆形小黑斑。

②卵　椭圆形,长 1.8 毫米,白色,椭圆形,表面光滑。

③幼虫　老熟时体长 30～33 毫米,头黄褐色,腹部乳白色。肛腹板有两列长针状刚毛组成的刺毛列,每列 15～18 根,刺毛尖端相对或交叉,略成"八"字形(图 5)。幼虫老熟后化蛹时,从体背部裂开脱皮,脱下的皮不皱缩。在田间调查时,可据此与其他种类的蛴螬相区别。

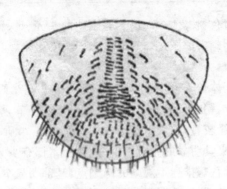

图 5　铜绿丽金龟幼虫肛腹板刚毛区

④蛹　体长 18～22 毫米,长椭圆稍弯曲,初黄白色,后黄褐色。

【发生规律】　蛴螬类的生活史因种类和发生地区不同而有很大差异。

(1)华北大黑鳃金龟　华北大黑鳃金龟多数 2 年 1 代,少部分个体 1 年 1 代,以成虫或幼虫在 80～100 厘米深的土层中越冬。以成虫越冬时,当春季 10 厘米土层地温上升到 14℃～15℃时开始出土,5 月中下旬开始产卵,6 月上旬至 7 月上旬为产卵盛期,6 月上中旬开始孵化,盛期在 6 月下旬至 8 月中旬,孵化的幼虫在土壤中危害。在 10 厘米土层地温低于 10℃以后,向土层深处移动,低于 5℃以后,全部进入越冬。以幼虫越冬的,翌年春季越冬幼虫开始活动危害,6 月初开始在土壤中化蛹,7 月初开始羽化,7 月下旬至 8 月中旬为羽化盛期,羽化后的成虫当年不出土,在土中潜伏越冬。

华北大黑鳃金龟以成、幼虫交替越冬。若以幼虫越冬,翌年春季危害重;若以成虫越冬,翌年夏、秋季危害重。成虫昼伏夜出,白天潜伏于土层中和作物根际,傍晚开始出土活动。尤以 20～23 时活动最盛,午夜后相继入土。成虫具趋光性,对黑光灯趋性强。对厩肥和腐烂的有机物也有趋性。

(2)东北大黑鳃金龟 在北方各地两年完成1代,以成虫和幼虫在土层中越冬。越冬成虫4月间开始出土,交尾期长达2个月,交尾后4~5天产卵。卵产于5~12厘米深的耕层土壤中,卵期10~15天。幼虫持续危害到10月份,以后越冬。越冬幼虫翌年春季出土,危害春播作物,可持续至6月份。老熟幼虫入土15厘米左右化蛹,化蛹盛期在5~6月间。幼虫多发生于低湿地块和水浇地。

(3)暗黑鳃金龟 1年发生1代,多以三龄老熟幼虫越冬,少数以成虫越冬。在地下潜伏深度为15~40厘米,以20~40厘米深处最多。以成虫越冬的,翌年5月份出土。以幼虫越冬的一般春季不危害作物,4月下旬至5月初化蛹,化蛹盛期在5月中旬,6月初至8月中下旬为成虫发生期。成虫在天气闷热和雨后发生较多,食性杂,有群集习性,有假死性,遇惊落地。成虫多昼伏夜出,趋光性强,喜飞翔在高秆作物和灌木上,交尾后即飞往杨、柳、榆、桑等树上,取食中部叶片。成虫在土中产卵,以5~20厘米处最多。7月初开始产卵,直至8月中旬,7月中旬卵开始孵化,下旬为孵化盛期,8月中下旬为幼虫危害盛期。幼虫食性杂,三龄后食量最大,可转移危害,使作物成片死亡。

(4)棕色鳃金龟 在陕西2~3年完成1代,以二龄、三龄幼虫或成虫越冬。在渭北塬区,越冬成虫于4月上旬开始出土活动,4月中为成虫发生盛期,延续到5月上旬。4月下旬开始产卵,卵期平均29.4天,6月上旬卵开始孵化,7月中旬至8月下旬幼虫发育到二至三龄,10月下旬下潜到35~97厘米深的土层中越冬,50厘米以下越冬虫量大。翌年4月越冬幼虫上升到耕层,危害作物地下部分,7月中旬幼虫老熟,下潜深土层做土室化蛹。8月中旬成虫羽化,但当年不出土,直接越冬。第三年春季越冬成虫出土活动。

棕色鳃金龟成虫基本不取食,于傍晚活动,多于19时以后出土,出土后在低空飞翔,20时后逐渐入土潜藏。成虫在地表觅偶交配,雌虫交配后约经20天产卵,卵产于15~20厘米深土层内,单产。土壤含水量15%~20%,最适于卵和幼虫的存活。幼虫危害期长,食量大。

(5)黑皱鳃金龟　在陕西两年完成1代,以成虫、三龄幼虫和少数二龄幼虫越冬。越冬成虫于3月下旬气温上升到10.4℃时零星出土,4月上、中旬气温升到14℃时大量出土,发生期约50天。4月下旬开始产卵,卵于5月下旬开始孵化,6月下旬达孵化盛期。大部分幼虫于8月份发育为三龄,秋季危害到11月下旬,以后下潜越冬。翌年3月上旬当10厘米地温上升到7℃以上时开始活动,地温11℃时,绝大部分幼虫上升到地表危害。6月上旬开始化蛹,6月下旬开始羽化。成虫当年出土活动,温度降低后进入越冬。

黑皱鳃金龟成虫白天活动,以12~14时活动最盛。成虫取食小麦、玉米、高粱、谷子、棉花、苜蓿、薯类等多种作物的叶片、嫩芽、嫩茎,可咬断茎基部,造成缺苗。幼虫危害作物地下部分,能将整株幼苗拉入土中。

(6)铜绿丽金龟　在北方1年发生1代,少数以二龄幼虫,多数以三龄幼虫越冬。春季10厘米深处地温高于6℃时,越冬幼虫开始向上活动,危害小麦及其他春播作物。5月开始化蛹,5月中下旬出现成虫。7月上中旬是产卵期,7月中旬至9月是幼虫危害期,10月中下旬三龄幼虫开始向土壤深处迁移,至12月下旬多数在51~75厘米深处越冬。

每头雌虫产卵50~60粒,卵期7~10天。成虫有假死性,趋光性强,昼伏夜出,日落后开始出土,先行交配,然后取食。成虫食性杂,食量大,常将叶片全部吃光,主要危害杨、柳、苹果、梨等多种林木、果树的叶片,是林果树的重要害虫。幼虫在土中可危害多种作物的种子和幼苗。

金龟甲的天敌很多。有鸟类、步行甲、食虫虻、土蜂、寄生螨、线虫、多种寄生性真菌、细菌和病毒等。

【防治方法】

（1）栽培防治　深耕翻犁，通过机械杀伤，暴晒，鸟类啄食等消灭蛴螬。施用腐熟农家肥，最好在施肥前，向粪肥均匀喷洒2.5%敌百虫粉（粪与药的比例约1500：1），避免带入幼虫和卵，或吸引金龟甲成虫产卵。冬灌或春、夏季适时灌水可淹死蛴螬，或改变土壤通气条件，迫使其上升到地表或下潜。发生严重的地块可因地制宜地改种棉花、芝麻、油菜等直根系非嗜好作物，或行水旱轮作，以降低虫口密度。

（2）捕杀、诱杀成虫　成虫具有假死性，在盛发期，可摇动植株，落地后扑杀。利用成虫的趋光性，设置黑光灯诱杀。多种金龟甲喜食树木叶片，利用这种习性，可于成虫盛发期在田间插入药剂处理过的带叶树枝，来毒杀成虫。该法取20～30厘米长的榆树、杨树或刺槐的枝条，浸入敌百虫可溶性粉剂稀释的药液中，或用药液均匀喷雾，使之带药。在傍晚插入田间诱杀成虫。还可用性诱剂诱杀成虫。

（3）药剂防治

①种子处理　50%辛硫磷乳油或40%甲基异柳磷乳油，用种子重量0.1%～0.2%的药量拌种，先用种子重量5%～10%的水将药剂稀释，稀释液用喷雾器匀喷洒于种子上，堆闷12～24小时，待种子将药液完全吸收后播种。也可用50%辛硫磷乳油100～165毫升，加水5～7.5升，拌麦种50千克，堆闷后播种。用48%毒死蜱乳油10毫升加水1千克稀释后拌麦种10千克，堆闷3～5小时后播种。另外，用70%吡虫啉湿拌种剂拌种，可趋避地下害虫，兼治苗期蚜虫、灰飞虱等害虫，减轻红叶病。

②土壤处理　防治幼虫可用有机磷杀虫剂毒土或颗粒剂，有

多种施用方式。可播前单独或与肥料混合均匀施于地面,然后随犁地翻入耕层中,可在播种时施于播种沟内(不直接接触种子),也可在苗期撒施地面,再浅锄混入浅土。

90%敌百虫晶体 1.4 千克加少量水稀释后,喷拌 100 千克细土,制成毒土,将毒土撒于播种穴中或播种沟中,但应注意毒土不要接触种子。2.5%敌百虫粉剂 2 千克,拌细土 20～25 千克,撒施根部附近,结合中耕埋入浅层土壤。

50%辛硫磷乳油每 667 米^{2}用 250 毫升,对水 1～2 升,拌细土 20～25 千克制成毒土,耕翻时均匀撒于地面,随后翻入土中。3%辛硫磷颗粒剂每 667 米^{2}用 4 千克或 5%辛硫磷颗粒剂用 2 千克,拌细土后在播种沟撒施。也可在苗期每 667 米^{2}用 3%辛硫磷颗粒剂 2～3 千克,顺行开小沟撒施入土,随即覆土。

3%甲基异柳磷颗粒剂,每 667 米^{2}施用 1.5～2 千克,施于播种沟内。10%二嗪磷(地亚农)颗粒剂每 667 米^{2}用 400～500 克拌10 千克毒土沟施。3%氯唑磷(米乐尔)颗粒剂每 667 米^{2}用药 2～2.5 千克,拌细土后均匀撒施植株根际附近。40.7%毒死蜱乳油150 毫升,拌干细土 15～20 千克制成毒土施用。

③灌根、喷雾　在发生严重地块,可用 80%敌百虫可溶性粉剂 1 000 倍液,50%辛硫磷乳油 1 000～1 500 倍液,或 48%毒死蜱乳油 1 500 倍液灌根。也可地面喷粗雾,每 667 米^{2}喷药液 40 千克。菊酯类杀虫剂可用 2.5%高效氯氟氰菊酯乳油 1 000～1 500倍液或 4.5%高效氯氰菊酯乳油 1 000～1 500 倍液。

防治成虫,在盛发期用 80%敌百虫可溶性粉剂 1 000 倍液或50%辛硫磷乳油 1 000～1 500 倍液喷雾。

2. 金 针 虫

金针虫为鞘翅目叩头甲科昆虫的幼虫,因虫体黄褐色,细长光滑而得名。金针虫是我国北方多种农林植物的重要地下害虫,常见的种类有沟金针虫,细胸金针虫,褐纹金针虫等。金针虫在土壤中取食种子、幼芽或咬断幼苗,有的还蛀入地下茎,受害幼苗变黄枯死,造成缺苗断垄,甚至全田毁种。

【形态特征】　金针虫属鞘翅目叩头甲科,有成虫、卵、幼虫、蛹等虫态。成虫是细长的褐色甲虫,略扁,末端尖削,前胸背板后缘两角常尖锐突出,密被黄色或灰色细毛,受压时前胸可作"叩头"的动作。幼虫金黄色、褐黄色,体细长,略扁,坚硬光滑。蛹均为裸蛹。

(1)沟金针虫

①成虫　雌成虫体长 16～17 毫米,宽约 4.5 毫米,雄成虫体长 14～18 毫米,宽约 3.5 毫米。雌虫体扁平,栗褐色,密被金黄色细毛,触角 17 节,黑色,略呈锯齿形,长约为前胸的 2 倍,鞘翅长约为前胸的 4 倍,其上纵沟明显,后翅退化。雄虫虫体细长,触角 12 节,丝状,长达鞘翅末端,翅长约为前胸的 5 倍,其上纵沟较明显,有后翅(图 6)。

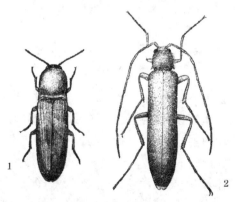

图 6　沟金针虫成虫 　(仿农业昆虫学原理原图)

1. 雌虫　2. 雄虫

②卵　椭圆形,长约 0.7 毫米,宽约 0.6 毫米,乳白色。

③老熟幼虫 体长 20～30 毫米,宽约 4 毫米,体形宽而扁平,呈金黄色。体节宽大于长,从头至第九腹节渐宽,由胸部至第十腹节背面中央有 1 条细纵沟。尾节背面有略近圆形之凹陷,并密布较粗点刻,两侧缘隆起,每侧具 3 对锯齿状突起。尾端分叉,并稍向上弯曲,叉的内侧有 1 小齿(彩照 67,图 7)。

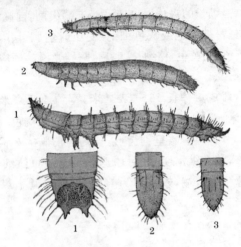

图 7 三种金针虫及其尾节 （仿农业昆虫学原理原图）
1. 沟金针虫 2. 褐纹金针虫 3. 细胸金针虫

④蛹 体长 15～17 毫米,宽 3.5～4.5 毫米,黄白色,长纺锤形。触角紧贴于体侧,雌蛹触角达后胸后缘,雄蛹触角长达腹部第七节。腹部末端瘦削,有 2 个角状突起,外弯,尖端有细刺。

(2)细胸金针虫

①成虫 体长 8～9 毫米,宽约 2.5 毫米,细长,背面扁平,被覆黄色细绒毛。头、胸部棕黑色,鞘翅、触角、足棕红色,光亮。触角着生于复眼前端,被额分开,触角细短,向后不达前胸后缘,其第一节粗而长,第二、第三节等长,均较短,自第四节起成锯齿状,末节圆锥形。前胸背板长稍大于宽,基部与鞘翅等宽,侧边很窄,中

部之前,明显向下弯曲,直抵复眼下缘,后角尖锐,伸向斜后方,顶端多少上翘,表面拱凸,刻点深密。小盾片略似心脏形,覆毛极密。鞘翅狭长至端部稍缢尖,每翅具 9 行纵行深刻点沟。各足跗节 1～4 节,节长渐短,爪单齿式。

②卵 长 0.5 毫米～1.0 毫米,圆形,乳白色,有光泽。

③老熟幼虫 体长 23 毫米,宽约 1.3 毫米,呈细长圆筒形,淡黄色有光泽。口部深褐色。腹部第一至第八节略等长。尾节圆锥形,尖端为红褐色小突起,背面近前缘两侧各生有一个褐色圆斑,并有 4 条褐色纵纹(图 7)。

④蛹 体长 8～9 毫米,纺锤形。初蛹乳白色,后变黄色,羽化前复眼黑色,口器淡褐色,翅芽灰黑色,尾节末端有 1 对短锥状刺,向后呈钝角岔开。

(3)褐纹金针虫

①成虫 体细长,长约 8～10 毫米,宽约 2.7 毫米,体黑褐色,生有灰色短毛。头部凸形,黑色,密生粗点刻,前胸黑色,但点刻较头部小,唇基分裂,触角、足暗褐色,触角第四节较第二、第三节稍长,第四至第十节锯齿状。前胸背板长度明显大于宽度,后角尖,向后突出。鞘翅狭长,自中部开始向端部逐渐缢尖,每侧具 9 行点刻。各足第一至第四跗节的长度渐短,爪梳状。

②卵 长约 0.6 毫米,宽约 0.4 毫米,椭圆形。初产时乳白色略黄。卵壳外有分泌物,能黏结细土粒。

③老熟幼虫 体长 25～30 毫米,宽约 1.7 毫米,细长圆筒形,茶褐色,有光泽。头扁平,梯形,上具纵沟和小刻点,身体背面中央具细纵沟,自中胸至腹部第八节扁平而长,各节前缘两侧有深褐色新月形斑纹。尾节长,扁平,尖端具 3 个小突起,中间的突起尖锐,尾节前缘亦有 2 个新月形斑,靠前部有 4 条纵线,后半部有褐纹,并密生大而深的刻点(图 7)。

④蛹 体长 9～12 毫米,初蛹乳白色,后变黄色,羽化前棕黄

色。前胸背板前缘两侧各斜竖1根尖刺。尾节末端具1根粗大的臀棘,着生有斜伸的两对小刺。

【发生规律】

(1)沟金针虫　完成1代需2~3年或更长时间,以成虫和幼虫在土壤中越冬,生活历期长,世代不整齐。以陕西关中为例,越冬成虫在2月下旬至3月上旬,10厘米深处地温达8℃上下时,开始上升活动,3月中旬至4月上旬活动最盛,4月中旬至6月初产卵,卵期35天,6月份幼虫全部孵出。幼虫危害至7月初,当10厘米深处地温达28℃上下时,钻入土壤深处越夏。9月下旬至10月上旬,当10厘米深处地温下降到18℃上下时,幼虫上升到土壤表层危害,11月下旬地温下降,幼虫下潜到土层深处越冬。下一年春季2~3月份,10厘米土层平均温度达6.7℃时,开始上升危害,3~4月份严重危害幼苗。地温高于24℃,幼虫向下潜伏,8月下旬至9月中旬在15~20厘米深的土层内,陆续筑土室化蛹。蛹期16~20天。9月中下旬成虫羽化,成虫当年不出土,在地下越冬。

成虫寿命约220天,不危害,白天潜伏在土块下或杂草中,傍晚活动交尾,有假死性,雄虫有趋光性。雌虫行动迟钝,不能飞翔,雄虫活跃,能作短距离飞翔。卵产在麦根附近3~7厘米深的表层土壤内,散产,每雌产卵200余粒,卵粒小,常粘有土粒,不易发现。沟金针虫危害麦类、高粱、谷子、豆类、薯类、玉米、蔬菜等,但不喜食棉花、油菜、芝麻。危害麦苗时,春苗受害较重,秋苗受害较轻。幼虫不耐潮湿,土壤湿度15%~18%,在10厘米土层地温10℃~18℃时最适宜活动危害,多发生于土质疏松,有机质较缺乏的旱地。

(2)细胸金针虫　在我国北方2年发生1代。第一年以幼虫越冬,第二年以老熟幼虫、蛹或成虫在地下越冬。以陕西关中为例,越冬幼虫翌年2月中旬开始上潜活动,3月上中旬大量活动,危害春苗。6 月以后随温度升高,而下移到土层深处。6 月下旬至 9 月中旬化蛹,8 月中旬为化蛹盛期。7 月上旬开始羽化,8 月下旬至 9 月上旬为羽化高峰。成虫羽化后即在原地潜伏越冬。越冬成虫于翌年 3 月中下旬开始出土,4 月下旬开始产卵,卵散产在土层 3～7 厘米处,每雌可产卵 100 粒左右。4 月底至 5 月上旬为产卵高峰。5 月中旬卵开始孵化,5 月下旬为高峰期。部分幼虫于冬小麦播种后,上移危害秋苗,直到 11 月下旬进入越冬。

细胸金针虫成虫寿命 200 天左右。成虫有弹跳能力,飞翔力差,夜间活动。成虫对糖、酒混合液有强烈的趋性,对枯枝烂叶以及麦秸等也有一定趋性,趋光性弱,有假死性。幼虫有 11 个龄期,历期 475 天。初孵幼虫活泼,受惊后不停翻卷或迅速爬行,有自相残杀习性。喜钻蛀植株和转株危害。春秋两季是危害盛期,幼虫较耐低温,春季危害早而秋季越冬迟,适生于潮湿黏重的土壤,水浇地发生较多。

(3)褐纹金针虫　一般 3 年完成一个世代。当年孵化的幼虫发育至三龄或四龄时越冬,第二年以五至七龄幼虫越冬,第三年六至七龄幼虫在 7～8 月份间于 20～30 厘米深处化蛹。蛹期平均 17 天左右,成虫羽化后在土层内越冬。

成虫寿命 250～300 天。成虫活动适温 20℃～27℃,适宜相对湿度 63%～90%。成虫夜息日出,夜间潜入土层内,白天出土活动,下午活动最盛。成虫具假死性。卵多产在麦根附近 10 厘米土层内,卵散产。5～6 月份为产卵盛期,卵期 16 天左右。

幼虫春、秋两季危害。春季 3 月下旬,10 厘米土层低温达 5.8℃时,越冬幼虫上升活动,4 月上中旬大部分幼虫食害春苗,6～8 月份大部分下移到 20 厘米土层以下,9～10 月份又在耕层危害秋苗,11 月上旬 10 厘米土层平均地温下降到 8℃后,下潜到 40 厘米土层越冬。

褐纹金针虫适生于土壤较湿润,有机质含量较多,较疏松的土壤环境。黏重、有机质少、干燥的土壤很少发生。寄主虽多,仍以麦田发生最多,其次为杂粮、马铃薯、甜菜田。

【防治方法】

(1)栽培防治 调整茬口,合理轮作,严重地块实行水旱轮作;要精耕细作,春、秋播前实行深翻,休闲地伏耕,以破坏金针虫的生境和杀伤虫体;要清洁田园,及时除草,减少金针虫早期食料;合理施肥,施用充分腐熟的粪肥,施入后要覆土,不能暴露在土表;适时灌水,淹死上移害虫或迫使其下潜,减轻危害;适当调整播期,减轻受害。

(2)人工诱杀 沟叩头甲雄虫有较强的趋光性,在成虫出土期开灯诱杀。堆草诱杀细胸金针虫,在田间设置 10～15 厘米厚的小草堆,每 667 米^2 20～50 堆,在草堆下撒布 1.5％乐果粉少许,每天早晨翻草扑杀。

(3)药剂防治 常用药剂为甲基异柳磷、辛硫磷、敌百虫、毒死蜱等有机磷制剂,可采用药剂拌种、土壤处理、喷雾或灌浇药液等施药方式,兼治其他地下害虫。

拌种可用 40％甲基异柳磷乳油 50 毫升,加水 5～6 升,拌小麦种子 50～60 千克,或用 50％辛硫磷乳油 100～165 毫升,加水 5～6 千克,拌麦种 50 千克。拌种时先将药加水稀释,再用喷雾器将药液均匀喷洒在种子上,边喷药边翻动种子,待药液被种子吸收后,摊开晾干即可。

土壤处理时每 667 米^2 用药量,3％氯唑磷(米乐尔)颗粒剂用 2 千克,5％辛硫磷颗粒剂用 2 千克,2％甲基异柳磷粉剂用 2 千克,皆与干细土 30～40 千克混合拌匀,制成药土,播前将药土撒施于播种穴中或播种沟中(不要直接接触种子),或苗期顺垄撒施于地面,然后浅锄覆土。

在金针虫危害期,发生严重的地块可用 80％敌百虫可溶性粉剂 1 000 倍液,50％辛硫磷乳油 1 000 倍液,40％甲基异柳磷乳油

1 000～1 500 倍液,或 48％毒死蜱乳油 1 500 倍液顺垄喷施,或将喷雾器去掉喷头,顺着垄灌根。隔 8～10 天灌 1 次,连续灌 2～3 次。

3. 蝼　蛄

蝼蛄是主要地下害虫,最常见种类有东方蝼蛄和华北蝼蛄两种。东方蝼蛄在我国各地均有分布,南方发生更重。华北蝼蛄主要在长江以北地区发生,以盐碱地、沙壤地数量较多。蝼蛄食性很杂,危害麦类、玉米、高粱、谷子、糜子、豆类、薯类、棉花、烟草、蔬菜、树木幼苗等多种作物。成虫和若虫咬食刚播下的种子以及幼苗的根和嫩茎,把茎秆咬断或扒成乱麻状,使小苗枯死,大苗枯黄。

【形态特征】　蝼蛄属于直翅目蝼蛄科,有成虫、卵、若虫等虫态。

(1)东方蝼蛄

①成虫　体长 30～35 毫米,灰褐色,腹部色较浅,全身密布细毛。头圆锥形,触角丝状。前胸背板卵圆形,中间具一较小的暗红色长心脏形斑,凹陷明显。前翅灰褐色,长约 12 毫米,能覆盖腹部 1/2。后翅扇形,较长,超过腹部末端。腹部末端近纺锤形,具 1 对长尾须。前足为发达的开掘足,腿节内侧外缘平直,无明显缺刻。后足胫节背面内侧有刺 3～4 个(图 8)。

②卵　椭圆形,长约 2.0～2.4 毫米,初产为乳白色,后变黄褐色,孵化前暗紫色。

③若虫　大多 8～9 龄,少数 6 龄或 9～10 龄。初孵若虫乳白色,复眼淡红色,体色后变灰褐色。初龄若虫体长约 4 毫米,末龄若虫体长 24～28 毫米。二至三龄以后若虫体色与成虫相近。

(2)华北蝼蛄

①成虫　体长 39～45 毫米,黄褐色,全身密生黄褐色细毛。

前胸背板呈盾形,中央有一个较大的暗红色心脏形斑,凹陷不明显。前翅黄褐色,长 14～16 毫米,覆盖腹部不到 1/3。后翅纵卷成筒状,伏于前翅之下,长度超过腹末端。腹部末端近圆筒形,具 2 个长尾须。前足特别发达,为开掘式,适于挖土行进。前足腿节内侧外缘呈"S"形弯曲,缺刻明显。后足胫节背面内侧有刺 1 个或缺如(彩照 68,图 8)。

②卵 椭圆形,孵化前长 2.4～2.8 毫米,宽 1.5～1.7 毫米。初产黄白色,后变黄褐色,孵化前暗灰色。

③若虫 共 13 龄,初孵若虫乳白色,复眼淡红色,体色后变黄褐色。五、六龄以后体色形似成虫,翅不发达,仅有翅芽。

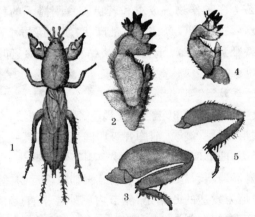

图 8 蝼蛄

1. 华北蝼蛄成虫 2. 华北蝼蛄前足 3. 华北蝼蛄后足
4. 东方蝼蛄前足 5. 东方蝼蛄后足

【发生规律】

(1)东方蝼蛄 在北方各地 2 年发生 1 代,在南方 1 年发生 1 代,以成虫或各龄若虫在地下越冬。以陕西为例,越冬成虫 3～4 月份上升到地表活动,隧洞洞顶隆起一小堆新鲜虚土,随后出窝转移,地表虚土堆出现小孔。5月上旬至6月中旬是蝼蛄最活跃的时期,也是第一次危害高峰期。5月中旬开始产卵,5月下旬至6月上旬是产卵盛期,6月中旬为卵孵化盛期,孵化的若虫潜入30～40厘米以下的土层越夏。9月上旬以后随气温下降,再次上升到地表活动,危害秋作物,形成第二次危害高峰。10月中旬以后,陆续钻入深层土壤中越冬。

东方蝼蛄昼伏夜出,以夜间21～23时活动最盛,特别在气温高,湿度大,闷热的夜晚,大量出土活动。在炎热的中午常潜至深土层。东方蝼蛄喜在潮湿处产卵。产卵前在土层5～10厘米深处筑扁圆形卵室,每室有卵30～60粒。该虫有趋光性,对香甜物质,诸如半熟的谷子,炒香的油渣、豆饼、麦麸以及新鲜马粪等有强烈的趋性。土壤温湿度对其活动影响很大,壤土和沙壤土发生重。

(2)华北蝼蛄 生活历期较长,北方大部分地区需3年完成1代,以成虫和八龄以上的若虫在地下60～120厘米深处土层内越冬。春季3～4月,10厘米深处地温回升至8℃时上升活动,常将表土顶出约10厘米长的新鲜虚土堆。4～5月份进入危害盛期,食害冬小麦和春播作物。6月中旬以后天气炎热,潜入地下越夏。越冬成虫6～7月份交配产卵,每头雌虫可产卵80～800余粒,每个卵室有卵50～85粒,卵期20～25天。8月上旬至9月中旬又复上移危害,其后以八、九龄若虫越冬。翌年春季,越冬幼虫上升危害,秋季发育成十二、十三龄若虫,移入土层深处越冬。第三年8月上中旬若虫羽化,该年以成虫越冬,越冬成虫在第四年产卵。

华北蝼蛄也具有趋光性和趋化性,但因形体大,飞翔力弱,黑光灯不易诱到。华北蝼蛄喜好栖息于松软潮湿的壤土或砂壤土,20厘米表土层含水量20%以上最适宜,低于15%时活动减弱,多发生于沿河、沿海及湖边的低湿地区。气温在12.5℃～19.8℃,20厘米深处地温为15.2℃～19.9℃时最适宜,温度过高或过低时,潜入深层土壤中。

【防治方法】 防治蝼蛄,应根据其季节性消长特点和在土壤中的活动规律,抓住有利时机,采取相应措施。

(1)栽培防治 深耕翻地,机械杀伤土中的虫体,或将其翻到土面,经暴晒,冷冻和鸟兽啄食而死亡。平整土地,治理田边的沟坎荒坡,清除杂草,破坏蝼蛄孳生繁殖场所。马粪等农家肥应充分腐熟后才能施用,以防止招引蝼蛄产卵。春、秋危害高峰期适时灌水可迫使蝼蛄下迁,减轻危害。

(2)人工诱虫、杀虫 在成虫活动高峰期,设置黑光灯诱杀。利用蝼蛄对马粪的趋性,用新鲜马粪放置在坑中或堆成小堆诱集,人工扑杀。也可在马粪中拌入 0.1% 的敌百虫或辛硫磷诱杀蝼蛄。

春季在蝼蛄开始上升活动而未迁移时,根据地面隆起的虚土堆,寻找虫洞,沿洞深挖,找到蝼蛄后杀死。夏季在蝼蛄产卵盛期,结合中耕,发现洞口后,向下挖 10~18 厘米左右即可找到卵室,再向下挖 8 厘米左右就可挖到雌成虫,一并消灭。

(3)药剂防治

①药剂拌种 用 50% 辛硫磷乳油或 40% 甲基异柳磷乳油拌种,用药量为种子重量的 0.1%~0.2%。先用种子重量 5%~10% 的水稀释药剂,用喷雾器将药液喷布于种子上,搅拌均匀后堆闷 12~24 小时,使药液被种子充分吸收。

②土壤处理 常用 50% 辛硫磷乳油,40% 甲基异柳磷乳油,5% 辛硫磷颗粒剂,3% 甲基异柳磷颗粒剂,3% 氯唑磷(米乐尔)颗粒剂等。使用方法参见蛴螬的防治。

③毒饵诱杀 用炒香的谷子、麦麸、豆饼、米糠、或玉米碎粒等作饵料,拌入饵料重量 1% 的 40% 乐果乳油或 90% 敌百虫做成毒饵。操作时先用适量水将药剂稀释,然后喷拌饵料。使用时将毒饵捏成小团,散放在株间、垄沟内或放在蝼蛄洞穴口,诱杀蝼蛄,毒饵不要与苗接触,浇水前应将毒饵取出。也可在田间每隔 3~4 米

挖一浅坑,在傍晚放入一捏毒饵再覆土。

④灌药 用 50％辛硫磷乳油 1 000～1 500 倍液或 80％敌敌畏乳油 2 500 倍液灌注蝼蛄隧洞的穴口,也可从穴口滴入数滴煤油,再向穴内灌水。危害严重的地块,可用药液灌根。

4. 小地老虎

小地老虎为重要的地下害虫,国内分布广泛,具有多食性,取食各种植物幼苗,高粱、谷子、糜子、豆类等小杂粮以及玉米、棉花、烟草、蔬菜等作物受害严重。幼虫可将作物幼苗近地面处咬断,使整株枯死,造成缺苗断垄,严重时毁种。

【形态特征】 小地老虎属鳞翅目夜蛾科,有成虫、卵、幼虫、蛹等虫态。

(1)成虫 体长 16～23 毫米,翅展 42～54 毫米,全体黄褐色至灰褐色。雌蛾触角丝状,雄蛾触角双栉齿状。前翅长三角形,前缘至外缘之间色深,从翅基部至端部有基横线、内横线、中横线、外横线、亚外缘线和外缘线。内横线与中横线之间,以及中横线与外横线之间分别有 1 个环形纹和肾形纹,内横线中部外侧有 1 个楔形纹,在肾形纹与亚外缘线间有 3 个剑形纹,2 个指向内方,1 个指向外方(图 9)。后翅灰白色,脉纹及边缘色深,腹部灰黄色。

(2)卵 直径约 0.5 毫米,半球形,表面有纵横隆起线,顶端中心有精孔。初产时白色,后渐变黄色,近孵化时淡灰紫色。

(3)幼虫 老熟幼虫体长 37～47 毫米,长圆柱形。头黄褐色,胴部灰褐色,体表粗糙,布满圆形深褐色小颗粒,背部有不明显的淡紫色纵带,腹部 1～8 节背面各节各有前、后两对毛片,前一对小且靠近,后一对大而远离。臀板黄褐色,其上有 2 条黑褐色纵带(彩照 69)。

(4)蛹 体长 18～24 毫米,赤褐色有光泽,末端色深,具 1 对

图9 小地老虎成虫

分叉的臀棘。

【**发生规律**】 我国各地发生的代数不同,东北、内蒙古、西北地区中、北部每年 2～3 代,华北 3～4 代,华东 4 代,西南 4～5 代,华南 6～7 代。北纬 33^0 以北地区,至今尚未查到越冬虫源,春季虫源可能是由南方迁飞而来的。北纬 33^0 以南至南岭以北,主要以幼虫和蛹越冬。南岭以南可终年繁殖危害。各地都以第一代发生数量多,时间长,危害重。在北京地区,第一代幼虫危害盛期为 5 月上中旬,在陕西关中第一代幼虫危害期在 4 月中旬至 5 月下旬,5 月份是危害盛期。

小地老虎成虫昼伏夜出,黄昏后活动最盛,飞翔力很强。成虫需补充营养 3～5 天,对黑光灯、糖蜜、发酵物具有明显的趋性。成虫交配后即可产卵,卵多产于植物茎叶上,以植株高度 3 厘米以下的幼苗叶背和嫩茎上为多,也有一部分产在土面上。

小地老虎幼虫 6 龄,少数个体可达 7～8 龄。三龄前昼夜危害,啃食叶片,造成小孔洞和缺刻。三龄后白天潜伏在根部周围土壤里,夜间出来食害,从茎基部将植株咬断,造成缺苗缺株,五、六龄取食量最大。因春季气温较低,第一代幼虫历期可长达 30～40 天。幼虫老熟后在土层 6～10 厘米深处筑土室化蛹。

月均温 13℃～25.8℃，小地老虎各虫态的生长发育均最适宜，超过 30℃，成虫不能产卵且寿命缩短，若继续升温，会引起大量死亡。地老虎喜潮湿，在湿润地区多有分布。上一年秋季降雨多，翌年春季小地老虎发虫量大，危害重。但积水过多，幼虫经长时间淹水后易死亡，虫口密度大幅下降。在壤土、黏壤土、砂壤土等土质疏松，保水性能强的土壤中，小地老虎发生多。

【防治方法】

（1）诱杀成虫和幼虫　利用黑光灯、糖醋液和雌虫性诱剂等均可诱杀成虫。在 3 月初至 5 月底，设置黑光灯，灯下放置毒瓶，或放置盛水的大盆或大缸，水面洒上机油或农药。糖醋液用红糖 3 份，米醋 4 份，白酒 1 份，水 2 份（按重量计），加少量（约 1％）敌百虫配制，放在小盆或大碗里，天黑前放置在田间，天明后收回，收集蛾子并深埋处理。为了保持诱液的原味和原量，每晚加半份白酒。每 10～15 天更换一次诱液。此法既可用于虫情测报，也可用于防治。

用泡桐树叶可诱集幼虫。黄昏后在田间放置泡桐叶片，每 3～5 片叶放一小堆，每 667 米² 地放置泡桐树叶 80 片左右，黎明时掀起树叶扑杀幼虫，放置一次效果可持续 4～5 天。也可用桐树叶蘸敌百虫 150 倍液后直接用于诱杀地老虎。还可将桐树枝插入久效磷 300～400 倍药液中，在阳光上放置 8～10 小时，使叶肉细胞吸充分吸收药剂，傍晚采下叶片投放田间。

（2）人工捕杀幼虫　在发生数量不大时，可在被害植株的周围，用手轻轻扒开表土，捕捉潜伏的幼虫。自发现受害株后，每天清晨捕捉，坚持 10～15 天，即可见效。

（3）清除杂草　杂草是小地老虎产卵场所及幼虫的食料，在幼苗出土前或幼虫一至二龄时，及时铲除田埂、路旁的杂草，防止杂草上的幼虫转移到作物幼苗上。

（4）药剂防治　在幼虫三龄前防治，效果最好。具体施药方法有毒土法、毒饵法和喷雾法等。

毒土法施药是每 667 米^{2}用 2.5％敌百虫粉 1.5 千克,与 22.5 千克细土混匀,均匀撒在田间,或顺垄撒施在幼苗根部附近。或每 667 米^{2}用 50％辛硫磷乳油 0.5 千克,加水 0.5 升,拌细土 20 千克,均匀撒在地表,然后立即灌水。或用 3％氯唑磷(米乐尔)颗粒剂,每 667 米^{2}用 2～5 千克,混细干土 50 千克,均匀撒于地表,然后深耙 20 厘米。氯唑磷有效期长,可兼治其他地下害虫。

毒饵法用 90％敌百虫 0.5 千克,加水稀释 5～10 倍,喷拌铡碎的鲜菜叶、苜蓿叶等 50 千克,制成毒饵。傍晚成小堆撒在田间,诱杀幼虫。也可用豆饼、油渣、棉籽饼、麦麸作诱饵,方法是将粉碎过的豆饼等 20～25 千克炒香后,用 50％辛硫磷或 50％马拉硫磷 0.5 千克稀释 5～10 倍的药液,喷拌均匀制成。然后按每公顷 30～37.5 千克的用量,将毒饵撒入田间。还有的地方用 50％敌敌畏乳油 1 000 倍液喷拌莴笋叶,然后放入田间,效果也好。

喷雾法可用 80％敌百虫可溶性粉剂 1 000 倍液,50％辛硫磷乳油 1 000～1 500 倍液,2.5％溴氰菊酯(敌杀死)乳油 2 000 倍液,或 20％氰戊菊酯(速灭杀丁)乳油 2 000～3 000 倍液等,喷施于根颈部,对三龄前幼虫防治效果好。

5. 黏 虫

黏虫是农作物的主要害虫之一,分布范围广,寄主种类多,幼虫尤其喜食麦类、高粱、谷子、糜子、玉米、水稻等禾谷类作物和禾草,具有暴食性。黏虫是食叶性害虫,幼虫可将叶片吃成空洞和缺刻,还啃食穗轴,大发生时,能将作物茎叶吃光,造成减产或绝收。

【形态特征】 黏虫属鳞翅目夜蛾科,有成虫、卵、幼虫、蛹等虫态。

(1)成虫 淡黄褐色至淡灰褐色的蛾子,雌蛾体长 18～20 毫米,展翅宽 42～45 毫米,雄蛾体长 16～18 毫米,展翅宽 40～41 毫米(彩照 70)。前翅淡黄褐色,有闪光的银灰色鳞片。前翅中央稍近前缘处有 2 个近圆形的黄白色斑,中室下角有 1 个小白点,其两侧各有 1 个黑点,从翅顶角至后缘末端 1/3 处有 1 条暗褐色斜纹,延伸至翅的中央部分后即消失。前翅外缘有小黑点 7 个。后翅基部灰白色,端部灰褐色。雌蛾体色较淡,有翅缰 3 根,腹部末端尖,有生殖孔。雄蛾体色较深,前翅中央的圆斑较明显,翅缰只有 1根,腹部末端钝,稍压腹部,露出一对抱握器。

(2)卵 卵粒馒头形,有光泽,直径约 0.5 毫米,表面有网状脊纹,初为乳白色,渐变成黄褐色,将孵化时为灰黑色。卵粒排列成行或重叠成堆。

(3)幼虫 老熟时体长 36 毫米左右,黑绿、黑褐或淡黄绿色。头部棕褐色、沿蜕裂线有褐色丝纹,呈"八"字形,全身有 5 条纵行暗色较宽的条纹,腹部圆筒形,两侧各有两条黄褐色至黑色,上下镶有灰白色细线的宽带,腹足基节有阔三角形黄褐色或黑褐色斑(彩照 71)。幼虫 6 龄,头壳宽度与体长随龄期增加而增大。

(4)蛹 蛹体长约 19 毫米,前期红褐色,腹部 5～7 节背面前缘各有一排横齿状刻点。尾端有臀棘 4 根,中央 2 根较为粗大,其两侧各有细短而略弯曲的刺 1 根。在发育过程中,复眼与体色有明显变化,由红褐色渐变为褐色至黑色。

【发生规律】 黏虫是一种迁飞性害虫,无滞育现象,只要条件适合可连续生长发育和繁殖。各地每年发生 2～3 代至 6～8 代不等,发生代数随纬度降低或海拔高度降低而递增。

我国东半部大致以北纬 33°(1 月份 0℃等温线)为界,此线以北不能越冬,每年虫源均从南方随气流远距离迁飞而来。此线以南至北纬 27°以北,以幼虫和蛹越冬,北纬 27°线以南冬季可持续发生。大致华南发生 6～8 代,华中 5～6 代,江淮 4～5 代,华北南部 3～4 代,东北、华北北部 2～3 代。

黏虫在我国每年大迁飞 4 次,春、夏季多从低纬度向高纬度,或从低海拔向高海拔地区迁飞,秋季从高纬度向低纬度,或从高海拔向低海拔地区迁飞。各地除了除当地虫源外,还要关注虫源的迁入或迁出。

成虫需补充营养,喜食花蜜,对甜酸气味和黑光灯趋性很强。白天多栖息在隐蔽的场所,黄昏后活动取食,交尾和产卵。成虫产卵适温为 15℃~30℃,相对湿度在 90% 左右。雌蛾产卵具有较强的选择性,喜欢在生长茂密的禾谷类作物田产卵,在小麦上多产于上部三、四片叶的叶片尖端,枯黄叶片上或叶鞘内。卵粒排列成行,分泌出胶汁粘结成块。每块卵一般有数十粒,多者数百粒。1头雌蛾可产卵 1 000~2 000 粒,最多可达 3 000 余粒。

幼虫共有 6 个龄期,一、二龄幼虫聚集危害,有吐丝下垂习性,随风飘散或爬行至心叶或叶鞘中取食,但食量很小,啃食叶肉,残留表皮,造成半透明的小条斑。三龄后食量大增,开始食害叶边缘,咬成不规则缺刻,密度大时将叶肉吃光只剩主脉。五、六龄幼虫为暴食阶段,蚕食叶片,啃食穗轴,食量占幼虫态总食量 85% 以上。因而防治黏虫应在三龄前进行。幼虫在夜间活动较多,有假死性,一经触动,蜷缩在地,稍停后再爬行危害。大发生年份虫口密度大时,四龄以上幼虫可群集转移危害。幼虫老熟后停止取食,顺植株爬行下移至根部,入土 3~4 厘米深,作土茧化蛹。

黏虫抗寒力较低,在 0℃ 条件下,各虫态分别在 30~40 天后即行死亡。-5℃ 时仅有数天生存能力。黏虫也不耐 35℃ 以上的高温。各虫态适宜的温度在 10℃~25℃,适宜的大气湿度在 85% 以上。降雨有利于黏虫发生,高温干旱不利于黏虫发生。水肥条件好,生长茂密的农田,黏虫重发。增施肥料,加大种植密度,实行灌溉,扩大间作套种面积等栽培措施都有利于黏虫发生。黏虫的天敌种类很多,重要的有金星步行虫、黑卵蜂、绒茧蜂、姬蜂、蜘蛛、鸟类等,对黏虫的发生有一定的自然控制作用。

【防治方法】

(1)人工诱虫、杀虫　利用成虫对糖醋液的趋性,从成虫羽化初期开始,在田间设置糖醋液诱虫盆,诱杀尚未产卵的成虫。糖醋液配比为红糖 3 份、白酒 1 份、食醋 4 份、水 2 份,加 90％晶体敌百虫少许,调匀即可。配置时先称出红糖和敌百虫,用温水溶化,然后加入醋、酒。诱虫盆要高出作物 30 厘米左右,诱剂保持 3 厘米深左右,每天早晨取出蛾子,白天将盆盖好,傍晚开盖,5～7 天换诱剂 1 次。成虫趋光性强,可设置黑光灯诱杀。

还可用杨枝把诱蛾。取几条 1～2 年生叶片较多的杨树枝条,剪成约 60 厘米长,将基部扎紧,制成杨枝把,阴干一天,待叶片萎蔫后便可倒挂在木棍或竹竿上,插在田间,在成虫发生期诱蛾。

另外,可在田间插设小谷草把或稻草把诱蛾或诱蛾产卵,在草把上洒糖醋液,每 2～3 天换 1 次,将换下的谷草把烧毁。谷田在卵盛期,还可顺垄采卵,连续进行 3～4 遍,并及时消灭采摘的卵块。

在大发生时,如幼虫虫龄已大,可利用其假死性击落捕杀和挖沟阻杀,防止幼虫迁移。

(3)药剂防治　根据虫情测报,在幼虫三龄前及时喷药。用苯甲酰脲类杀虫剂有利于保护天敌。20％除虫脲(灭幼脲 1 号)悬浮剂,每 667 米^{2}用 10 毫升,25％灭幼脲(灭幼脲 3 号)悬浮剂用 25～30 克。常量喷雾对水 75 千克,用弥雾机喷洒对水 12.5 千克。大面积联防还可用运-5 型飞机进行超低量喷雾。

喷雾法施药还可选用 80％敌百虫可溶性粉剂 1 000～1 500 倍液,80％敌敌畏乳油 2 000～3 000 倍液,50％马拉硫磷乳油 1 000～1 500 倍液、50％辛硫磷乳油 1 000～1 500 倍液,20％灭多威乳油 1 000～1 500 倍液,2.5％溴氰菊酯(敌杀死)乳油 3 000～4 000 倍液,20％氰戊菊酯(速灭杀丁)乳油 2 000～3 000 倍液,或25％氧乐·氰乳油 2 000 倍液等。

喷粉法施药可用 2.5％敌百虫粉,每 667 米² 喷 2～2.5 千克。还可用 50％辛硫磷乳油 0.7 千克加水 10 升,稀释后拌人 50 千克煤渣颗粒顺垄撒施。敌敌畏乳油每 667 米² 用药 0.1 千克,加适量水后,喷拌锯末,然后撒于谷子行间,对低龄幼虫防效较好。

6. 草 地 螟

草地螟是发生于北温带农牧区的暴发性和迁飞性害虫,可食害 35 科 200 多种植物,包括高粱、谷子、糜子、荞麦、豆类等小杂粮以及麦类、玉米、大豆、向日葵、马铃薯、甜菜、牧草、树木等重要作物。初孵幼虫取食叶肉,残留表皮,长大后将叶片吃成缺刻和孔洞,有的仅残留叶脉呈网状,严重时叶片可被吃光。

【形态特征】 草地螟属鳞翅目螟蛾科,有成虫、卵、幼虫和蛹等虫态。

(1)成虫 为暗褐色蛾子,体长 10～12 毫米,翅展 20～26 毫米。头黑色,额锥形,复眼黑色,触角丝状。前翅颜色较深,具褐色斑纹,外缘有黄白色圆点连成的波纹,近中室端部有一黄白色近方形斑。后翅灰色,基部色较淡,外缘内侧有两条平行的黑色云状波纹。静止时两前翅叠成三角形(彩照 72,图 10)。

(2)卵 椭圆形,长径 0.6～0.8 毫米,短径 0.4～0.6 毫米,初产时乳白色,具珍珠光泽,后变橙黄色,孵化前暗灰色。卵散产或 2～12 粒构成覆瓦状卵块。

(3)幼虫 黄绿色、深绿色或墨绿色,体长 15～24 毫米。头黑色,有光泽,三龄后有明显白斑(图 10)。前胸背板黑色,有 3 条黄色纵纹。胸、腹部黄绿色或灰绿色。背线黑色,两侧各有 1 条淡黄色条纹。气门线两侧有 2 条黄绿色条纹。体节有毛片及刚毛。臀板黑褐色,生刚毛 8 根。腹足黄绿色,趾钩三序,缺环。

(4)蛹 长 9～11 毫米,宽 2～2.7 毫米,初化时米黄色,羽化前栗黄色。腹末具棘突2个,每突上有臀棘4枚。茧长筒形,土灰色,长28~45毫米,宽3~4毫米,由白色细丝筑成,表面黏附细砂或土粒。茧口在上,由丝质薄膜覆盖。

图10　草地螟成虫(上)和幼虫(下)

【发生规律】　在我国北方,1年发生1~4代,多数地区2~3代,以老熟幼虫在土层内吐丝作茧越冬,翌年春季相继化蛹和羽化。

在华北北部和东北,越冬代成虫多在5月中下旬出现,6月上中旬盛发。第一代幼虫发生于6月中旬至7月中下旬,幼虫态20天左右,6月下旬至7月上旬是严重危害时期。7月中旬至8月份第一代成虫盛发,第二代幼虫于8月上旬至9月下旬发生,幼虫态17~25天,严重危害秋粮作物,此后陆续入土越冬。

草地螟成虫白天潜伏,夜间活动,群集,趋光性强,取食花蜜,多在灰菜、猪毛草等叶片肥厚柔嫩的阔叶杂草或作物的叶背产卵,卵单产或聚产成覆瓦状卵块,距地面2~8厘米高的叶片上着卵最多。草地螟成虫有远距离迁飞习性,黄昏后遇到适宜条件可自主起飞,起飞的适宜温度为20℃左右。起飞后能上升到400米的高度,随气流迁移到 200～300 千米以远的地方。

草地螟群体数量常有剧烈变动,出现蛾量突增或突减现象。在我国北方,草地螟大发生年份的虫源多来自北纬 38°～43°,东经 108°～118°的高海拔地区,包括内蒙古的乌兰察布市、山西北部和河北省北部等地。还有研究表明,华北地区越冬代成虫可能随西南气流迁飞至我国东北地区,在当地繁殖一代后,成虫可再回迁至华北地区。

幼虫有 5 龄,发育快,食性很杂,有暴食性、吐丝结网习性和迁移性。一至三龄虫幼虫群栖,三龄后食量大增。三龄幼虫多 3～4 头结一个网,四龄末和五龄幼虫则常单独结网,分散取食。幼虫活泼,遇到惊扰后即扭动逃离,大发生时可成群迁移,短期内即可对作物造成毁灭性危害。幼虫老熟后入土 4～9 厘米,结茧化蛹。

【防治方法】 草地螟的防治需统筹安排,实施统防统治、联防联治,要加强虫情监测,采取栽培措施与药剂防治相结合的方法,把草地螟消灭在暴食期之前,杜绝迁移危害。

(1)栽培防治 采取秋耕、耙磨、冬灌等措施消灭越冬虫源,治理荒地、草滩,破坏草地螟集中越冬场所。在越冬代成虫产卵期中耕除草,铲除作物地内、地边的杂草,特别是铲除藜科、蓼科喜食杂草,并深埋处理,消灭虫卵或低龄幼虫。草害严重地区应及早消除农田草荒,消灭荒地、池塘、田边、地头的杂草。在第一代幼虫化蛹期和第二代幼虫入土结茧后,大面积深耕灭蛹、灭虫。在成虫羽化后拉网捕杀。在未受害田或田间幼虫量未达到防治指标的地块周边,挖防虫沟隔离,阻止田外幼虫迁入。防虫沟深 40 厘米,宽 20～30 厘米,截面成梯形,沟中间树立一道高 60 厘米的塑料薄膜,纵向每隔 10 米用木棍加固。在沟内还可喷上粉剂农药。在发虫严重的农田、荒地、林地或草地周围设置药带或挖沟封锁,防止幼虫外迁危害。药带宽幅 4～5 米、10～15 米或不少于 25 米,因实际情况而定。

（2）**灯光诱杀**　在草地螟越冬代成虫重点发生区和常年外来虫源迁入区，安装普通黑光灯、高压汞灯、频振式杀虫灯等。在成虫发生和迁入高峰期，及时开灯诱杀成虫，以压低发生基数，降低田间落卵量。每盏高压汞灯控制面积达 20 公顷，在成虫高峰期可诱杀成虫 10 万头以上。

（3）**药剂防治**　在幼虫二龄前，即卵孵化盛期后 10～12 天内喷药。该虫产卵隐蔽，低龄幼虫较难发现，需加强监测，准确掌握虫情动态。要查幼虫密度和分布，确定防治田块，查幼虫发育进度，确定防治适期，做到适期喷药。需选用高效、低毒、击倒速度快的药剂，可喷施 4.5％高效氯氰菊酯乳油 1 500～2 500 倍液，2.5％三氟氯氰菊酯（功夫）乳油 3 000～4 000 倍液，2.5％溴氰菊酯乳油 2 000～3 000 倍液，5％顺式氰戊菊酯（来福灵）乳油 3 000～4 000 倍液，25％氰·辛（快杀灵）乳油 1 500 倍液，50％辛硫磷乳油 800～1 200 倍液，80％敌敌畏乳油 1 000～1 500 倍液，或 90％晶体敌百虫 1 000～1 500 倍液等。

7. 亚洲玉米螟

亚洲玉米螟是世界性大害虫，分布广泛。该虫多食性，寄主植物多达 200 种以上，主要危害玉米、高粱、谷子，还可危害棉花、大麻、马铃薯、豆类、向日葵、甘蔗、甜菜、茄子、番茄等多种重要作物。亚洲玉米螟是钻蛀性害虫，幼虫由茎秆和叶鞘间蛀入茎部，取食髓部，影响养分输导，受害植株籽粒不饱满，甚至无籽粒，被蛀茎秆易被大风吹折，造成严重减产。

【**形态特征**】　亚洲玉米螟属于鳞翅目螟蛾科，有成虫、卵、幼虫和蛹等虫态。

（1）**成虫**　成虫体长 10～13 毫米，翅展 24～35 毫米，头、胸部黄褐色。雄蛾略小，前翅黄褐色，横贯翅面有 2 条暗褐色横线，内横线波纹状,外横线锯齿状。其外侧黄褐色,再向外有褐色带与外缘平行。缘毛内侧褐色,外侧白色。环斑暗褐色,肾斑暗褐色,短棒状,两斑之间有一黄色小斑。后翅淡黄色,翅中部也有两条横线,与前翅的横线相连。雌蛾前翅与后翅的色泽比雄蛾淡,后翅线纹常不明显(彩照73)。

图11 亚洲玉米螟雄蛾

(2)卵 卵粒长约1毫米,扁椭圆形,初乳白色,半透明,渐变黄色,具网纹,有光泽,孵化前出现小黑点(幼虫头部)。卵粒排列成鱼鳞状卵块。

(3)幼虫 幼虫圆筒形,体长约25毫米,头、前胸背板和臀板赤褐色至黑褐色,体色黄白色、淡灰褐色至淡红褐色,体背有3条褐色纵线,中央一条较明显,两侧的纵线隐约可见。中、后胸背面各有4个圆形毛片,腹部1～8节各节背面各有两列毛片,前列4个较大,后列2个较小(彩照74)。

(4)蛹 蛹长14～15毫米,纺锤形,黄褐至红褐色,1～7腹节腹面具刺毛两列,体末端有黑褐色尾状钩刺(臀棘)5～8根。

【发生规律】 因各地气候条件不同,从北到南玉米螟1年发生1～7代不等,均以末代老熟幼虫在作物的茎秆、穗轴或根茬内越冬,也有的在杂草茎秆中越冬。往往玉米秸秆中越冬虫量最大。

翌春越冬幼虫陆续化蛹,羽化。成虫多在夜间羽化,羽化后第二天交配,第三天开始产卵。成虫飞翔力强,有趋光性。白天潜伏在作物或杂草丛中,夜间活动和交配。交配后 1~2 天产卵。雌蛾在株高 50 厘米以上,特别是将要抽雄的植株上产卵,多产在玉米、高粱叶背面中脉两侧,少数产在茎秆上,平均每雌产卵 10~20 块,共 400 粒左右,每个卵块有卵 20~50 粒不等。产卵期 7~10 天。

幼虫有 5 个龄期,三龄以前潜藏,四龄以后钻蛀危害。幼虫具有趋触、趋湿、趋糖、避光等特性。孵化后选择诸如心叶、茎秆、花丝、穗苞等湿度较高,含糖量较高且便于隐藏的部位定居。老熟后在危害部位附近化蛹。

在我国北方,第一代卵产于春播玉米心叶期,幼虫孵化后先取食卵壳,然后爬行分散,也能吐丝下垂,随风飘落到邻近植株上,取食未展开的嫩叶。随着寄主和幼虫的发育,以后又相继取食雄穗穗苞和下移蛀茎。第二代螟卵一般产在玉米花丝盛期,幼虫大量侵入花丝丛取食,四、五龄后取食雌穗籽粒,钻入穗轴,蛀入雌穗柄或下部茎秆。第一代危害最重,冬前虫量大,越冬成活率高,常造成第一代严重发生。近年来,有些地方第二代玉米螟的危害已重于第一代。亚洲玉米螟还严重危害高粱和谷子。高粱、玉米心叶被幼虫蛀穿后,展开的叶片上出现一排排小孔。玉米螟可蛀害谷子茎基部,出现枯心苗,抽穗前被害植株多不能抽穗,抽穗后受害植株易折断。在不同地区,三种作物田间虫量比率和发育情况也不同,需具体分析。由于越冬代发生差异,环境条件和寄主不同,玉米螟各代发生期不整齐,有世代重叠现象。

各年玉米螟的发生程度与越冬基数、气象条件、天敌数量、栽培管理诸因素密切相关。亚洲玉米螟各虫态发生的适宜温度为15℃~30℃,相对湿度需在 60% 以上。旬均温 20℃以上,降雨较多,旬平均相对湿度 70% 左右,玉米螟盛发。耕作制度的变化对玉米螟发生有重要影响。北方春播改夏播,春播玉米面积缩小,第一代玉米螟缺乏适宜寄主,发生量减少,从而显著减轻了夏播作物上第二、第三代的危害。

玉米螟有多种天敌,我国已发现 70 种以上,其中卵寄生蜂有显著抑制作用。玉米品种间抗虫性不同,有的品种植株体内含有较多抗虫素,受害程度明显减低。

【防治方法】 防治玉米螟应兼顾各种寄主作物,采取综合措施,协调进行越冬时期与生长季节的防治以及一代和二代的防治。

(1)农业防治 积极选育或引进抗螟高产品种。处理越冬寄主作物残体,压低虫源基数。在秋收之后至春季越冬代化蛹前,把主要越冬寄主作物的秸秆、根茬、穗轴等,采用烧掉、沤肥、用作饲料、铡碎、封垛等多种办法处理完毕,以消灭越冬虫源,减轻第一代螟虫危害。封垛宜统一进行,可用白僵菌制剂或药剂封垛。要因地制宜地实行耕作改制,在夏玉米 2～3 代发生区,要尽可能减少玉米、高粱、谷子的春播面积,可有效减轻夏玉米受害。有的地方设置早播诱虫田或诱虫带,种植早播玉米或谷子,诱集玉米螟成虫产卵,然后集中防治。在严重危害地区,还可在玉米雄穗打苞期,隔行人工去除 2/3 的雄穗,带出田外烧毁或深埋,此法可消灭大量在雄穗危害的幼虫。玉米螟幼虫有在玉米、高粱、谷子根茬中越冬的习性,收获时可齐地面收割,低留根茬,以减少根茬中越冬虫量。

(2)诱集成虫 设置黑光灯和频振式杀虫灯诱杀残余越冬代成虫,阻断越冬代成虫产卵。单灯防治面积 4 公顷,设置高度距地面 2 米。还可用性诱集诱杀。

(3)药剂防治 在春玉米心叶期施药防治第一代幼虫,在夏玉米心叶期防治第二代幼虫,都以心叶末期在喇叭口内施用颗粒剂效果最好。目前常用的是辛硫磷颗粒剂。1.5% 辛硫磷颗粒剂每667 米^{2}用药 1～2 千克,使用时加 5 倍细土或细河砂混匀,撒入喇叭口。或用 0.3% 辛硫磷颗粒剂,每株 2 克,于 6 月下旬至 7 月上旬施入玉米大喇叭口内。3% 辛硫磷辛硫磷颗粒剂,每 667 米^{2}用

2.3~3.5千克，也在心叶期撒于喇叭口内。也可用0.1%或0.15%的三氟氯氰菊酯(功夫菊酯)颗粒剂，拌10~15倍煤渣颗粒，每株用量1.5克。20%氰戊菊酯(速灭杀丁)乳油每667平方米用50~60毫升，也可配制成毒砂或颗粒剂撒施。

80%敌百虫可溶性粉剂1000~1500倍液，或50%敌敌畏乳油1000倍液可用于玉米抽雄前灌心叶(每株10毫升)，也可用于灌注露雄的玉米雄穗，或在雌穗吐丝期，滴在雌穗顶端花丝基部，使药液渗入花丝。在雄穗打苞期，还可喷洒20%氰戊菊酯(速灭杀丁)乳油4000倍液，或2.5%溴氰菊酯(敌杀死)乳油4000倍液。

防治穗期玉米螟，还可在玉米抽丝60%时，用上述颗粒剂撒在雌穗着生节的叶腋，其上2叶、其下1叶的叶腋，以及穗顶花丝上，主要保护雌穗，用药量较心叶期可适当增加一点。

高粱田发生玉米螟时，防治方法可参照玉米田，但高粱对敌百虫、敌敌畏、辛硫磷、对硫磷等药剂十分敏感，有些品种很易发生药害，应禁止使用。

谷田发生玉米螟时，应在玉米螟初孵幼虫孵化后的5天内，幼虫集聚在谷子气生根处还未蛀茎时，及时喷洒上述杀虫剂于植株中下部。

(4)生物防治　赤眼蜂可寄生螟卵，使之不能孵化，可释放人工生产的赤眼蜂，控制玉米螟。在当地玉米螟产卵始盛期，开始第一次放蜂，蜂量每667米²0.5万~0.6万头，1周后第二次放蜂，蜂量每667米²0.9~1.0万头。在一代玉米螟卵孵化基本完成，到幼虫蛀茎前喷施Bt乳剂。用每毫升含100亿个孢子的Bt乳剂200倍液均匀喷雾。或用每克含100亿孢子的菌粉，每667米²用50克，对水稀释2000倍灌心叶。也可以每667米²用Bt乳剂100~200克，拌细砂3.5~5千克，投入喇叭口中，每株用量"三指一撮"。

8. 高粱条螟

高粱条螟又名甘蔗条螟,俗称高粱钻心虫,分布于大多数省区,常与玉米螟混合发生,主要危害高粱和玉米,还危害谷子、薏米、甘蔗、麻等作物。低龄幼虫在心叶内蛀食叶肉,只剩表皮,呈窗户纸状,龄期增大后咬成不规则小孔。高粱条螟还可咬伤生长点,蛀入茎内,食害高粱穗部。受害植株可能形成枯心,茎秆折断,灌浆不良,造成减产。

【形态特征】 高粱条螟属于鳞翅目螟蛾科,有成虫、卵、幼虫和蛹等虫态。

(1)成虫 雄成虫体长 10～14 毫米,雌成虫 10～12 厘米。前翅灰黄色,中央有 1 小黑点,外缘有 7 个小黑点,略成一直线,翅面有 20 多条黑褐色纵纹,翅尖下部略向内凹。后翅色泽较淡(图12)。头、胸部背面淡黄色,腹部和足黄白色。

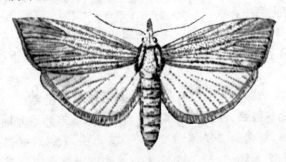

图 12 高粱条螟成虫

(2)卵 卵粒扁平,椭圆形,长 1.5 毫米,表面有龟甲状纹,卵块由双行卵粒排成“人”字形,每块有卵 10 余粒。卵初产时乳白色,后变深黄色。

（3）幼虫　幼虫体长 20～30 毫米，初孵化的虫体乳白色，上有淡红褐色斑，连成条纹，后变为淡黄色。幼虫有夏型和冬型。夏型幼虫腹部各节背面具 4 个黑褐色斑点，上生刚毛，排列成正方形，前 2 个斑椭圆形，后 2 个近长方形（彩照 75）。冬型幼虫在越冬前脱皮 1 次，脱皮后其黑褐斑点消失，体背出现紫褐色纵线 4 条，腹面纯白色。

（4）蛹　蛹红褐或暗褐色，有光泽，长 14～15 毫米，腹部末端具 2 对尖锐的小突起，蛹外有薄茧。

【发生规律】　高粱条螟在东北南部、华北大部，黄淮流域 1 年发生 2 代，在江西发生 4 代，广东及台湾 4～5 代。以老熟幼虫在玉米和高粱秸秆中越冬。北方越冬幼虫在 5 月中下旬化蛹，5 月下旬至 6 月上旬羽化，南方发生较早，在广东于 3 月中旬即可见到成虫。成虫夜晚活动，白天栖息在植株近地面处。卵多产在叶背的基部和中部，也有的产在叶面和茎秆上，每头雌虫可产卵 200～300 余粒，卵期 5～7 天。

在华北地区，第一代幼虫于 6 月中下旬出现，危害春玉米和春高粱。初孵幼虫极为活泼，孵化后迅速爬至叶腋，再向上钻入心叶内，群集危害。幼虫还能吐丝下垂，转移到其他植株心叶内危害。初孵幼虫啃食心叶叶肉，残留透明表皮，稍大后咬成不规则小孔。在心叶内危害 10 天左右，发育至三龄，其后在原咬食的叶腋间蛀入茎内，也有的在叶腋间继续危害。蛀茎早的咬食生长点，受害高粱出现枯心。高粱条螟蛀茎部位多在节间的中部，与玉米螟多在茎节附近蛀入不同。条螟多几头至十余头群集危害，蛀茎处可见较多的排泄物和虫孔。蛀茎后幼虫环状取食茎的髓部，受害株遇风折断，呈刀割状。

多数幼虫有 6～7 个龄期，有的个体可达 9 龄，幼虫态 30～50 天。老熟幼虫在 7 月中旬开始化蛹，7 月下旬至 8 月上旬羽化为成虫。高粱条螟在越冬基数较大，自然死亡率低，春季雨水较多的年份,第一代发生严重。

在华北地区,第二代卵 7 月末始见,盛期为 8 月中旬。第二代幼虫多数在夏高粱、夏玉米心叶期危害,少数在夏高粱穗部危害,直到收获。老熟幼虫在越冬前蜕一次皮,变为冬型幼虫越冬。

在我国西南地区,条螟主要危害春玉米,1 年发生 2 代,在春玉米秸秆中越冬。在混合种植春玉米和夏玉米的地方,则可发生第三代,甚至第四代幼虫。

高粱条螟的天敌主要有赤眼蜂、黑卵蜂、绒茧蜂、稻螟瘦姬蜂等。

【防治方法】

(1)**农业防治** 在越冬幼虫化蛹与羽化之前,将高粱和玉米秸秆处理完毕,以减少越冬虫源。秸秆处理可采用粉碎、烧却、沤肥、铡碎、泥封等不同方法。条螟成虫有趋光性,可设置黑光灯,诱杀从残存秸秆中羽化出来的成虫。高粱条螟越冬幼虫潜藏在高粱秆上部较多,可采取长掐穗的方法采收。

(2)**药剂防治** 应在卵盛期进行,华北地区防治第一代一般在 6 月中下旬,第二代在 8 月上中旬。条螟与玉米螟不同,幼虫龄期稍大,就蛀茎危害,因此需按虫情确定防治时期,不能等到心叶末期,再行防治。条螟与玉米螟混合发生时,一般比玉米螟晚 7～15 天,有时两者发生盛期接近,一次用药可以兼治。若两者相差 10 天以上,应防治 2 次。

心叶期防治,可施用颗粒剂,撒入喇叭口内。穗期防治,将颗粒剂撒在植株上部几片叶子的叶腋间和穗基部。常用药剂有 1.5％辛硫磷颗粒剂,1％甲萘威(西维因)颗粒剂,2.5％螟蛉畏颗粒剂等。

在二代孵卵盛期前 7 天,可喷施 80％敌百虫可溶性粉剂 1 000 倍液,50％敌敌畏乳油 1 000 倍液,50％杀螟硫磷乳油 1 000 倍液,50％杀螟丹可溶性粉剂 1 000 倍液,或拟除虫菊酯类杀虫剂等。

高粱对敌百虫、敌敌畏、辛硫磷、杀螟硫磷、杀螟丹等杀虫剂十分敏感,生产上不宜使用,以免产生药害。据各地报道,可用于防治高粱螟虫的药剂有 0.3％印楝素乳油,20％甲氰菊酯乳油,2.5％高效氟氯氰菊酯乳油等。试用效果较好的还有 3.2％甲维盐·氯氰微乳剂(40 毫升),20％氯虫苯甲酰胺(康宽)悬浮剂(10～15 毫升),40％氯虫·噻虫嗪(福戈)水分散粒剂(8～12 克)等,上述括号内数字为每 667 米²的用药量。

(3)生物防治　在卵盛期释放赤眼蜂,每 667 米²每次 1 万头左右,隔 7～10 天 1 次,连续放 2～3 次。此外,也可喷施 Bt 乳剂以及用性诱剂诱蛾。

9. 粟灰螟

粟灰螟属鳞翅目螟蛾科,又名甘蔗二点螟、谷子钻心虫等,国内分布于南北各省区,在北方主要危害谷子,也危害糜子、玉米、高粱、薏米、禾草等,在华南则主要危害甘蔗。粟灰螟早期以幼虫蛀食谷苗,形成枯心苗,抽穗后蛀食茎秆,被害株形成秕穗、白穗,被钻蛀的茎秆遇风易折断。

【形态特征】　粟灰螟属鳞翅目螟蛾科,有成虫、卵、幼虫和蛹等虫态。

(1)成虫　雄蛾体长 8.5 毫米,翅展 18 毫米,雌蛾体长 10 毫米,翅展 25 毫米。体背和前翅灰黄褐色。前翅近长方形,中室端部有 1 个小黑点,外缘有 6～7 个小黑点,排成一列。后翅灰白色,外缘淡褐色(图 13)。

(2)卵　卵粒长约 0.8 毫米,椭圆形,扁平,表面有三角形网纹。初产时乳白色,孵化前灰黑色。每个卵块有卵 20～30 粒,呈鱼鳞状,排列较松散。

(3)幼虫　体长 15～23 毫米,头部红褐色至黑褐色,胴部黄白

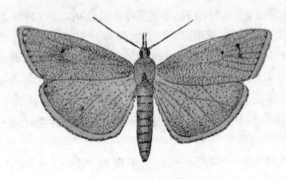

图 13　粟灰螟成虫

色,体背有 5 条紫褐色纵线,最下一条在气门上面而不通过气门。背中线较细,亚背线和气门上线较粗(彩照 76)。

(4)蛹　蛹体纺锤形,长 12 毫米,黄褐色,背部可见 5 条纵线,腹部 5～7 节前缘有褐色波状突起,由第八节起骤然消瘦,腹末无尾刺。

【发生规律】　粟灰螟在长江以北谷子产区每年发生 1～3 代,大致长城以北早播春谷区发生 1～2 代,辽西、内蒙古、晋北、陕北等迟播春谷区发生 2 代,夏谷区发生 3 代。

各地都以老熟幼虫在谷茬内越冬,少数在谷子茎秆、糜茬、稗茬、玉米和高粱的茎秆内越冬。在内蒙古赤峰市,1 年发生 2 代,老熟幼虫绝大多数在谷茬内越冬,翌年 5 月下旬至 6 月上旬,相继化蛹、羽化和产卵。6 月上中旬第一代幼虫大量出现,7 月中旬进入化蛹盛期,7 月中下旬羽化。第二代幼虫在 7 月末至 8 月下旬危害。在谷子收获前,幼虫转移到根茬内越冬。

在安徽淮北,越冬幼虫于 5 月初开始化蛹,5 月中下旬为化蛹盛期,5 月下旬至 6 月上旬为成虫羽化和产卵盛期。第一代幼虫盛期在 5 月底至 6 月上中旬。第二代幼虫盛期在 7 月中旬至 8 月上中旬。部分 2 代幼虫直接越冬,部分发育为第三代,以 3 代幼虫越冬。

成虫昼间隐藏,夜晚活动、交尾和产卵,有趋光性,飞翔能力较强,每个雌虫平均产卵 200 粒左右,卵产在谷叶背面主脉处。粟灰螟选择一定高度的谷苗产卵,多产卵于高 15～18 厘米,具 8～9 片叶子的幼苗。初孵幼虫爬行至茎基部,从叶鞘缝隙蛀孔钻入茎内危害,造成心叶枯死。幼虫从孵化到蛀入茎内约经 1～3 天。幼虫一至三龄群居危害,每株有虫 4～5 头。从四龄起分散转株危害,每头幼虫可危害 2～3 株。第一代幼虫对春谷幼苗危害最重,出现枯心苗,第二代幼虫危害夏谷或晚春谷,不出现枯心和白穗。

粟灰螟发生和危害程度主要取决于越冬基数、气象条件和谷子生育期等因素。越冬虫源多,冬季气温较高,春季较干旱,入夏后多雨,有利于粟灰螟第一代大发生。在河南新乡,若 5 月份降雨量超过 40 毫米,降雨 8 次以上,便有可能大发生。在山东聊城,百茬越冬活虫 10 头左右,5 月中旬至 6 月上旬温度 20℃～25℃,相对湿度 70%,降雨量不低于 25 毫米,则第一代发生重,若相对湿度低于 50% 则发生轻。7 月上中旬相对湿度在达 70% 以上,第二代发生较重。

粟灰螟在春谷区和春谷、夏谷混播区发生较重,夏谷区较轻。在谷子的重要产区山西省,粟灰螟主要发生于山地、旱坡地以及常年比较少雨的雁北川地和山区。播种早,植株生长高,受害加重,适期晚播,可减轻第一代危害。品种间受害情况有差异,早熟而茎叶嫩绿的品种受害较重。

【防治方法】

(1)农业防治 采取多种措施,在越冬幼虫羽化以前予以消灭,压低越冬虫源基数。可结合田间耕耙,在冬、春季节刨出和拾净谷茬,集中销毁。也可用园盘耙、破茬机等农具破坏谷茬,使越冬幼虫暴露而被冻死。谷草要在 4 月底前铡碎或堆垛泥封。选种秆细、秆硬、分蘖力强的高产抗螟品种。在重发地区,春谷适期晚播,有条件的改种夏谷。种植部分早播诱集田,诱集螟蛾产卵,以集中消灭。在第一代低龄幼虫群居集中危害阶段,及时拔除枯心苗,携出田外销毁。

(2)药剂防治　在幼虫孵化盛期至幼虫蛀茎前,即出现枯心苗之前,及时喷药防治。有效药剂有 90%敌百虫晶体 1 000~1 500 倍液,2.5%溴氰菊酯(敌杀死)乳油 2 000~3 000 倍液,21%氰·马(灭杀毙)乳油 2 500 倍液,2.5%高效氯氟氰菊酯乳油 2 500~3 000 倍液等。另外,也可用 1.5%乐果粉剂 2 千克,拌细土 20 千克制成毒土,顺垄撒在谷苗根际,形成药带。

(3)生物防治　在粟灰螟产卵期释放赤眼蜂,每 667 米² 放蜂 1.5 万头,防治第三代粟灰螟。

10. 粟 穗 螟

粟穗螟又名粟缀螟,是小杂粮的重要害虫,主要分布在东北亚、东南亚和南亚,国内华北、华东、中南、西南等地均有发生,危害谷子、糜子、高粱、玉米等作物,近年危害高粱、玉米趋重。幼虫在穗上吐丝结网,蛀食籽粒,致使籽粒空瘪,穗色污黑,杂有破碎籽粒和虫粪。收获后幼虫在堆垛中和仓库中还能继续食害籽粒。

【形态特征】　粟穗螟属于鳞翅目螟蛾科,有成虫、卵、幼虫和蛹等虫态。

(1)成虫　雄蛾体长 7~8 毫米,翅展 20~22 毫米,雌蛾体长 9~11 毫米,翅展 25~27 毫米,体灰白色,前翅长方形,略带红色,外缘有 6 个不明显的小黑点,中室中央和端部各有 1 个小黑点。后翅白色,半透明,无斑纹。

(2)卵　椭圆形,长 0.5 毫米,初产时乳白色,后变黄褐色至灰褐色。

(3)幼虫　共 6 龄,末龄幼虫体长约 20 毫米左右,头部黑色,体淡黄色,胸部和腹部背面有 2 条浅红褐色的纵线,气门周围黑色。腹足趾钩双序全环。

(4)蛹 体长 10～15 毫米,长纺锤形,尾端略尖,黄褐色,翅芽伸达腹部第四节末端。胸背和腹背中央有 1 条纵向隆起线,腹部第八节背面中央有一横向隆起线,腹部末端无臀棘。

【发生规律】 粟穗螟在大部分发生区 1 年发生 2 代,部分发生区 1～3 代,以老熟幼虫在谷子、高粱的受害穗内或场面、库房的缝隙内越冬。越冬幼虫在翌年 6 月化蛹,7 月上中旬羽化,第一代幼虫危害盛期为 7 月上旬至 8 月上旬,第二代幼虫为 8 月中旬至 9 月上旬,然后以老熟幼虫越冬。第一代主要危害春谷、春高粱,第二代主要危害夏高粱、夏谷。有的地方还发生第三代。

成虫夜晚活动,趋光性强,每雌产卵 200～300 粒,产卵在嫩穗上。危害玉米时,卵多产在雄花小穗间和颖壳内,也有的产在雌穗花丝或苞叶缝隙内。初孵幼虫先在籽粒顶端咬一小孔,钻入粒内,二龄后可转粒危害。每个幼虫食害 30～40 个谷粒。

若越冬虫量大,冬季气温较高,夏季雨水较多,则第一代危害重。8 月上中旬降雨多而均匀,少暴雨,第二代可能发生较重。高粱紧穗型品种发生较重,散穗型品种发生较轻。

【防治方法】

(1)栽培防治 种植散穗型高粱。在谷场四周堆置禾草,诱使幼虫爬入后杀死。

(2)药剂防治 成虫态喷施 1.5％乐果粉剂,每 667 米² 施用 1.5～2 千克。在卵孵盛期至幼虫二龄前喷施 90％晶体敌百虫 1 000 倍液,50％杀螟硫磷乳剂 1 000 倍液,25％杀虫双水剂 500 倍液,2.5％溴氰菊酯酯乳油 3 000～4 000 倍液等,重点向穗部喷药。也可试用 20％氯虫苯甲酰胺悬浮剂,40％氯虫·噻虫嗪水分散粒剂等新药剂。高粱田不要使用易生药害的敌百虫、敌敌畏、杀螟硫磷等有机磷杀虫剂。

11. 桃蛀螟

桃蛀螟又名桃斑蛀螟、桃蛀野螟,俗称桃蛀心虫,分布普遍,为多食性钻蛀害虫,寄主植物很多,主要危害桃、李、杏、樱桃等果树,近年危害高粱、玉米趋重,应引起重视。幼虫在高粱青米期蛀入幼嫩籽粒内取食,用粪便或食物残渣封口,吃空后还转粒危害,三龄后可结网缀合小穗,在网内活动取食,严重时可将全穗籽粒吃光。蛀孔处布满粪便,易引起籽粒发霉,减低高粱品质。

【形态特征】 桃蛀螟属鳞翅目螟蛾科,有成虫、卵、幼虫、蛹等虫态(图 14)。

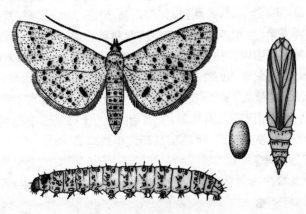

图 14 桃蛀螟

(1)成虫 成虫鲜黄色,体长 11~13 毫米,翅展 22~26 毫米。身躯背面和翅上都有黑色斑点,前翅上有 25~26 个,后翅有 14 或 15 个。腹部 1 节和 3~6 节背面各有 3 个黑斑,7 节仅有 1 个黑斑。雌蛾腹部较粗,雄蛾腹部较细,末端有黑色毛丛(彩照 77)。

(2)卵 椭圆形,长 0.6 毫米,宽 0.4 毫米,表面粗糙,有细微圆点,初产时乳白色,孵化前桃红色。

（3）幼虫　幼虫体长 18～25 毫米,头部黑色,前胸盾深褐色,胸、腹部颜色多变,有紫红色、淡灰色、灰褐色等。中、后胸和腹部 1～8 节各有黑褐色毛片 8 个,排成 2 排,前排 6 个,后排 2 个（彩照 78）。

（4）蛹　蛹长 13～15 毫米,黄褐色或红褐色,腹末稍尖,腹部 5～7 节背面前缘各有一列小齿,腹部末端有臀棘一丛。蛹体外包被灰白色丝质薄茧。

【发生规律】　桃蛀螟在北方 1 年发生 2～3 代,长江流域 4～5 代。以末代老熟幼虫在高粱穗、玉米残秆、树皮缝隙、树洞、向日葵花盘、仓库缝隙等处越冬。华北地区越冬代幼虫 4 月中旬开始化蛹,5 月上中旬至 6 月上中旬成虫羽化。第一代幼虫在 5 月下旬至 7 月中旬发生,主要危害桃、李、杏果实,第二代幼虫 7 月中旬至 8 月中下旬发生,可危害春高粱穗部、玉米茎秆等,第三代幼虫 8 月中下旬发生期,可严重危害夏高粱。在河南等地还发生第四代幼虫,危害晚播夏高粱和晚熟向日葵,10 月中下旬老熟幼虫进入越冬。在长江流域,第二代幼虫可危害玉米茎秆。在不种植果树的地方,常年危害玉米、高粱及向日葵、蓖麻等农作物。

桃蛀螟成虫昼伏夜出,有趋光性和趋糖蜜性。羽化后的成虫需补充营养,方能产卵,卵多散产在寄主的花、穗或果实上。幼虫主要蛀食果实和种子,老熟后就近结茧化蛹。危害高粱时将卵产在吐穗扬花的高粱上,初孵幼虫蛀入高粱嫩粒内,用粪便和食物残渣封口,可转粒危害。三龄后吐丝结网缀合小穗,在内穿行,啃食籽粒。桃蛀螟喜湿,多雨高湿年份发生重,少雨干旱年份发生轻。

【防治方法】　防治桃蛀螟应兼及各种寄主,统筹安排,避免单打一。

（1）农业防治　清除越冬幼虫,脱粒时将高粱穗、玉米秆、向日葵盘和蓖麻残株的越冬虫集中消灭,清除高粱、向日葵残株,刮除桃树等果树树体的老翘皮,堵树洞,消灭仓库缝隙处潜藏的越冬幼虫。在桃园设置黑光灯或利用糖醋液诱杀成虫,搞好果园的防治工作。

(2)药剂防治　防治危害高粱的桃蛀螟可在扬花至乳熟阶段,桃蛀螟产卵盛期喷药防治。需在高粱抽穗始期进行卵量与幼虫数量调查,当有虫(卵)株率20%以上或百穗有虫30头以上时就要喷药。有效药剂有40%乐果乳油1 200~1 500倍液,50%杀螟硫磷1 000~2 000倍液,2.5%溴氰菊酯乳油3 000倍液,20%甲氰菊酯(灭扫利)乳油2 000~3 000倍液等。高粱对杀螟硫磷敏感,某些品种对乐果也敏感,不宜使用。

12. 粟茎跳甲

粟茎跳甲又名谷跳甲、粟凹胫跳甲,俗名糜子钻心虫,分布于我国北方,主要危害谷子、糜子,也危害小麦、高粱等作物和禾本科草。粟茎跳甲的幼虫和成虫主要危害幼苗。幼虫钻蛀幼苗基部蛀食,使心叶干枯死亡,成长后潜入心叶危害,破坏生长点,使谷苗矮化,穗部畸形。成虫取食叶肉,留下不规则的白色条纹,叶片破裂,干枯死亡。严重发生年份常造成缺苗断垄。

【形态特征】　粟茎跳甲属于鞘翅目叶甲科,有成虫、卵、幼虫和蛹4个虫态。

(1)成虫　虫体椭圆形,体长2~3毫米,宽1.5毫米,雌虫比雄虫稍肥大。体色黑褐色或青蓝色,有强烈金属光泽。触角丝状,11节,基部4节黄褐色,其余黑褐色。前胸背板拱凸,表面密生粗大刻点,其直径比两刻点之间的距离约大一倍,沿中线一狭条无刻点。鞘翅上刻点粗大,排列整齐成纵行。各足基节及后足腿节黑褐色,其余均为黄色。后足腿节极粗大,后足胫节外侧有一突起,突起至胫节末端为一凹刻,并有一列整齐的硬毛(彩照79)。

（2）卵　长椭圆形，长 0.7 毫米，淡黄至深黄色。

（3）幼虫　体长约 6 毫米，圆筒形，头尾两端稍细，全身乳白色，头黑褐色，前胸盾及臀板褐色，每节背面及侧面有暗褐色毛片，足黑褐色。

（4）蛹　为裸蛹，长约 3 毫米，椭圆形，乳白色，渐变黄褐色或蓝灰色，腹部末端两分叉。

【发生规律】　粟茎跳甲在东北 1 年发生 1～2 代，华北 2～3 代，以成虫在土缝、杂草根际、作物根茬和 1～5 厘米土层内越冬。4～5 月间日平均气温达 10℃ 以上时开始活动，首先危害小麦，随后危害谷子、糜子等。世代发生不整齐。第一代幼虫危害严重，发生期各地不同，河北在 5 月中下旬，山西、内蒙古在 6 月中旬至 7 月上旬，东北在 6 月下旬至 7 月上旬。在河北省南部，6 月下旬至 7 月上旬为 2 代幼虫危害盛期，3 代幼虫发生期在 8 月中下旬，8 月下旬至 9 月上旬成虫羽化，10 月中下旬入土越冬。

成虫善跳跃，有假死性，白天活动，阴雨天或中午阳光强烈时隐伏于土块下，叶片背阴处和心叶中。卵多散产在谷子根部 1～2 厘米的表土层中。每头雌虫可产卵百余粒，卵期 7～11 天。幼虫共 3 龄，历期 10～15 天。初孵幼虫多危害 6～10 厘米高的谷苗，从谷苗基部蛀入，引起枯心。每株有虫 1～2 头，最多可达 10 余头。幼虫可转株危害。40 厘米以上的谷苗，茎秆组织坚硬，幼虫多潜入心叶危害，使植株矮小，穗部畸形。幼虫老熟后从近地面茎内蛀孔爬出，钻入地下 2～5 厘米处作土茧化蛹，蛹期 8～12 天。一般早播春谷重于迟播春谷，重茬谷重于轮作田，荒草丛生地块，山坡旱地和干旱年份受害严重。

【防治方法】

（1）栽培防治　合理轮作，避免重茬。搞好田间卫生，清除残茬和杂草。谷子适期晚播，以避过成虫发生盛期，减轻受害。结合间苗、定苗等田间管理措施拔除枯心苗，集中销毁。

(2)药剂防治　种子处理可用 40％乐果乳油 0.5 千克,加水 20 升,喷拌谷种 200 千克,堆闷后晾干播种。也可用 50％辛硫磷乳油,以种子重量 0.2％的药量拌种。还可用 20％克福种衣剂包衣。

在谷子苗期,施药适期是越冬代成虫产卵盛期或田间初见枯心苗时,可用 2.5％敌百虫粉剂,1.5％乐果粉剂等,每 667 米² 用药 1.5～2 千克喷粉。还可用 90％晶体敌百虫 1 000 倍液,50％杀螟硫磷乳剂 1 000 倍液,40％乐果乳油 2 000 倍液,4.5％高效氯氰菊酯乳油 3 000 倍液,5％顺式氰戊菊酯(来福灵)乳油 2 000 倍液,或 2.5％溴氯氰菊酯乳油 3 000 倍液等喷雾。

13. 粟叶甲

粟叶甲又名谷子负泥虫,分布于东北、华北、西北,南达长江沿岸。主要危害谷子、糜子等禾本科作物和禾草,已成为谷子的重要害虫。成虫和幼虫啃食叶肉,不取食下表皮,叶面出现白条状食痕,初孵幼虫进入谷苗心叶内取食,造成枯心苗。

【形态特征】　粟叶甲属鞘翅目叶甲科,有成虫、卵、幼虫和蛹等虫态。

(1)成虫　体长 3.5～4.5 毫米,宽约 1.6～2 毫米,黑蓝色具金属光泽。头部有许多刻点,触角丝状,基半部较端半部细。前胸背板细长,前侧角突出,两侧及基凹中刻点密集,中纵线有 2 行刻点。小盾片倒梯形,两侧略内凹。鞘翅肩胛近方形,各具 10 行整齐的纵列刻点。足黄色,基节钢蓝色,爪黑褐色(彩照 80)。

(2)卵　长圆筒形,黄褐色,长 0.8～1.5 毫米。

(3)幼虫　老熟幼虫圆筒形,体长 5～6 毫米,头部黄褐色,胸、腹部黄白色。腹部稍膨大,背板隆起,腹部中央有一较深的纵线,各体节都有较深的皱褶。

(4)蛹　裸蛹,纺锤形,长5毫米,黄白色。

【发生规律】　粟叶甲每年发生1代,以成虫潜伏在谷茬、田埂裂缝、枯草叶下或杂草根际以及土壤内越冬。翌年5月下旬至6月上旬飞出活动,交配产卵。成虫主要食害谷叶,具有假死性和趋光性,中午活跃。6月中旬进入产卵盛期,卵多散产在谷叶背面近中脉处,多3~5粒成堆。卵期7~10天。幼虫共4龄,历期20天左右。初孵幼虫进入谷苗心叶内取食,造成枯心,长大后在叶面取食,啃成白色条斑。幼虫有身负粪便现象。老熟幼虫进入地下1~2厘米处作茧化蛹,茧外粘着细土似土茧,蛹期16~21天,成虫羽化后于9月上中旬陆续越冬。

粟叶甲在干旱少雨的年份发生较重,重茬地较轮作地受害重,早播春谷较迟播谷重,秸秆覆盖栽培的旱田发虫较多。

【防治方法】

(1)栽培防治　合理轮作,避免重茬;结合秋耕整地,清除田间残株和枯草落叶,破坏越冬场所。

(2)药剂防治　谷子苗期喷施4.5%高效氯氰菊酯乳油3 000倍液,5%顺式氰戊菊酯(来福灵)乳油2 000倍液,或2.5%溴氰菊酯乳油2 500倍液等。

14. 粟 缘 蝽

粟缘蝽分布于全国各地,主要在西北和华北发生,危害谷子、糜子、高粱、玉米、水稻、烟草、向日葵、麻类、蔬菜等作物。粟缘蝽的成虫和若虫群集在谷子、高粱的穗部吸食,形成秕粒,危害玉米幼苗可导致死苗毁种。

【形态特征】　粟缘蝽属半翅目姬缘蝽科,有成虫、卵、若虫等虫态。

(1)成虫　成虫体长7毫米,黄褐色,杂有黑红色不规则斑点

（彩照 81）。头较前胸的前缘窄,向前突出。复眼大,黑红色,向两侧突出。单眼 2 个,淡红色,位于复眼基部。触角 4 节,褐色,第一节短,中部膨大有黑斑,其余各节有细毛,第二节长于第一节,第三节更长,第四节最长,棍棒状。前胸背板梯形,黄褐色,密生细毛与刻点,前缘有一横沟,其前后均有 1 条黑色横纹,侧缘为直线,侧角向外突出。小盾片三角形,密生细毛与刻点。翅长超过腹端,前翅脉纹明显,中脉末端有一正方形小室,膜质部分有很多无色脉纹。侧接缘（腹侧接合板）淡黄色,上有黑色小点及长毛。足的胫节、跗节末端和爪为黑色。

（2）卵　长 0.8 毫米,椭圆形,初产时血红色,近孵化时变为紫黑色,每个卵块有卵 10 多粒。

（3）若虫　共 6 龄,初孵时血红色,卵圆形,头部尖细,触角 4 节,较长,胸部较小,腹部圆大,至五至六龄时腹部肥大,灰绿色,腹部背面后端带紫红色。

【发生规律】　在华北每年发生 2～3 代,以成虫潜伏在树皮下,墙缝内或草堆等处越冬。次年夏季成虫开始活动,先危害蔬菜及杂草,7 月份谷子和高粱抽穗后即迁移危害,吸食籽粒汁液。卵产于谷穗的小穗间,每个雌虫产卵 40～60 粒,卵期 3～5 天。幼虫孵化后即危害嫩粒,幼虫 6 龄,幼虫期 10～15 天。夏、秋季为粟缘蝽盛发期,8 月间虫口激增,夏谷受害很重,持续到 9 月份。

【防治方法】　谷穗细长,小穗排列紧密的品种,不利于成虫隐蔽产卵。早熟品种,可能避过受害盛期。种植具有这些特性的品种,可减轻受害。在成虫发生期,可人工网捕成虫。谷子灌浆初期重点向穗部喷药,可用 40% 乐果乳油 1 500 倍液喷雾,或用 1.5% 乐果粉剂喷粉（每 667 米^{2}用药 1.5～2 千克）。高粱对有机磷杀虫剂敏感,可换用其他杀虫剂。

15. 粟秆蝇

粟秆蝇又名粟芒蝇,分布在我国北方,主要危害谷子,糜子,造成枯心和白穗。受害谷子一般年份减产 10%～20%,严重年份减产 40%～80%。

【形态特征】　粟秆蝇属双翅目黄潜蝇科,有成虫、卵、幼虫和蛹等发育阶段。

(1)**成虫**　体长 3.5～5 毫米,头黑色,复眼暗褐色,触角生黑色刚毛,1～2 节黄褐色,第三节和触角芒黑色,胸部及小盾片黄灰色,胸背面有 3 条褐色纵条,翅透明,腹部近圆锥形,黄色,前足黑色,但基节、腿节两端黄色,中足、后足黄色。

(2)**卵**　长 1 毫米左右,椭圆形,乳白色,表面生有纵纹。

(3)**幼虫**　体长 7～9 毫米,共 11 节,蛆形,初孵时半透明,后渐变为乳白色至鲜黄色,口钩黑色,端钝圆具黑色气门突 2 个。

(4)**蛹**　围蛹,长 5～5.5 毫米,长筒形,一端平截,初为白色,羽化前深褐色。前端两气门略突出,腹末两气门圆而突起。

【发生规律】　在我国北方,粟秆蝇 1 年发生 2～3 代,以老熟幼虫在 5～10 厘米土层中越冬。

在东北、华北北部和陕西北部 1 年发生 2 代,越冬幼虫在翌年 5 月下旬化蛹,6 月上旬至 7 月上旬成虫羽化。第一代幼虫于 6 月下旬至 7 月下旬发生,主要危害春谷,第二代幼虫于 8～9 月份发生,危害迟播春谷和夏谷,老熟后大多数入土越冬。

在华北大部分地区一年发生 3 代,越冬幼虫大部分在 5 月下旬化蛹,成虫在 6 月上中旬盛发,6 月中下旬进入产卵盛期。第一代幼虫主要危害春谷,第二代幼虫在 7 月中旬后危害晚播春谷和夏谷,第三代幼虫于 8 月中下旬危害晚播夏谷,老熟幼虫于 8 月底至 9 月间入土越冬。

成虫多于清晨和傍晚活动,取食蜜露和花蜜。成虫有很强的趋化性,对糖醋液、糖蜜液和腐烂腥臭的物质有很强的趋性。卵散产,多产在谷子叶片基部和叶鞘内外。初孵幼虫由心叶基部蛀入,危害心叶和幼穗,造成枯心和白穗。幼虫危害期20多天,老熟幼虫从茎中爬出到5厘米深土层中化蛹,越冬代幼虫则在土下10厘米处化蛹。

粟秆蝇喜湿,最适相对湿度为60%～80%,在干旱条件下幼虫常大量失水死亡。幼虫化蛹和成虫羽化出土均要求土壤湿润,成虫交尾、产卵、幼虫孵化以及侵入粟茎均需高湿度。6月份降雨量高,田间枯心率也高。最适温度为22℃～26℃,在炎热夏谷区各虫态历期缩短,产卵量也减少。在晚播、高肥、密植的条件下,枯心发生严重。氮肥过多,植株柔软受害重,谷株健壮,叶片宽大,生长快的品种受害轻,早播谷子受害也轻。

【防治方法】 种植抗虫品种或叶宽、茎秆坚硬的丰产品种。适时早播,促进壮苗早发。铲除狗尾草等杂草,早期拔除枯心苗,并集中销毁。成虫发生期在谷田设置诱蝇器,利用糖蜜液、腐败腥臭物质或发酵物,并加入少许敌百虫诱杀成虫。

在成虫羽化盛期喷施40%乐果乳油1 000倍液,50%敌敌畏乳油1 000倍液,40%乐果乳油1 000倍液,2.5%溴氰菊酯乳油2 000倍液,或36%克螨蝇乳油1 000～1 500倍液等。也可喷施2.5%敌百虫粉剂,每667米^{2}施药1.5～2千克。

16. 双斑萤叶甲

双斑萤叶甲是农作物的重要害虫,我国南北各省都有分布,以西北、华北和东北发生较多。该虫多食性,寄主很多,其中包括谷子、糜子、豆类、玉米、马铃薯、棉花、麻类、蔬菜等重要作物。双斑萤叶甲成虫取食叶肉,残留网状叶脉或将叶片吃成孔洞,成虫还咬食谷子、高粱的花药,玉米的花丝以及刚灌浆的嫩粒,幼虫危害轻,仅啃食根部。

【形态特征】　双斑萤叶甲属于鞘翅目叶甲科萤叶甲亚科,该虫有成虫、卵、幼虫、蛹等4个虫态。

(1)成虫　长卵圆形,体长3.5～4.0毫米。头赤褐色,复眼黑色,触角11节,丝状,灰褐色,端部黑色。头、胸红褐色,鞘翅基半部黑色,上有2个淡色斑,斑前方缺刻较小,鞘翅端半部黄色。胸部腹面黑色,腹部腹面黄褐色,体毛灰白色,足黄褐色(彩照82)。

(2)卵　椭圆形,长0.6毫米,初棕黄色,表面具近似正六角形的网状纹。

(3)幼虫　体长6～9毫米,黄白色,表面具排列规则的毛瘤和刚毛。前胸背板骨化色深,腹部末端有铲形骨化板。老熟化蛹前,体粗而稍弯曲。

(4)蛹　纺锤形,长2.8～3.5毫米,宽2毫米,白色,表面具刚毛。触角向外侧伸出,向腹面弯转。

【发生规律】　在北方1年发生1代,以卵在土壤中越冬。翌年5月份越冬卵开始孵化,出现幼虫。幼虫有3龄,幼虫态约30天,在土壤中活动。成虫7月初开始出现,一直延续至10月份,7～8月为危害盛期。成虫羽化后20余日即行交尾产卵。少雨干旱年份发生较重。

成虫羽化后先栖息在杂草上,约经半个月转移至大田危害。成虫有群集性和弱趋光性,飞行力弱。早、晚气温低于8℃时,或在大风、阴雨等不良条件下,躲藏在植株根部或枯叶下。上午9时至下午17时,气温高于15℃时成虫活跃。日光强烈时常隐藏在植株下部叶片背面或花穗中。卵产于土壤缝隙中,散产或数粒黏在一起。幼虫生活在3～8厘米深的土壤中,多靠近根部,喜取食禾本科植物的根。老熟幼虫做土室化蛹,蛹期7～10天。

【防治方法】　防治双斑萤叶甲要及时铲除田边、地埂、沟边杂草,秋季耕翻灭卵。发生不多时,可在田边人工扫网捕杀,或在施药防治其他害虫时予以兼治。发生较重时,可在成虫盛发期,产卵之前喷施 20%氰戊菊酯乳油 2 000 倍液,90%敌百虫晶体 800～1 000 倍液,50%辛硫磷乳油 1 500 倍液等药剂。

17. 糜子吸浆虫

糜子吸浆虫危害糜子、稗草,分布在黑龙江、吉林、辽宁、甘肃、宁夏、河南等省区。幼虫蛀食花器,使之不能正常发育,颖片变白,形成空壳秕粒,产量降低。

【形态特征】 糜子吸浆虫属双翅目瘿蚊科,有成虫、卵、幼虫、蛹等虫态。

成虫体长 2～2.5 毫米,暗红色,复眼黑色,触角灰黑色,14节,翅浅灰色半透明,被有密毛,缘毛长而密,翅脉 3 条。胸部背面黑色,侧片橘红色,腹部背面黑色,腹面橘红色。足细长。卵长卵形,白色半透明。幼虫蛆形,橘红色,头很小,体表光滑,中胸没有剑骨片。蛹长 2 毫米,橘红色。

【发生规律】 糜子吸浆虫 1 年发生 3～4 代,以老熟幼虫在糜子、稗子籽实的颖壳内结茧越冬。带有糜子吸浆虫的糜子、稗子秕粒,可混杂在种子或糜草中传播。该虫的越冬期长达 9～10 个月份,直到翌年 7 月才化蛹,7 月底羽化,8 月中旬进入羽化盛期。成虫不活泼,可短距离飞行,雌虫在糜子苗上产卵,每雌产卵 10～60粒。8 月底 9 月初第二代成虫出现,当代幼虫危害复种糜子。9 月中旬出现第三代,幼虫老熟后于 9 月中下旬在糜子壳内结茧越冬。

【防治方法】 防治糜子吸浆虫应轮作倒茬,避免重茬;要选种早熟而抽穗整齐的品种,适当早播。在播种前要汰除混入种子中的虫粒。在成虫羽化产卵期可喷施 2.5%敌百虫粉剂,每 667 米^{2}用药 1.5 千克,还可喷施 80%敌敌畏乳油 1 000 倍液。

18. 高粱舟蛾

高粱舟蛾又名高粱天社蛾,分布于南北各地,主要危害高粱、玉米、甘蔗等作物,幼虫食叶,受害叶片缺刻状,严重时可将叶肉吃光,残留叶脉,甚至成为光杆。近年该虫对夏玉米的危害有加重趋势。

【形态特征】　高粱舟蛾属鳞翅目舟蛾科,有成虫、卵、幼虫和蛹等虫态。

(1)成虫　成虫体长 20～25 毫米,雄蛾翅展 49～68 毫米,雌蛾略大。头、胸背面淡黄色,翅基片和后胸深褐色,腹部背面褐黄色,每节两侧各有 1 个黑色斑纹,雄蛾腹末 2～3 节后缘各有 1 条黑色横线,雌蛾腹末第二节黑色。前翅黄色,中脉至前缘有数条断续的细纵线,中脉至肘脉之间红棕色,外缘线至亚外缘线间黑褐色,外缘线波状,黄褐色。后翅黄色,中部向外缘部分黑褐色渐深(彩照 83)。

(2)卵　半球形,初产时深绿色,后变白色,近孵化时变为黑色。

(3)幼虫　末龄幼虫体长 60～70 毫米,头红褐色,体黄绿色或蓝绿色,体上被有淡黄色毛。亚腹线由不连续的黑褐色斑点组成,气门线色淡,气门筛黄色,围气门片黑色。

(4)蛹　纺锤形,黑褐色,末端具臀棘 1 对。

【发生规律】　在河北省 1 年发生 1 代,以蛹在土层 6.5～10 厘米深处越冬。翌年 6 月下旬至 7 月中旬成虫羽化,6 月底田间开始见卵,7 月上中旬为产卵盛期,7 月下旬始见幼虫,7 月中、下旬至 8 月上旬为幼虫发生盛期,发育早的在 7 月下旬开始入土结茧化蛹,8 月上中旬或中、下旬为化蛹盛期,发育不整齐。

成虫有趋光性,白天隐蔽,夜间活动。卵产在高粱、玉米等叶片背面主脉附近或端半部近边缘处,每雌产卵 80～410 粒,单粒散产或 2～8 粒一堆,卵期约 5 天。幼虫期 30 天左右,初孵幼虫群居,啃食叶背表皮和叶肉,残留上表皮,呈窗孔状。2 龄后分散,向中、上部嫩叶转移,从叶缘咬食,啃成缺刻,四至五龄暴食,可将叶片吃完。

该虫喜湿怕旱,夏季气温偏低,雨日多,大气湿度高有利于其发生,若夏季干旱或降暴雨则不利于其发生。黏性土壤较沙质土壤发生重。

【防治方法】 在高粱收获后翻耕整地,高粱茬麦田进行冬灌,消灭越冬蛹。实行人工扑虫,在越冬期间挖蛹,在卵期摘除卵块,在低龄幼虫期顺垄逐棵捕捉幼虫。在成虫发生期利用黑光灯诱蛾。另外,还可喷施菊酯类杀虫剂。

19. 高粱芒蝇

高粱芒蝇又叫高粱秆蝇,主要发生在华南、西南和华东等地,是高粱苗期重要害虫。初孵幼虫潜入幼苗心叶内,在第一、第二片基部环状取食,心叶枯萎变褐,成为枯心苗。

【形态特征】 属双翅目蝇科,有成虫、卵、幼虫、蛹等虫态。

(1)成虫 灰黑色的小蝇子,体长 4 毫米左右,前中胸有 3 条由短黑毛构成的纵线。腹部背面观,雌虫可见节的第三、四节各有 1 对大小相等的梯形黑斑,第五节有 1 对小黑斑(图 15)。雄虫常可见节的第三节有 1 对梯形黑斑,第四节有 1 对小黑斑。

(2)卵 卵白色,舟形,两端稍平,长约 1.3 毫米,中央纵行隆起,面上布满网状纹。

(3)幼虫 蛆型,一龄、二龄体白色,三龄黄白色,长 8～10 毫米,口钩黑色,躯体 11 节,末节的末端黑色,有 2 个黑色气门突。

(4)蛹 蛹壳是三龄幼虫体壁收缩硬化而成,纵圆筒形,棕褐

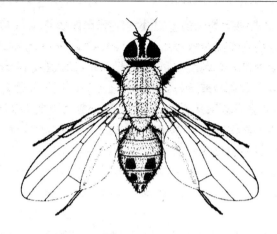

图 15　高粱芒蝇雌成虫　（仿 Hein Bijlmakers）

色,前端平截,截面周缘隆起,末节端部和气门突黑色。

　　【发生规律】　高粱芒蝇 1 年发生代数,各地差异很大。在广东 1 年发生 11～12 代,终年活动,无越冬期,在贵州南部 1 年发生 7 代,以幼虫在植株内过冬,在四川 1 年发生 5～6 代,以蛹在土壤中过冬,在湖南 1 年 4 代,以老熟幼虫在高粱枯心中和 2～5 厘米深的土层中越冬。各地越冬代成虫出现时期和各代发生期也相差很大,但均世代重叠严重。

　　高粱芒蝇成虫多在上午羽化,需补充营养,对蚜虫蜜露和腐败物有趋性,飞翔力强,晴天的上午 10 时以前和下午 16 时以后最活跃。产卵于高粱苗上部 2～4 片叶的叶背中脉附近,少数产于叶尖、叶缘或幼嫩分蘖上。卵散产,一般每株 1 粒。幼虫多在清晨孵化,幼虫活泼,具假死性。初孵幼虫从喇叭口或叶缝蛀入生长点,致使心叶萎蔫,出现枯心。幼虫不转株,老熟后多数入土 3～6 厘米化蛹,有的在枯茎基部或植株被害处化蛹。

　　适温高湿的天气有利于高粱芒蝇发生。在叶面有露水时,最有利于幼虫蛀入危害,幼虫成活率最高。干燥时蛀入率和成活率明显降低。播期不同受害程度不一．在湖南秋播高粱受害最重，春播高粱次之,夏播的较轻。

【防治方法】 要调整播期,错开芒蝇产卵盛期与高粱苗期。用糖醋液、腐臭动物或鱼粉,分别加 1％敌百虫药液,配制成毒饵,诱杀成虫。及时拔除枯心苗,减少虫源。冬季结合积肥除去高粱根,使成虫冬季不能产卵繁殖。在成虫产卵盛期,喷施 40％乐果乳油 700～1 000 倍液。

20. 麦长管蚜与麦二叉蚜

麦长管蚜和麦二叉蚜为麦类作物的重要害虫,与其他危害麦类的蚜虫统称为麦蚜。蚜虫刺吸麦类叶片、叶鞘和嫩穗的汁液,造成麦叶黄枯,分蘖减少,不能拔节,不能正常抽穗或千粒重下降,严重减产。麦蚜还是大麦黄矮病毒等植物病毒的传毒介体。

【形态特征】 麦长管蚜和麦二叉蚜属于同翅目蚜科,进行两性生殖和孤雌生殖,后者是不经两性结合,不发生受精过程,而由雌性的非受精卵直接发育成新一代雌性个体,称为"孤雌蚜"。麦蚜的卵在母体内完成发育并孵化,直接产出若虫,这一现象称为"孤雌胎生"。无翅孤雌蚜(无翅胎生雌蚜)和有翅孤雌蚜(有翅胎生雌蚜)是麦田最常见的虫态。

(1)麦长管蚜

①无翅孤雌蚜 体长 3.1 毫米,宽 1.4 毫米,长卵形,草绿色至橙红色。头部略显灰色,腹部两侧有不甚明显的灰绿色斑,腹部 6～8 节具明显横网纹。复眼鲜红色。中额微隆,额瘤明显外倾。触角细长,为体长的 0.88 倍,黑色,1～4 节光滑,5～6 节显瓦纹。喙粗大,超过中足基节。腹管黑色,长圆筒形,长度为尾片长的 2倍,端部 1/3～1/4 部分有网纹。尾片长圆锥形,长度为腹管的 1/2,近基部 1/3 处收缩,有圆突构成横纹,有曲毛 6～8 根。足淡绿,

腿节端部、胫节端部及跗节黑色(彩照84)。

②有翅孤雌蚜　体长3.0毫米,宽1.2毫米,椭圆形,绿色。复眼鲜红色。触角黑色,与体等长,第三节有8～12个圆形感觉圈,排成一行。喙不达中足基节。腹管长圆筒形,黑色,端部具15～16行横行网纹。尾片长圆锥状,有8～9根长毛。前翅中脉三分叉(彩照85,图16)。

图16　麦长管蚜有翅孤雌蚜

(2)麦二叉蚜

①无翅孤雌蚜　体长1.4～2.0毫米,卵圆形,淡绿色,背中线深绿色。复眼漆黑色。中额瘤稍隆,额瘤稍高于中额瘤。触角大部黑色,6节,全长为体长的2/3,有瓦纹。喙长超过中足基节,端节粗短。腹管淡黄绿色,短圆筒形,长度为体长的16%,表面光滑,端部黑色。尾片长圆锥形,长为基部宽的1.5倍,有长毛5～8根(彩照86)。

②有翅孤雌蚜　体长1.8～2.3毫米;头、胸部灰黑色,腹部绿色,腹背中央有深绿色纵纹。触角大部黑色,6节,较体长略短,第三节有感觉圈4～10个,在外缘排成一列。腹管圆筒形,除末端暗色外,其余为绿色。前翅中脉分二叉(彩照87,图17)。

【发生规律】　麦蚜的生活史很复杂,有3种类型:异寄主全周

图 17　麦二叉蚜有翅孤雌蚜

期型、同寄主全周期型和不全周期型。麦蚜还有远程迁飞习性,虫情变化动态复杂,田间可能出现蚜量突然增多或突然减少等现象。

(1)麦长管蚜　一年发生 20～30 代,因地而异。在我国中部和南部,生活史属不全周期型,全年进行孤雌生殖,不产生性蚜世代。以无翅孤雌成蚜和若蚜,在麦株根际或四周土块缝隙中越冬,在背风向阳的麦田中还可继续活动。春季麦苗返青后,气温高于 6℃后开始繁殖,高于 16℃,虫口数量迅速上升,麦类抽穗后转移至穗部危害,灌浆和乳熟期田间蚜量达到高峰期。气温高于 22℃,产生大量有翅蚜,迁飞到冷凉地带越夏。多在高海拔地区的自生麦苗、禾本科杂草和荞菜上存活越夏。秋季冬麦出苗后,又从越夏寄主迁入麦田进行繁殖,出现秋季小高峰,但危害不如春季严重。11 月中下旬后,随气温下降开始越冬。

麦长管蚜在 1 月份低于 0℃的地区不能越冬。在 7 月份 26℃等温线以南地区不能越夏。在北部、西部冬麦、春麦混种地带,仍主要进行孤雌生殖,但可发生一次有性生殖,为同寄主全周期型。孤雌蚜多于 9 月迁入冬麦田,10 月上旬旬均温降到 14℃～16℃后,进入发生盛期。9 月底陆续出现雄性蚜和雌性蚜,交配后在麦株上产卵,11 月中旬旬均温 4℃时,进入产卵盛期,随后以卵越冬。

翌年 3 月中旬,进入越冬卵孵化盛期,历时 1 个月。越冬卵孵化产生干母,并最终产生孤雌蚜,春季先在冬麦上危害,4 月中旬后迁移到春麦上,危害高峰期都在穗期。在 6 月中旬产生有翅孤雌蚜,迁飞到冷凉地区越夏。

麦长管蚜主要危害穗部,使产量和品质严重降低,抽穗前则多在麦株上、中部叶片上取食活动,受害叶片出现褐色斑点或斑块。

麦长管蚜耐湿喜光,适宜大气相对湿度为 50%～80%,多分布在年降雨量 500～700 毫米的麦区。但大雨对蚜体有冲刷作用,将使蚜量明显下降。麦长管蚜不耐低温和高温,在 8℃ 以下活动甚少,16℃～25℃ 为适宜温度,16.5℃～20℃ 最适,28℃ 以上则生育停滞。

(2)麦二叉蚜　麦二叉蚜一年发生 20～30 代,具体代数因地而异。在北纬 36 度以北较冷的麦区,多以卵在麦苗枯叶上、土缝中或多年生禾本科杂草上越冬,生活史属同寄主全周期型。在我国中部和南部,全年进行孤雌生殖,以无翅孤雌成蚜和若蚜,在麦株基部叶鞘、心叶内或四周土块缝隙中越冬,在背风向阳的麦田中还可继续取食活动,生活史属不全周期型。

以冬、春麦混种区为例,在秋苗出土后蚜虫即开始迁入麦田繁殖,在三叶期至分蘖期出现一个小高峰,11 月上旬以卵在冬麦田残茬上越冬,翌年 3 月上中旬越冬卵孵化,在冬麦上繁殖几代后,有的以无翅胎生雌蚜继续繁殖,有的产生有翅孤雌蚜在冬麦田繁殖扩展,4 月中旬迁移到春麦上,5 月上中旬大量繁殖,出现危害高峰期,并引起黄矮病流行。

麦二叉蚜喜干旱,适宜相对湿度在 35%～67% 范围内,在年降雨量 250 毫米以下地区是优势种。在年降雨量增高,但仍低于 500 毫米的地方,与麦长管蚜混合发生,在大发生年份则为优势种。该蚜较耐低温,早春活动早,旬均温 3℃ 左右,卵开始发育,5℃ 左右孵化,13℃ 可产生有翅蚜。孤雌蚜在 5℃ 就可以发育和繁殖。在适宜条件下,繁殖力强,发育历期短。麦二叉蚜主要发生在扬花以前,在小麦拔节期和孕穗期虫口密度迅速上升。麦二叉蚜畏光,多在麦株中下部叶片背面危害,受害叶片出现黄色枯斑。对青稞也主要危害基部叶片,使青稞田在短时间内成片变黄,停止生长。

(3)种群消长的影响因素　麦蚜消长受气象条件、寄主营养和栽培条件、天敌等多种因素及其互作的影响。

在食料充足时,蚜量消长首先受温度所制约。在适温范围内,随温度上升,世代历期缩短,繁殖速率加快,繁殖量增大。湿度和降水的影响因麦蚜种类而异。麦二叉蚜常灾区年降雨量在250毫米以下,多灾区年降雨量在500毫米以下,易灾区年降雨量500～750毫米,但冬春少雨易旱。麦长管蚜易灾区年降雨量在750～1000毫米之间。暴风雨对麦蚜有直接的杀伤作用,导致蚜量剧降,麦长管蚜多分布在植株上部和叶片正面,受风雨影响尤为严重。

麦蚜可随气流有规律地南北迁飞,3～6月份随西南气流北迁,8～10月份随西北或东北气流南迁。有翅蚜的迁出高峰期,一般都在乳熟期至黄熟期,迁入高峰期则处于抽穗扬花期。从华南冬麦区至东北春麦区随着纬度变化,麦类各生育期相互衔接,为麦蚜迁入后提供了良好的营养条件。在西部不同海拔的区域,麦蚜亦存在垂直方向上的季节性迁移现象。麦蚜数量的变动,除了当地种群消长外,还有迁入或迁出所造成的蚜口增长或减少。

麦蚜种群动态与寄主营养条件关系密切,寄主营养条件改善,麦蚜种群密度逐渐增加,营养条件恶化,麦蚜密度亦随之下降,且有翅蚜比例上升。一般说来,长势好的麦田麦蚜发生早,麦蚜密度也最高。但是,早春长势差的麦田麦二叉蚜发生最多,长势一般的麦田麦长管蚜发生最重。

麦蚜种群数量变动与栽培条件有密切关系。秋季早播麦田蚜量多于晚播麦田,春季则晚播麦田蚜量多于早播麦田。在耕作细致的秋灌麦田中,蚜虫不易潜伏,易被冻死,虫口密度较低,但春季水浇田因麦苗生长旺盛,生育期推迟,蚜量多于旱田。

麦蚜的天敌种类较多,主要有七星瓢虫、异色瓢虫、多异瓢虫、龟纹瓢虫、十三星瓢虫、食蚜蝇幼虫、草蛉幼虫、草间小黑蛛、拟环纹狼蛛、蚜茧蜂、蚜霉菌等,尤以瓢虫、食蚜蝇和蚜茧蜂最重要。天敌对蚜虫群体消长有重要作用。若天敌与麦蚜的比例,大于平衡状态的益害比,蚜虫种群数量逐渐下降;反之,蚜虫种群数量就会上升。

【防治方法】　应协调应用各种防治措施,充分发挥天敌的自然控制能力,科学用药,实施综合防治。

(1)栽培防治　合理调整作物布局,在西北麦二叉蚜和黄矮病发生区,要缩减冬麦面积,扩种春麦。在华北要推行冬小麦与油菜、绿肥间作,以扩大和保护天敌资源,控制蚜害。要及时清除田间杂草与自生麦苗,减少麦蚜的适生地和越夏寄主。冬麦要适期晚播,旱地麦田在冬前、冬后要进行碾糖,保墒护根,有利小麦生长并压低越冬虫源。在黄矮病流行区,要着力提高栽培水平,改旱地为水地,实行深翻,增施氮肥,合理密植,以控制麦二叉蚜和黄矮病。要因地制宜地选用抗、耐麦蚜混合种群的品种,以及抗黄矮病的品种。

(2)保护天敌　要慎重选择防治药剂,应用对天敌安全的选择性药剂,如抗蚜威、吡虫啉、生物源农药等。要改进施药技术,调整施药时间,减少用药次数和数量,避开天敌大量发生时施药。根据虫情,挑治重点田块和虫口密集田块,尽量避免普遍施药,以减少农药对天敌的伤害。

(3)药剂防治　防治麦蚜的有效药剂较多,要轮换使用,防止蚜虫产生抗药性。常用药剂每 667 米^2 用药量如下:50%抗蚜威可湿性粉剂 10~15 克,10%吡虫啉可湿性粉剂 20 克,24%抗蚜·吡虫啉可湿性粉剂 20 克,40%毒死蜱乳油 50～75 毫升,25%吡蚜酮可湿性粉剂 16～20 克,3%啶虫脒可湿性粉剂 10～20 克(南方)或 30～40 克(北方),2.5%高渗高效氯氰菊酯乳油(辉丰菊酯)25～30 毫升,4.5%高效氯氰菊酯 40 毫升。上述药量对水 30～50 升常量喷雾,也可对水 15 升,用机动弥雾机低容量喷雾防。

抗蚜威为氨基甲酸甲酯类选择性杀蚜虫剂,具有触杀、熏蒸和渗透叶面作用,杀虫迅速,施药后数分钟即可杀死蚜虫。抗蚜威对蚜虫(棉蚜除外)有高效,对蚜虫的扑食性天敌和寄生性天敌,诸如瓢虫、食蚜蝇、草蛉、步行甲、蚜茧蜂等基本无伤害。抗蚜威在 20℃以上时熏蒸作用较强,在 15℃～20℃之间熏蒸作用随温度下降而迅速减弱,在 15℃以下无熏蒸作用。

另外,还可混合使用不同成分的药剂,例如啶虫脒+高效氯氟氰菊酯,抗蚜威+啶虫脒等。折算每 667 米^{2}的用药量,前者为 3%啶虫脒乳油 20 毫升+2.5%高效氯氟氰菊酯乳油 10 毫升,后者为 50%抗蚜威可湿性粉 5 克+3%啶虫脒乳油 20 毫升,皆在小麦蚜虫始盛期喷雾使用。

在干旱缺水地区,若难以喷雾施药,可施用毒土。每 667 米^{2}用 40%乐果乳油 50 毫升,对水 1～2 千克,拌细砂土 15 千克制成毒土。也可用 80%敌敌畏乳油 75 毫升,拌土 25 千克,制成毒土。毒土于穗期清晨或傍晚撒施。

21. 禾谷缢管蚜

禾谷缢管蚜又名粟缢管蚜、小米蚜、麦缢管蚜,分布于全国各地,主要危害小麦、大麦、青稞、燕麦、高粱、玉米、水稻等作物和禾本科草。该蚜群集叶片、茎秆、穗部吸取汁液,影响植株正常生长。被害处初呈黄色小点,后变为条斑,严重时有蚜株枯萎死亡。禾谷缢管蚜能传播大麦黄矮病毒、玉米矮花叶病毒等重要植物病毒。

【形态特征】　禾谷缢管蚜属于同翅目蚜科,田间常见无翅孤雌蚜和有翅孤雌蚜。

(1)无翅孤雌蚜　体长 1.9 毫米,宽卵形,虫体黑绿色,嵌有黄绿色纹,被有薄粉。触角 6 节,黑色,长度超过体长之半。复眼黑色。腹部暗红色,腹管黑色,圆筒形,端部缢缩瓶颈状。尾片长圆锥形,具 4 根毛(彩照 88)。

(2)有翅孤雌蚜　体长 2.1 毫米,长卵形,头、胸部黑色,腹部深绿色,具黑色斑纹。触角比体长短,第三节具圆形次生感觉圈 19～30 个,第四节 2～10 个。前翅中脉 3 条,前 2 条分叉甚小。腹部 7、8 节背面有中横带。腹管近圆形,黑色,短,端部缢缩瓶颈状(彩照 89)。

【发生规律】　每年发生 10 余代至 20 代以上。在北方寒冷地区,禾谷缢管蚜以卵在桃、李、杏、梅等李属植物上越冬。春季越冬卵孵化后,先在树木上繁殖几代,再迁飞到禾本科植物上繁殖危害。秋后产生雌雄性蚜,交配后在李属树木上产卵越冬。

在冬麦区或冬麦、春麦混种区,以无翅孤雌成蚜和若蚜在冬麦上或杂草上越冬。冬季天气较温暖时,仍可在麦苗上活动。春季主要危害小麦、青稞等,麦收后转移到玉米、高粱、谷子或自生麦苗上持续危害,秋后迁往麦田或草丛中。冬季潜伏在麦苗根部,近地面的叶鞘中,杂草根部或土缝内。

禾谷缢管蚜在 30℃上下发育最快,较耐高温,畏光喜湿,不耐干旱。

【防治方法】

(1)栽培防治　消除田埂、地边杂草,减少蚜虫越冬和繁殖场所。

(2)药剂防治　可选用抗蚜威、吡虫啉、扑虱蚜、马拉硫磷、乐果、溴氰菊酯或其他药剂防治,参见麦长管蚜和麦二叉蚜。

22. 高粱蚜

高粱蚜又名甘蔗蚜、甘蔗黄蚜,分布于全国各地,主要危害高粱、甘蔗、荻草。据国外记载,还寄生稗属、稻属、黍属、狗尾草属、狼尾草属、芒属、须芒草属以及其他禾本科植物。成、若蚜聚集在高粱叶片背面,刺吸汁液,消耗营养物质,有蚜叶片变红或枯死,严重时穗粒不实,甚至不能抽穗。高粱蚜还排出大量蜜露,滴落在茎叶上,油亮发光,诱生霉菌,出现黑色菌丝层。

【形态特征】 高粱蚜属同翅目蚜科,生活史很复杂,虫态多,但田间最常见的是无翅孤雌蚜和有翅孤雌蚜。

(1)无翅孤雌蚜 长卵形,米黄色或浅红色、淡紫色,体长1.5～2.0毫米,体表光滑。触角细长,6节,等于或略长于体长的1/2,除第五节端部和第六节黑色外,其余淡色。复眼大,棕红色。腹部1～5节背侧各有一暗色斑纹。腹部第八节有背中横带,有的后胸和第七腹节也有横带。腹管黑褐色,短圆筒形。尾片黑色,圆锥形,中部收缩,有瓦纹,有长曲毛8～16根(彩照90)。

(2)有翅孤雌蚜 体长1.5毫米,卵形,头、胸部、触角、足、腹管、尾片、尾板黑色,其余米黄色。触角6节,约为体长的2/3,第三节上具圆形次生感觉圈8～13个。翅脉黑色,明显。腹部有黑色斑纹,第一节至第四节和第七节有大缘斑,第一节至第八节各有横带,有的中断。腹管圆筒形,端部稍收缩。尾片有毛5～9根。

【发生规律】 高粱蚜在东北地区每年繁殖16～20代,以卵在荻草上越冬。在我国南方以成虫、若虫在被害株的茎秆、叶鞘内越冬,在广西南部全年都可繁殖危害。

荻草上的越冬卵,在翌年4月中下旬,当气温高于10℃以后陆续孵化,产生干母,在荻草上取食并繁殖2～3代。5月下旬至6月上旬高粱出苗后,产生有翅孤雌蚜,迁飞到高粱田,在高粱上产生无翅孤雌蚜,繁殖危害。起先在下部叶背取食,田间点片发生,逐渐转移到植株上部,并向全田扩散。通常在高粱上繁殖 10 余代,靠产生有翅蚜迁飞,或靠无翅蚜爬行而转移。当秋季高粱接近成熟时,相继产生有翅性母蚜和有翅雄蚜,向荻草迁飞,性母蚜胎生产卵雌蚜,与有翅雄蚜交配,在荻草上产卵越冬。

高粱蚜繁殖力强,每头无翅孤雌蚜可生出 70～80 头若蚜,有时更多达 180 头。在夏季,3～5 天就能繁殖一代。高粱蚜数量变动受气象和天敌因素影响最大。气温较高,湿度较低,干旱少雨将导致高粱蚜大发生。高粱蚜的天敌种类较多,有瓢虫、草蛉、蜘蛛,蚜茧蜂等 10 余种,对高粱蚜的发生有一定的抑制作用。

【防治方法】

(1)**农业防治**　实行高粱、大豆 6∶2 间作,在冬小麦中套种高粱。发现中心蚜株后,剪去底部有虫叶片,带出田外销毁。搞好蚜虫天敌的保护利用。

(2)**药剂防治**　高粱苗期有虫株率 30%～40%,或 100 株虫口数超过 2 万头时施药防治。可采用喷粉、施撒毒砂、涂茎或喷雾等方式施药。

喷粉可用 1.5%乐果粉剂,每 667 米² 喷施 1.5～2 千克。毒砂用 40%乐果乳油 50 毫升,对等量水拌匀后,再加入 10～15 千克细砂制成,毒砂扬撒在高粱株上。顺垄走一趟,左右各扬撒 3 垄。涂茎用 40%乐果乳油稀释成 100 倍液,用毛刷涂布在高粱中下部带绿色的茎表,涂药部长度 10 厘米,逐株涂抹,不可漏掉。喷雾选用 50%杀螟松乳油 1 000～3 000 倍液,10%吡虫啉可湿性粉剂 2 500 倍液,2.5%溴氰菊酯乳油 2 000～3 000 倍液,或 20%氰戊菊酯乳油 2 000～3 000 倍液等。

高粱对有机磷杀虫剂敏感,高粱品种的抗药性不同,大面积防治前要做好药害试验。敌百虫、敌敌畏对高粱有严重的药害,不宜使用。

23. 玉米蚜

玉米蚜分布在全国各地,主要危害玉米、谷子、高粱、麦类、水稻等禾本科作物,以及狗尾草、早熟禾、马唐、雀稗、芦苇等禾本科草。玉米蚜以成、若蚜刺吸植物组织汁液,引致叶片变色,生长发育受抑,严重时植株枯死。玉米蚜还分泌蜜露,使叶片"起油"发亮,后生霉变黑。玉米蚜传播玉米矮花叶病毒和大麦黄矮病毒等重要植物病毒。

【形态特征】 玉米蚜属同翅目蚜科,田间常见无翅孤雌蚜和有翅孤雌蚜。

(1)无翅孤雌蚜 长卵形,体长1.8～2.2毫米,宽约1毫米。体绿色,披薄白粉。触角、喙、足、腹管、尾片黑色。触角6节,长度短于体长的1/3。复眼红褐色。喙粗短,不达中足基节。腹部第七节毛片黑色,第八节具背中横带,与缘斑相接。腹部两侧都有黑色腹斑。腹管长圆筒形,长度为尾片的1.5倍,端部收缩,具覆瓦状纹。尾片圆锥状,有毛4～5根(彩照91)。

(2)有翅孤雌蚜 体长卵形,长1.6～1.8毫米,头、胸黑色,腹部深绿色。触角6节,长度约为体长的一半,第三节上有圆形次生感觉圈12～19个。腹部2～4节各具1对大型缘斑,6～7节上有背中横带,第七节有小缘斑,第八节的中带贯通全节。

【发生规律】 玉米蚜在华北1年可繁殖20代左右,以成、若蚜在冬小麦或禾草心叶内越冬。春季3月份温度回升到7℃左右时,在越冬寄主的心叶里开始活动,随着植株生长而向上部移动,集中在新形成的心叶内繁殖危害。抽穗后大都迁移到未抽穗的植株或无效分蘖上危害,极少在穗部危害。4月下旬至5月上旬,陆续产生大批有翅蚜,迁往高粱、谷子、玉米、或禾草上繁殖。春玉米抽雄后,多集中在雄穗上危害,乳熟后又转移到夏玉米上。9～10

月份夏玉米老熟,又产生大量有翅蚜,迁移到向阳处禾草上和冬小麦麦苗上,繁殖1～2代后越冬。

在长江流域,1年发生20多代,以成、若蚜在大麦、小麦或禾草心叶内越冬。春季3～4月份开始活动危害,4～5月麦类黄熟后产生大量有翅蚜,迁往春玉米、高粱、水稻田持续繁殖危害。春玉米乳熟期以后,又产生有翅蚜,迁往夏玉米上繁殖危害。秋末产生有翅蚜迁往小麦或其他越冬寄主。

玉米蚜终生营孤雌生殖,虫口增长快,高温干旱年份发生多。玉米、高粱生长中后期,旬均温23℃～25℃,旬降雨量低于20毫米,易猖獗发生。玉米蚜天敌较多,主要有异色瓢虫、七星瓢虫、龟纹瓢虫、草间小黑蛛、食蚜蝇、草蛉、蚜茧蜂、步行虫、蚜霉菌等。

【防治方法】　玉米蚜的防治应兼顾各种寄主作物,统筹安排。

(1)农业防治　清除田边沟旁的杂草,消灭蚜虫滋生基地,减少虫量。

(2)药剂防治　在玉米心叶期,发现有蚜株即可针对性施药,有蚜株率达30％～40％,出现"起油株"(指有蜜露)时应进行全田普治。

可用40％乐果乳油1 500～2 000倍液灌心叶。还可撒施毒砂,每667米^{2}用40％乐果乳油50克,对水稀释后,喷在20千克细砂土上,边喷边拌,然后把拌匀的毒砂均匀地撒在植株上。

茎叶喷雾可选用50％抗蚜威可湿性粉剂3 000倍液,40％乐果乳油1 500～2 000倍液,50％马拉硫磷乳油1 000倍液,2.5％溴氰菊酯乳油2 000～3 000倍液,或10％吡虫啉可湿性粉剂2 500倍液等。

24. 麦穗夜蛾

麦穗夜蛾又名冬麦穗夜蛾,分布在甘肃、青海、新疆、西藏、内蒙古、陕西、山西等地,幼虫主要食害小麦、青稞、大麦、莜麦的花器和籽粒,也食害麦苗和禾本科牧草。在西北高寒阴湿地区危害严重,有发生增多的趋势。

【形态特征】 麦穗夜蛾属于鳞翅目夜蛾科,有成虫、卵、幼虫、蛹等虫态。

(1)成虫 为灰褐色蛾子,体长 14～17 毫米,翅展 31～40 毫米,全体灰黄色至黄褐色。雌性触角丝状,雄性栉齿状。前翅基部有黑色剑状纹,环状纹灰黄色,明显,肾状纹灰黄色,有白色边圈。基横线、内横线淡灰色双线,外横线双线,其外侧中脉至臀脉处,每条脉纹上有 1 个小白点。外缘顶角有浅色圆斑,亚外缘线灰黄色波状,外缘有 7 个黑点,缘毛密生。翅背面近中央处有一黑色小斑。后翅浅黄褐色,有月形斑,外缘色深,缘毛色浅。

(2)卵 馒头形,直径 0.5 毫米,初产时乳白色,后期灰黄色。卵面有花纹。

(3)幼虫 末龄幼虫体长 33 毫米左右。头部黄褐色,中部有深褐色的"八"字纹,颅侧区具浅褐色网状纹。前胸盾板深褐色,上有 3 条淡色纵线(背线、亚背线)将之分为 4 块,中间两块色深。躯体背面灰褐色,腹面灰白色。背线宽,灰白色,两侧色深,亚背线灰黄色,气门上线黑褐色,其下为一淡色宽带。臀板淡褐色,上生 3 条淡色纵线,中间一条明显。胸足、腹足均呈淡黄色,腹足趾钩单序,中列式(图 18)。

图 18 麦穗夜蛾的幼虫 (仿齐国俊等)

（4）蛹　长 14～17 毫米,背面暗褐色,腹面棕褐色。臀棘黑褐色,上有不规则皱纹,末端有 2 个红褐色粗刺,其背上方及两侧各有 1 对细刺。

【发生规律】　在甘肃的古浪、酒泉等地 1 年发生 1 代,以老熟幼虫在田间表土下,多年生禾草根下,以及麦田附近墙根表土、墙缝内等处越冬。翌年 4 月间越冬幼虫出蛰活动,4 月底至 5 月中旬幼虫作薄茧在土表化蛹。6～7 月份成虫羽化,6 月中旬至 7 月上旬为羽化盛期。小麦抽穗扬花期成虫产卵,灌浆期幼虫孵化,乳熟期幼虫一至四龄,蜡熟期五、六龄,黄熟期大部分 7 龄。9 月中下旬幼虫开始在麦茬根际松土内做土室越冬。

在陕西北部危害冬小麦,也是 1 年发生 1 代,老熟幼虫在地下 20～40 厘米土层内越冬,翌年 3 月上移到浅土层,4 月中旬开始化蛹,5 月中旬成虫发生,在小麦扬花期产卵,幼虫取食籽粒至成熟期。麦收时,幼虫钻入麦茬内越夏。秋季危害冬小麦秋苗。幼虫白天潜伏于麦苗附近土内,夜间取食心叶。10 月份以后老熟幼虫进入越冬。

麦穗夜蛾成虫白天隐蔽在麦株内或草丛下,黄昏时飞出活动,取食花粉,尤其喜食油菜花粉。成虫趋光性弱,不趋向糖醋液。羽化后 3 天左右交尾,5～6 天后产卵,卵多产在早熟小麦、青稞穗子的中、下部小穗颖片内侧或子房上,成块,每个卵块大多有卵 10 粒左右,卵期约 13 天。幼虫 7 龄,历期 8～9 个月,危害期 60 余天。初孵幼虫先取食花器和子房,个别幼虫取食颖壳内壁,二、三龄后在籽粒里取食潜伏,四龄后转移取食,白天潜伏在吐丝覆盖的穗中、叶鞘内或吐丝缀连旗叶叶缘而成的叶筒中,日落后取食籽粒。籽粒胚乳部分被吃掉,残留种胚部分。老熟幼虫隔日取食。受害麦穗上或地面上遗有污白色颗粒状虫粪。

【防治方法】

（1）栽培防治　机械收割时尽量低留茬,麦收后深翻灭茬。收割后及时上场脱粒,清洁打麦场,消灭残体、残屑内的幼虫。在小麦田四周和地中间,按一定规格种植青稞或早熟小麦,设置诱集带,诱集成虫产卵,在产卵后幼虫转移前,拔除或喷药,以减少虫源,保护大田作物不受害。

(2)药剂防治　在幼虫四龄前喷施80%敌敌畏乳油1 000～1 500倍液,90%晶体敌百虫1 000倍液,25%菊乐合剂2 000倍液,48%毒死蜱乳油1 000～1 500倍液,或10%吡虫啉可湿性粉剂3 000倍液等。麦收后在田间的麦捆下继续喷施80%敌敌畏乳油1 000～1 500倍液。

25. 麦茎秀夜蛾

麦茎秀夜蛾分布于南北各地,食害小麦、青稞、大麦、燕麦、谷子、糜子等禾本科作物,是春麦区的重要害虫。低龄幼虫蛀茎,4龄后将麦秆地下部分咬烂,受害麦株枯死。

【形态特征】　麦茎秀夜蛾属于鳞翅目夜蛾科,有成虫、卵、幼虫、蛹等虫态。

(1)成虫　成虫体长13～16毫米,翅展30～36毫米,头部、胸部黄褐色,腹背灰黄色,腹面黄褐色,前翅黄褐色至灰黑色,基线色浅,内横线2条,中横线2条,外横线2条,都为褐色,明显可见。环纹锈黄色,肾纹黄白色,上生褐色细纹,边缘暗褐色。亚缘线明显,外缘线褐色,缘毛黄褐色。后翅灰褐色,端部色深,缘毛和翅背面灰黄色。

(2)卵　半圆形,乳白色,孵化前褐色。

(3)幼虫　末龄幼虫体长30～35毫米,灰白色,头黄色,四周具黑褐色边,从中间至后缘生有黑褐色斑4个,从前胸后缘至腹部第九节的背中线两侧各具红褐色宽带1条。亚背线略细,气门线较粗,均为红褐色。腹部第八节前后各生有黑褐色斑2块,第九腹节背面生有黑褐色斑 6 块,中间 2 块教大。

(4)蛹　红褐色,背面 5～8 节前缘有明显的点刻,尾刺 2 根,钩状前弯。

【发生规律】　在北方春麦区 1 年发生 1 代,以卵越冬。翌年 5 月上中旬开始孵化,幼虫食害麦类幼苗,分蘖至拔节期是幼虫危害盛期。老熟幼虫于 6 月下旬化蛹,7 月上中旬成虫出现,8 月上中旬为发蛾高峰期。田间最早在 7 月中旬可见卵块,8 月份进入产卵盛期。

成虫白天隐藏,傍晚至深夜飞出取食,交尾和产卵,趋光性较强。卵产在麦类基部叶鞘内侧距土面 1～3 厘米处,每个卵块有卵 20～30 粒,排成 2～3 行,单雌产卵 3～21 块。幼虫期 50 余天,蜕皮 5 次。幼虫喜在水浇地、下湿滩地和粘壤土地块取食危害,三龄前蛀茎,四龄后咬乱麦茎地下部分,受害麦株枯心或全株死亡。幼虫老熟后在 1～3 厘米深的表土内化蛹。

【防治方法】　合理轮作,麦收后刨出和捡拾根茬,集中烧毁,以减少越冬卵量。深翻灭卵,翻地深度要超过 15 厘米,使留在残茬内的卵块孵化后,初孵幼虫大部分不能出土而死亡。在初孵幼虫盛期,浇水减轻危害。在成虫期,大面积设置黑光灯诱杀成虫,减少产卵。发生严重的田块,播种时施用 4% 辛硫磷颗粒剂,每 667 米² 用药 1.5～2 千克,幼虫期可用 80% 晶体敌百虫 1 000 倍液灌根。

26. 绿麦秆蝇

绿麦秆蝇又名麦粗腿秆蝇,危害小麦、青稞、大麦、燕麦、碱草、白茅草等,主要分布于西北春麦区和北方冬麦区。拔节期麦苗生长点和心叶基部被害,心叶外露部分干枯变黄,成为枯心苗,孕穗期穗轴被蛀断,穗子不能抽出而成烂穗,抽穗期幼虫在穗轴内螺旋状向下蛀食,阻断水分、养分供应,形成白穗。

【形态特征】 绿麦秆蝇属于双翅目秆蝇科,有成虫、卵、幼虫、蛹等虫态。

(1)成虫 越冬代为绿色蝇子,其他各代黄绿色。雄虫体长3～3.5毫米,雌虫体长3.7～4.5毫米(彩照92)。头部黄绿色,复眼黑色,有青绿色光泽,单眼区褐斑较大,边缘越出单眼之外,触角黄色,下颚须基部黄绿色,端部2/3部分膨大成棒状,黑色。胸部背面有平行纵带3条,越冬代的纵带深褐色至黑色,其他世代黄褐色,中间的一条纵带最长,前宽后窄,长可达小盾片端,两侧纵带二分叉。腹部浅灰黑色,各节近前缘处颜色较深,腹部也有3条纵带,色泽与胸部纵带相同。前翅无色透明,有光泽,翅脉黄色,后翅退化为平衡棒,黄色。足黄绿色,后足腿节膨大,内侧有黑色刺列。

(2)卵 长椭圆形,两头尖,长约1毫米,白色,表面有近20条纵纹。

(3)幼虫 蛆型,老熟幼虫体6～6.5毫米,越冬代幼虫绿色,其他各代黄白色,有光泽。口钩黑色,端部具一大齿,触角2节,生于第一体节前上方,前气门生于第二体节近末端两侧,各有7～9个气门小孔,横向扇形排列,后气门着生于腹部末端,各有4个气门小孔,排列成方形(彩照93)。

(4)蛹 围蛹,长5毫米左右,体色初期淡绿色,后期黄绿色,通过蛹壳可见复眼、胸部、腹部纵纹和下颚须顶端的黑色部分。

【发生规律】 在冬麦区1年发生4代,危害麦类的是第一代和第四代幼虫。第四代(越冬代)幼虫取食秋苗,在秋苗中越冬。翌年2～3月间越冬代幼虫开始化蛹,蛹期10～12天,4月上、中旬越冬代成虫产卵,第一代幼虫于4月中旬开始危害,5月上旬开始化蛹,5月中旬至6月上旬为成虫发生期,此时冬麦已达生育后期,第二代和第三代幼虫寄生于冬麦的无效分蘖、自生麦苗或野生寄主上。第3代成虫羽化后,在秋播麦苗上产卵,第四代幼虫危害秋苗并进入越冬。

在春麦区1年发生2代,以幼虫在寄主根茎部、土缝中或杂草上越冬。翌年5月上中旬始见越冬代成虫,5月底、6月初进入发生盛期,6月中下旬为产卵高峰期,6月下旬是第一代幼虫危害盛期,危害20天左右,7月上中旬化蛹,于7月中下旬麦收前大部分羽化并离开麦田,卵产在多年生禾本科杂草上,第二代幼虫进入越冬。

绿麦秆蝇成虫夜间和清晨栖息在植株下部叶片背面,春、秋季晴朗的日子多在上午10时以后活动,在麦株上部飞翔,在叶片下交尾。夏季中午温度高,多潜伏于植株下部。成虫有弱趋光性,对糖蜜有较强趋性,取食花蜜。喜产卵于有4~5张叶片的麦株上,多产在叶面基部4毫米的范围内。卵散产,一头雌虫平均产卵20余粒。茎秆柔软,叶片较宽,叶面毛少光滑的品种着卵率较高。幼虫多在拔节末期蛀茎危害,有转株危害习性,1头幼虫可危害4个分蘖。幼虫在茎秆内头向下取食,老熟后掉转方向,爬到叶鞘上部外层化蛹。

秋季早播麦田受害较重,春季则晚播田受害较重。稀播麦田发虫重于密植麦田,生育期较长的品种受害重于生育期较短的品种。叶片上多毛或蜡质层发达的品种发生较轻。

【防治方法】

(1)栽培防治 深翻土地,调节播期,冬麦适期晚播,春麦适期早播,合理密植。加强水肥管理,培育壮苗,使之生长整齐,减轻受害。要适期收获,减少落粒。要及时铲除田间自生麦苗和杂草,减少夏季虫源。

(2)选用避虫品种 常发区宜选用生育期较短,成熟较早,分蘖力强,叶片窄而多毛的品种。此类品种可躲避成虫产卵,且不利于幼虫存活。

(3)药剂防治 喷药防治的关键时期为越冬代成虫羽化始盛

期至第一代卵孵化和幼虫入茎之前。冬麦区在3月中下旬,春麦区在5月上中旬开始调查成虫发生情况,每隔2~3天查一次,每次在上午10时前后在麦苗顶端扫网200次,当200网有成虫2~3头时,约在15天后即为越冬代成虫羽化盛期,是第一次施药适期。冬麦区平均百网有虫25头,即需防治。

喷雾常用1.8%阿维菌素乳油2 500倍液,36%克螨蝇乳油1 000~1 500倍液,10%吡虫啉可湿性粉剂2 500~3 000倍液,25%速灭威可湿性粉剂600倍液,40%乙酰甲胺磷乳油2 000倍液,50%辛硫磷乳油2 000倍液等。另外,还可将50%敌敌畏乳油与40%乐果乳油等量混用,即将两剂分别配成0.1%的药液,等量混合后喷施,每667米²用液量50千克左右,需现配现用,不能存放。

27. 麦鞘毛眼水蝇

麦鞘毛眼水蝇又名大麦水蝇,分布于四川、贵州、青海、甘肃、陕西等省,危害小麦、青稞、大麦、黑麦、燕麦、禾草等。幼虫钻蛀叶鞘或叶片的薄壁组织,残留表皮,形成直形或不规则形潜道,致使叶鞘、叶片干枯,不能抽穗或籽粒空秕。麦鞘毛眼水蝇有远程迁飞习性,存在异地虫源。

【形态特征】 麦鞘毛眼水蝇属于双翅目水蝇科,有成虫、卵、幼虫、蛹等虫态。

成虫为体色灰暗的蝇子,体长2~4毫米,翅展5毫米。胸黑褐色,平衡棒黄色,腹部暗褐色,足大部黑色,各足膝黄色。卵长0.7毫米,椭圆形,一端较尖削,乳白色,卵粒表面约有纵脊18条。末龄幼虫体长4~4.5毫米,扁圆筒形,两端较细,18节,浅黄白色。口钩浓黑色,端部钩形,基部截形,咽骨背臂与腹臂等长。腹部末端背面有3~4排褐色刺突,端部有2个小突起。蛹长约4毫米,初黄褐色,尾端具 2 各黑色小突起。

【发生规律】 在西南麦区 1 年发生 3～4 代,以蛹在叶鞘里越冬。翌年 2～4 月成虫羽化,产卵于孕穗至抽穗期的小麦剑叶或其他上部叶片的基部,卵期 4～10 天,幼虫期 13～19 天。3～4 月是第一代幼虫危害期,老熟幼虫于 4 月上旬在叶鞘里化蛹。

在北方麦区 1 年发生 2 代,越冬代成虫于 5 月中旬开始活动,交配产卵,6 月上旬幼虫始发,6 月中下旬进入盛发期,7 月化蛹,7 月中旬第一代成虫羽化。第二代卵产在杂草或自生麦苗上,幼虫危害到深秋,后化蛹越冬。

在陕西关中,越冬代成虫最早在 3 月末出现,4 月中旬开始产卵,5 月初至 5 月下旬幼虫发生并危害,第一代成虫 5 月中旬开始羽化,小麦收获后,成虫迁移到杂草上,6 月下旬后消失不见,9 月下旬后又复出现。每年危害两次,即孕穗至抽穗期和苗期。

麦鞘毛眼水蝇在陕西汉中 1 年发生 2 代。春季成虫大部分由四川北部迁入,在当地小麦上完成一代,夏季大部分成虫迁飞到甘肃陇南、青海等地,只有极少数成虫在当地 1 000 米以上高海拔处越夏。而秋季成虫又从青海、陇南迁回到汉中和四川北部,以幼虫在小麦和禾本科杂草的叶鞘内越冬。

在甘肃省甘南的青稞田,6 月中旬始见幼虫,7 月中旬幼虫盛发,正值青稞灌浆期,可造成严重减产,幼虫危害延续到 8 月份。

麦鞘毛眼水蝇成虫取食油菜、蚕豆、苕子等植物的花蜜,产卵于小麦、青稞叶片基部,以旗叶和旗下一、二片叶的着卵量最大。孵化后幼虫先向叶端方向钻蛀 1～2 厘米长的潜道,而后转向叶基方向,进入叶鞘危害,取食薄壁组织,残留表皮。主要危害旗叶以下 1～2 片叶的叶鞘。少数幼虫危害叶片,越冬代幼虫有的全在叶内取食。

在冬麦区,早播田秋季发生重,越冬虫量大,迟播田次年受害重。植株繁茂,郁闭潮湿的田块发虫多。小麦品种间受害程度有明显差异,以株型高大,叶片宽厚,叶脉间凹陷较深,叶片茸毛少以及生育期长的品种受害较重。

在青海小麦、青稞栽培区,以川水地区与脑山地区发生危害较重,浅山旱地较轻。

【防治方法】 选用发虫较轻的品种,在播种前或收获后,清除田间以及田块四周的杂草,深翻灭茬、晒土,合理密植,改善田间通风透光条件,雨后及时排除田间积水,降低湿度。小麦着卵株率达10%左右,平均着卵数多于 10 粒,即应喷药防治。卵盛孵始期为喷药适期,可喷布 90%晶体敌百虫 1 500 倍液,50%杀螟硫磷乳油1 500~2 000 倍液,50%马拉硫磷乳油 1 000~1 500 倍液,或 40%乐果乳油 2 000 倍液。用辛硫磷拌种防治地下害虫,对该虫亦有兼治效果。

28. 青稞穗蝇

青稞穗蝇分布于青海和甘肃,在青海脑山地区发生尤其严重,危害青稞、小麦等禾本科作物以及禾本科牧草。幼虫取食穗部,受害植株不能抽穗或抽穗不正常,产量剧降。

【形态特征】 青稞穗蝇属双翅目粪蝇科穗蝇属,有成虫、卵、幼虫、蛹等虫态。

(1)成虫 为灰黑色蝇子,体长 5.0~6.0 毫米,翅展 9.5~11.2 毫米。头和胸部暗灰色,触角黑色,腹部黑色,末端稍尖,椭圆形,翅具紫色光泽,腋瓣、平衡棒均淡黄色。足的各节均为黄色,但中、后足基节暗色,前足腿节前面的黑色鬃有 7~11 根。

(2)卵 舟形,长 1.5 毫米。初产时乳白色,后渐变黄或淡褐色。卵的背面有一条纵沟和多边形刻纹。

(3)幼虫 为蛆式幼虫,无足,黄白色。3 龄幼虫体长 7.0 毫米,长圆锥形,第八节略瘦。前气门两分叉,每一分叉各具 6 个呈树枝状排列的指状突起,后气门近圆形。肛板前小棘列 6 列。

(4)蛹　纺锤形,长约 5.0 毫米,黄褐色至褐色。第八腹节较狭,后气门明显突出。

【发生规律】　青稞穗蝇在青海省一年发生 1 代,以蛹在土层 6～13 厘米深处越冬。翌年 4 月下旬至 5 月中旬成虫羽化出土,5 月中下旬为发生盛期。成虫发生期和青稞拔节期相吻合。5 月上旬开始产卵,5 月中下旬为盛期。幼虫在 5 月中旬开始孵化,6 月上旬为孵化盛期。川水地区青稞穗蝇的发育比脑山地区早半个多月。幼虫孵化后侵入幼苗,危害幼穗,在 6 月下旬至 7 月上旬离开穗部,入土潜伏,随即化蛹。

成虫多栖息于叶片上,在无风晴朗天气活动最盛,卵散产,多产于植株第四片、第五片叶的叶面主脉上,每片叶有卵 1～4 粒。幼虫孵化后从心叶空隙侵入正在拔节的幼苗,钻入穗基节,蛀食小穗。幼虫侵入最早的,在穗轴形成初期或未抽穗前危害,则幼嫩小穗被幼虫食尽,或仅残留渣滓,穗轴和穗节极纤小,穗子无法抽出,包于叶鞘内,旗叶挺立,上有多个幼虫穿过的小孔,受害株成熟后绿色,显著矮化。幼虫入侵较晚,已半抽穗或全抽穗时,芒和颖壳残缺不全,穗上残留少数深褐色籽粒且裸露于颖壳外。幼虫经 22～31 天后老熟,从穗节叶鞘缝隙处爬出,入土化蛹。成虫寿命 8～16 天,卵期 5～12 天,幼虫期 60 余天,蛹期约 300 天。

【防治方法】

(1)栽培防治　选育早熟品种,或适当提前播种期,避过穗蝇幼虫的危害。在青海脑山地区,青稞在 3 月底 4 月初播种,可明显降低危害率。受害牧草要及早刈割,用作干草的应于抽穗前收割。

(2)药剂防治　在成虫发生初期和盛期,喷施 40%乐果乳油 2 000 倍液,90%敌百虫 1 500～2 000 倍液,50%杀螟松乳油 1 000 倍液,或 50%马拉硫磷乳油 1 000 倍液等。

除了上述药剂外,还可喷施 4.5%高效氯氰菊酯乳油(每 667

米²用药 30～40 毫升),11%氰·唑酮(蚜粉克星)乳油(每 667 米² 用药 50 毫升),25%溴氰菊酯乳油(每 667 米² 用药 20 毫升),或 48%毒死蜱(乐斯本)乳油(每 667 米² 用药 20 毫升)等。

29. 灰 飞 虱

灰飞虱是禾谷类作物的大害虫,分布于全国各地。寄主广泛,包括小麦、青稞、大麦、莜麦、燕麦、玉米、高粱、谷子、水稻等作物以及多种禾本科草。成虫、若虫刺吸叶片汁液,使之发黄干枯,造成减产,灰飞虱还能传播多种植物病毒。

【形态特征】 灰飞虱属于同翅目飞虱科,有成虫、卵、若虫等虫态。

(1)成虫 有长翅型和短翅型两种类型。长翅型体长 3.5～3.8 毫米,雌虫体黄褐色,雄虫黑褐色。前翅半透明,淡灰色,有翅斑。雌虫小盾片中央淡黄色或黄褐色,两侧各有一个半月形深黄色斑纹。胸、腹部腹面黄褐色,腹部肥大。雄虫小盾片全为黑色,胸、腹部腹面黑褐色,腹部较细瘦(彩照 94)。短翅型成虫体长 2.4～2.6 毫米,翅仅达腹部的 2/3,其余特征与长翅型相同。

(2)卵 长 0.7～1.0 毫米,长卵圆形,弯曲。初产时乳白色,后渐变灰黄色,孵化前在较细一端出现 1 对紫红色眼点。卵粒成簇或成双行排列,卵帽稍露出产卵痕。

(3)若虫 共 5 龄。三至五龄若虫体灰黄至黄褐色,腹部背面有灰色云斑。第三、第四腹节各有 1 对"八"字形浅色斑纹。

【发生规律】 在北方一年发生 4～5 代,长江流域 5～6 代,福建 7～8 代。在北方多以三、四龄若虫在麦田内或杂草丛中越冬,在南方成虫、若虫俱可越冬。陕西关中麦区 1 年约发生 5 代,以成虫在麦田基部土缝内越冬,春季 3 月上旬开始活动,在麦田繁殖,5～6 月份随着小麦黄熟而迁往田边、渠岸的杂草上,或转移到玉米、高粱、谷子等作物田内。10月冬小麦出苗后又迁到麦田,危害一段时间后进入越冬。

灰飞虱耐低温能力较强,对高温适应性较差,不耐夏季高温,其生长发育的适宜温度为23℃～25℃,在冬暖夏凉的条件下可能大发生。长翅型成虫有趋光性和趋嫩绿性。田间杂草丛生,有利于灰飞虱取食繁殖,越冬虫口基数高,苗期受害重。在北方1年2熟制地区,越冬代灰飞虱在稻茬麦田严重发生,近年来稻田套播麦田面积扩大,导致麦田灰飞虱越冬虫量增大。麦田套种玉米,苗期正值第一代灰飞虱成虫迁飞盛期,受害也很严重。秋季早播麦田,接受迁移灰飞虱多,受害时间长。灰飞虱有趋湿性,田间低洼潮湿,杂草密度大,发虫量激增。夏、秋多雨年份杂草茂盛,有利于灰飞虱越夏和繁殖,冬暖有利于灰飞虱越冬,皆增高虫口数量。

【防治方法】　灰飞虱寄主种类多,可在各茬寄主作物间辗转危害,需通盘考虑,协调麦田、稻田、小杂粮田、玉米田的防治。麦田灰飞虱的防治与病毒病害的防治一并安排。

(1)栽培防治　调整作物结构,尽量减少麦类、小杂粮、玉米、水稻等重要寄主作物之间的套播;冬麦适期播种,避免早播,以减轻秋苗发虫数量,也要适当调整小杂粮、玉米、水稻播种期,避免灰飞虱迁移高峰期与作物易感生育期相吻合;播前翻耕灭草,压低冬后残虫基数,及时清除田边、道路、沟渠中的杂草,减少灰飞虱滋生场所。

(2)药剂防治　冬麦区首先要抓紧秋苗期用药,早播麦田、秋作物套种麦田、发虫较重的麦田为施药重点。春季施药防治越冬代若虫或成虫,实行虫情预测,及时掌握灰飞虱的种群消长动态,准确预报发生期、防治适期、重点防控田。

有效药剂品种很多,可根据具体情况选用。有机磷杀虫剂可用30%乙酰甲胺磷乳油1 000倍液,45%马拉硫磷乳油1 000～1 500倍液,40.7%毒死蜱乳油1 000～1 500倍液喷雾。气温较高时,可用敌敌畏拌毒土,撒施熏蒸的方法,快速杀灭灰飞虱。

氨基甲酸酯类杀虫剂常用 25％速灭威可湿性粉剂,每 667 米²用药 150 克,对水 50 升喷雾。2％异丙威(叶蝉散)粉剂,每 667 米²用 2～2.5 千克,直接喷粉或混细土 15 千克均匀撒施。10％异丙威(叶蝉散)可湿性粉剂每 667 米²用 250 克,对水 50 升喷雾。也可喷施 50％混灭威乳油 2 000 倍液。

菊酯类杀虫剂喷雾常用 2.5％溴氰菊酯乳油 2 000～3 000 倍液,10％氯氰菊酯乳油 2 000～3 000 倍液等。

噻嗪酮(扑虱灵)是噻二嗪酮化合物,具有很强的触杀和胃毒作用,对低龄若虫防治效果好,25％噻嗪酮可湿性粉剂用 1 500～2 000 倍液喷雾,或每 667 米²用药 25～30 克,加水 50 升喷雾。

吡虫啉属硝基亚甲基类内吸杀虫剂,亦有触杀作用和胃毒作用,10％吡虫啉可湿性粉剂用 1 500 倍液喷雾。此外,还可在小麦、玉米或水稻播种前,用吡虫啉拌种、浸种或包衣。

吡蚜酮属于吡啶杂环类内吸杀虫剂,对害虫具有触杀作用,能使害虫立即停止取食,该剂高效、低毒、高选择性、对环境生态安全,适用于防治已对有机磷和氨基甲酸酯类杀虫剂产生抗药性的害虫。防治灰飞虱,每 667 米²用 25％吡蚜酮可湿性粉剂 15～20 克,加水 40～60 升喷雾,持效期长达 20～30 天。

虫态复杂的田块,可选择两种适宜药剂混用。例如,每 667 米²用 40％敌敌畏乳油 200 毫升,加 10％吡虫啉可湿性粉剂 40 克,对水喷雾,或 40％丙溴磷乳油 80 毫升,加用 25％噻嗪酮(扑虱灵)50 克对水喷雾。

要重视灰飞虱的抗药性问题。灰飞虱已先后对有机磷杀虫剂、氨基甲酸酯类杀虫剂、吡虫啉等产生了抗药性,各地抗药性程度和发展动态不同,需加强抗药性监测,合理选用杀虫剂。为延缓抗药性的产生,不要长期多次使用有效成分相同的药剂,应轮换使用或混合使用不同类型的药剂。麦田施药最好不要使用与稻田相同的药剂配方。

蜘蛛、寄生蜂、线虫、黑肩绿盲蝽等天敌对灰飞虱有较好的抑制作用，在天敌较多的季节或田块，要选用对天敌安全的药剂。氟虫腈、吡虫啉等对天敌蜘蛛和黑肩绿盲蝽的杀伤率偏大，而噻嗪酮（扑虱灵）杀伤率较低，吡蚜酮对天敌几乎无害。

要搭配使用速效性药剂和持效性药剂。敌敌畏、毒死蜱、菊酯类、速灭威、异丙威等击倒力强，药效迅速，但持效期较短，而噻嗪酮（扑虱灵）、乙酰甲胺磷等药效慢，持效期长。吡虫啉速效性好，持效期也长。在灰飞虱行将大发生的关键时刻，宜优先选用药效快，控虫效果好的药剂。

30. 条沙叶蝉

条沙叶蝉又称为条斑叶蝉，主要分布于西北、华北的干旱、半干旱地区，该虫危害小麦、大麦、青稞、莜麦、燕麦、黑麦、玉米、高粱、谷子和多种禾本科草，除直接刺吸植物汁液，分泌毒素，产生叶斑或引起整叶枯黄外，还是小麦蓝矮病的传播介体。

【形态特征】　条沙叶蝉属于同翅目叶蝉科，有成虫、卵、若虫等虫态。

（1）成虫　体连翅长 3.3～4.3 毫米，灰黄色（彩照 95）。头部呈钝角突出，头冠近前缘有 1 对三角形淡褐色斑纹，斑纹后部连接深褐色中线，中线两侧的中部各有 1 个较大的不规则形褐色斑块，后缘处各有 1 对暗褐色逗点形斑纹，为该种主要特征。复眼深褐色，单眼赤褐色。前胸背板暗褐色，前缘色淡，其间散布不规则褐色小点，纵贯前胸背板有 5 条淡黄色条纹，间隔成 4 条褐色宽带。小盾片淡黄色，两侧角深褐色，中部有 2 个不明显的褐色小点，横刻痕深褐色。前翅灰黄色，半透明，翅脉黄白色，脉纹侧缘具有浓淡不等的褐色小点，形成不规则的多数褐色条纹。胸部腹板和腹部全为黑色。

（2）卵　长圆筒形，中间稍弯曲，前端略细，初产时乳白色，孵化前变黄褐色，可看到赤褐色的复眼。

（3）若虫　初孵化或刚蜕皮后，体色乳白，渐变为淡黄至灰褐色。共 5 个龄期，一龄与二龄头部较大，腹部细小，体色淡，三龄后翅芽开始显见，淡黄褐色。

【发生规律】　条沙叶蝉每年发生 3～4 代，在陕西关中 1 年发生 4 代，主要以卵在杂草和小麦枯死的叶片、叶鞘内越冬，在冬季温暖的地方或温暖年份，成虫也可以越冬。越冬卵一般在 3 月下旬至 4 月下旬孵化，4 月上中旬为孵化高峰期。越冬代成虫在 4 月下旬出现，高峰期在 5 月中旬。小麦收割后，迁至谷子、玉米等秋作物上、自生麦苗上或杂草上繁殖危害。当年第一代成虫在 6 月中旬出现，高峰在 6 月下旬，第二代在 8 月上旬出现，高峰期在 8 月下旬至 9 月初，第三代 9 月下旬出现，高峰在 10 月中旬。第一代至第三代世代重叠严重。大致 8 月中旬前后在秋作物和杂草上虫口最多，危害严重。秋播小麦出苗后又迁回麦田，10 月中、下旬为秋苗期成虫的高峰期，也是传播小麦蓝矮病的关键时期。11 月中下旬以后，气温降低，进入越冬阶段。

成虫善跳能飞，可借气流短距离迁飞，喜温暖干燥的环境，有趋光性，晚上八、九点钟是诱虫高峰期。条沙叶蝉行两性生殖，卵块产，在麦茬、玉米茬、谷茬、禾本科杂草秆内产卵，不同世代产卵场所与产卵量有较大差异。

条沙叶蝉以持久性方式传播小麦蓝矮植原体，可终生传带，但不能经卵传给子代。

条沙叶蝉性喜干旱，山地旱田发生比平川灌溉麦田重，早春气温回升快，秋季低温降临迟，有利于条沙叶蝉滋生活动，发生较重。

【防治方法】

（1）栽培防治　耕作改制,压缩不适宜地区的冬麦面积,冬麦、春麦实行分区种植,减少条沙叶蝉的越冬场所和传毒几率;与非禾本科作物实行 2 年以上轮作;麦收后及时耕翻灭茬,旱地深翻两遍后,耙松剔出田间根茬,消灭自生麦苗和杂草;冬麦施盖苗粪,镇压耙松,压埋带卵根茬,减少越冬基数;选用丰产抗病、抗虫品种;冬麦适期晚播,以减少产卵和越冬虫口;增施有机肥料,配方施肥,灌好苗水、返青拔节水、灌浆水,培育壮苗、壮株。

（2）药剂防治　播种期用 40% 甲基异柳磷乳油,以种子重量0.1%～0.2% 的药量拌种,先用种子重量 5%～10% 的水将药剂稀释,稀释液用喷雾器匀喷洒在种子上,堆闷 5～6 小时,待种子将药液完全吸收后播种。秋苗期和返青拔节期,在虫口密度较高时喷药防治,用药种类参阅灰飞虱。

31. 荞麦钩蛾

荞麦钩蛾又名荞麦钩翅蛾,分布在甘肃、陕西、宁夏、山西、四川、云南、贵州等省（区）,是荞麦的重要害虫。幼虫食害荞麦的叶、花和果实,一般减产 25% 左右,大发生时减产 50% 以上。

【形态特征】　荞麦钩蛾属于鳞翅目钩蛾科,有成虫、卵、幼虫和蛹等虫态。

（1）成虫　体长 10～13 毫米,翅展 30～35 毫米。前翅淡黄褐色,顶角不呈钩状突出,从顶角向后有一条黄褐色斜线伸展,并与亚外缘线相连,亚外缘线由两条黄褐色波纹组成,翅面肾形纹明显,有 3 条向外弯曲的黄褐色线。后翅黄白色。中足胫节有 1 对距,后足胫节有 2 对距（彩照 96）。

（2）卵　长 0.2～0.5 毫米,椭圆形,扁平,珍珠白色,表面颗粒状,卵块近圆形,上披白色鳞毛,有十余粒至百余粒卵。

(3)幼虫 有 4 龄,初孵幼虫黑色,二至三龄暗绿色,老熟幼虫体长 26～30 毫米,头部红褐色,体背墨绿色,有淡褐色宽带。有胸足 3 对,腹足 4 对,尾足 1 对,趾钩 2 序中列式。

(4)蛹 蛹体长 11～15 毫米,梭形,两端尖,黄褐色,腹部 4～6 节前缘周围有纵列短脊,第八节前缘两侧有三角形深窝,臀棘上有刺 4 根,侧面 2 根稍短。

【发生规律】 各地 1 年发生 1 代,以蛹在土壤中越冬,越冬期长达 7 个多月。成虫羽化期各地不一。在甘肃平凉成虫于 6 月下旬至 8 月中下旬或 9 月上旬出现,羽化盛期为 7 月中旬,羽化后马上交尾,7 月下旬至 8 月上旬产卵,卵期 7～10 天。初孵幼虫喜群居,后分散危害,幼虫仅食害荞麦,老熟后入土化蛹。

成虫有较强的趋光性、趋绿性,飞翔力不强。白天栖息在荞麦株丛隐蔽处或附近草丛中,黎明和黄昏活跃。成虫寿命 7～12 天,产卵期 4～7 天,卵多产于叶背近主脉处,每个叶片有 1 个卵块,多数卵块有 30～40 粒卵构成,卵期 10～13 天。

初孵幼虫群集叶片背面,取食叶肉,残留表皮,呈薄膜状。二龄以后分散危害,可吐丝卷叶,藏在其中,于清晨和傍晚出来食害叶、花序、嫩粒和成熟的种子等。一至三龄幼虫历时 8～12 天,末龄幼虫历时 16～22 天。老熟后入土化蛹,蛹期约 7 个月,分散于土层 15 厘米深处。

【防治方法】

(1)栽培防治 秋收后及时深耕(25 厘米),消灭土壤中越冬蛹。因地制宜调整播期,适时晚播避害。在成虫发生期利用黑光灯诱蛾,在低龄幼虫期,利用其假死性,振动植株,收集捕杀。

(2)药剂防治 在低龄幼虫期喷施 90% 晶体敌百虫 1 000 倍液,2.5% 高效氯氟氰菊酯微乳剂 4 000 倍液,2.5% 溴氰菊酯乳油 4 000 倍液,或 10% 吡虫啉可湿性粉剂 1 000～1 500 倍液等。也可用 50% 辛硫磷乳油 1 千克与 15 千克与细土混匀,制成药土撒施地面。荞麦田用药应注意保护蜜蜂。

32. 大豆卷叶螟

大豆卷叶螟又名大豆卷叶野螟,是豆类重要害虫,危害大豆、绿豆、小豆、芸豆、豇豆、扁豆以及其他豆类作物,近年有发生加重的趋势。幼虫食害豆叶,卷叶或缀叶,受害叶片出现缺刻或孔洞,甚至仅残留叶脉,还能蛀食花、蕾、荚和豆粒,引起落花落荚,严重减产。

【形态特征】 大豆卷叶螟属鳞翅目螟蛾科,有成虫、卵、幼虫、蛹等虫态。

(1)成虫 体长 10 毫米,翅展 18~23 毫米,黄褐色。胸部两侧有黑纹,腹部各节有白环。前翅灰黄色,有波状的内横线、中横线、外横线,中室中央有一个黑褐色斑点,中室端脉另有 1 个斑点。后翅色略深,有两条黑褐色波状横线,与前翅的内横线、中横线相连。

(2)卵 椭圆形,淡绿色。

(3)幼虫 幼虫 6 龄,幼龄幼虫乳白色,有透明感,老熟幼虫体长 15~17 毫米,头部和前胸背板淡黄色,前胸两侧面各有 1 个黑斑,胴部淡绿色,背中线灰黑色,气门片黄色,亚背线、气门上线、气门下线和基线上都有小黑点(彩照 97)。体表被有细毛。

(4)蛹 长 12 毫米,褐色。丝茧极薄,黄白色。

【发生规律】 在辽宁 1 年发生 2~3 代,上海和长江下游 2~3 代,江西 4~5 代,湖南 5~6 代,生活史不整齐,以蛹在枯叶中或土层 3~6 厘米深处越冬。辽宁省 6 月上旬出现越冬代成虫,7 月中下旬至 8 月末为产卵盛期,7 月下旬至 8 月上旬为幼虫危害盛期,8 月中下旬进入化蛹盛期。8 月下旬至 9 月上旬又出现下一世代成虫。世代重叠,田间可见各个虫态。上海地区越冬代 5 月上中旬羽化为成虫,7~10月份为发生盛期,11月前后进入越冬。在江西省,越冬代成虫多在4月中旬至5月中下旬羽化,6~9月份田间可见各虫态,世代重叠。

成虫具趋光性,昼伏夜出。卵散产在叶片背面,单雌产卵约330粒。幼虫孵化后在叶背取食,三龄后开始卷叶危害,食量增大,四龄幼虫将豆叶横卷成筒状,潜伏其中,有时吐丝将叶片缀连在一起,躲在其中啃食叶肉,有转移危害习性。有时咬伤叶柄或嫩茎,被害株一侧萎蔫。在开花结荚期,幼虫可蛀入花蕾和嫩荚,常造成落蕾落荚,还啃食豆粒。老熟后在卷叶、枯叶或土壤内作茧化蛹。

多雨湿润的年份大豆卷叶螟发生较多,干旱年份则发生较少。

【防治方法】

(1)栽培防治　及时清除田间落花、落蕾、落荚,减少虫源。设置黑光灯、频振式杀虫灯等诱杀成虫。在田间发生初期摘除卷叶,杀死卷叶内幼虫。

(2)药剂防治　虫口数量较多时,需喷药防治。喷药宜早,可在卵孵化盛期,大豆卷叶株率达1%~2%时进行。有效药剂有40%乐果乳油1 000倍液,90%晶体敌百虫1 500倍液,2.5%三氟氯氰菊酯(功夫菊酯)乳油2 000~3 000倍液,2.5%溴氰菊酯(敌杀死)乳油2 000~3 000倍液,15%茚虫威(杜邦安打)悬浮剂3 000~4 000倍液,或1.8%阿维菌素乳油3 000~4 000倍液等。7~10天喷药防治1次,连续防治2~3次。

33. 豆荚螟

豆荚螟寄主有60余种豆科植物,包括绿豆、小豆、豌豆、蚕豆、芸豆、豇豆、刀豆、扁豆、大豆等食用豆类作物以及柽麻、苕子等豆科绿肥,幼虫蛀食豆荚和种子。

【形态特征】　豆荚螟属鳞翅目螟蛾科,有成虫、卵、幼虫和蛹等虫态。

(1)成虫　体长 10～12 毫米,翅展 20～24 毫米,体灰褐色。复眼圆形,黑色,触角丝状,雄蛾鞭节基部有 1 丛灰白色鳞片。前翅狭长,灰褐色而杂有黑褐色、灰白色及黄色鳞片,前缘自基角至顶角有 1 条明显白色纵带,近翅基 1/3 处有 1 条金黄色宽横带,此带内缘有较厚的银白色鳞片带,翅缘有淡灰色缘毛。后翅黄白色,沿外缘有 1 条褐色纹,缘毛灰白色。雄蛾腹部末端较钝,长有鳞毛丛;雄蛾腹部圆形,鳞毛较少。

(2)卵　椭圆形,长约 0.5 毫米,卵壳表面密布不规则网状突起纹。初产时乳白色,后渐变为红色,孵化前呈浅橘黄色。

(3)幼虫　共 5 龄。初孵幼虫体长 0.6～2 毫米,五龄幼虫体长 14～18 毫米。初龄橘黄色,后变绿色,五龄时背面紫红色,腹面及胸部背面两侧呈青绿色,头及前胸背板淡褐色。四龄和五龄幼虫的前胸背板近前缘中央有“人”字形黑斑,其两侧各有黑斑 1 个,后缘中央有小黑斑 2 个。老熟幼虫背线、亚背线、气门线、气门下线均明显,气门黑色,腹足趾钩双序环形(彩照 98)。

(4)蛹　黄褐色,体长 9～10 毫米。触角及翅芽伸至第五腹节后缘。腹端钝圆,具臀刺 6 根。茧长椭圆形,白色丝质,外附有土粒。

【发生规律】　豆荚螟年发生代数因地而异,辽南和陕南 2 代,华北 3 代,淮河流域和长江中、下游 4～5 代,广东、广西 7～8 代。各地均以老熟幼虫在豆田和晒场周围土壤中越冬。

在 2 代区,第一代危害豌豆、小豆,第二代危害大豆。在 3 代区,第一代危害刺槐,第二代危害春大豆,第三代危害夏大豆。在 4～5 代区,越冬幼虫 3 月下旬开始化蛹,4 月上中旬羽化。第一代幼虫主要危害豌豆、绿豆、苕子等豆科植物,第二代幼虫主要危害春播大豆、绿豆和其他豆科植物,第三代至第五代幼虫主要危害秋大豆及豆科绿肥。老熟幼虫在 10～11 月份入土越冬。在 7～8 代区,越冬幼虫于 3 月下旬至 4 月上旬化蛹,第一至第三代在豆科绿肥及豌豆上繁殖危害,从第四代开始转害大豆,至 10 月下旬大豆收获时,大部分幼虫入土越冬,但也有一部分仍在绿肥和木豆上继续繁殖,从 11 月至翌年 3 月份仍有成虫发生,从第二代开始出现世代重叠现象。

成虫昼伏夜出,傍晚开始活动,有弱趋光性,飞行能力不强,但飞行速度快,受惊后飞翔距离 3～5 米。成虫羽化次日开始产卵,将卵产在荚毛间,一般一荚 1 粒,少数多粒,在荚毛少或无毛的荚上产卵甚少。未结荚时,卵产于幼嫩叶柄、花柄、嫩芽和嫩叶背面。在豌豆及绿肥作物上,卵多产在花苞残余的雄蕊内,不产在豆荚上。每雌平均产卵 80 余粒,多的可达 200 多粒。成虫寿命一般 6～7 天,产卵期 4～6 天。卵经 3～6 天后孵化,孵化时间多在上午至中午前后。

初孵幼虫在豆荚上爬行寻找适当部位蛀入,或吐丝悬垂至其他茎枝上寻找豆荚蛀入。少数幼虫能吃嫩茎或蛀入嫩茎内危害。幼虫入荚后即蛀食豆粒,豆粒残缺不全或被吃尽,荚内充满黄褐色虫粪。三龄以后的幼虫有转荚危害习性,一般从上部豆荚向下部豆荚危害。幼虫蛀入孔有丝囊,脱荚孔则没有丝囊。发现脱荚孔,就可知荚内已无幼虫。幼虫历期平均几天至 20 天左右,越冬幼虫则长达 165 天。老熟幼虫从荚内咬孔爬出,落至地面,潜入 5～6 厘米深处土层中结茧化蛹。也有少数老熟幼虫爬出后吐丝缀合两荚,在中间结茧化蛹。蛹的历期约 7～42 天不等。在 25℃～30℃ 条件下,完成一代需 39 天左右。

豆荚螟发育起点温度,卵为 13.9℃,幼虫为 15℃,蛹为 14.6℃～15℃。发育有效积温,卵为 67.9 日度,幼虫为 166.5～168 日度,蛹为 147.1～135.7 日度。在 15℃～32℃ 范围内,各虫态的历期随温度增高而缩短。湿度对豆荚螟消长的影响很大,雨水多的年份发生轻,旱年发生重。过高、过低的湿度对产卵不利,相对湿度 70％上下最适宜。

豆荚螟主要在结荚期危害,播种期不当,使豆类幼荚期与成虫产卵期相遇则受害重,结荚期长的品种也受害重。在春、夏、秋几个季节多茬种植大豆,或清种豆科植物时,都有利于豆荚螟转移危害,受害严重。春播夏熟品种受害较轻,夏播秋熟品种受害较重。豆荚毛多的品种有利于成虫产卵,受害也重。

【防治方法】

(1)栽培防治　种植抗虫品种,例如结荚期较短,荚毛较少或无荚毛的大豆品种,可减少成虫产卵,受害减轻。要合理安排种植计划,避免豆类作物连作或邻作,实行水旱轮作或与玉米间作。适当调整播种期,使结荚期与成虫产卵盛期错开。花期进行灌溉,既可满足豆类开花期的水分需求,又能提高小气候湿度,不利于豆荚螟发生。收获后要进行翻耕,消灭潜伏土中的幼虫。在冬、春幼虫越冬期灌溉,能淹死越冬幼虫或使之不结茧而死亡。

(2)药剂防治　成虫盛发期和卵孵化盛期前喷药于豆荚上,毒杀成虫和初孵幼虫。可喷药 1～3 次,每次相隔 5～7 天。一般下午喷药效果较好。1 年发生 4～5 代以上的地区应着重防治前 3代,3 代区重点为第二代。有效药剂有 1.8％阿维菌素乳油 4 000倍液,2.5％多杀菌素(菜喜)悬浮剂 1 000～1 500 倍液,15％茚虫威悬浮剂(杜邦安打)3 000～4 000 倍液,50％杀螟丹可溶性粉剂1 500 倍液,2.5％三氟氯氰菊酯(功夫菊酯)乳油 2 000～3 000 倍液,2.5％氟氯氰菊酯(保得)乳油 2 000～3 000 倍液,2.5％溴氰菊酯(敌杀死)乳油 2 000～3 000 倍液,40％乐果乳油 1 000 倍液,80％敌敌畏乳油 1 000 倍液,50％马拉硫磷乳油 1 000 倍液等。

(3)生物防治　老熟幼虫入土前,田间湿度高时,可施用白僵菌粉剂。在产卵始盛期释放赤眼蜂,效果也好。

34. 豆野螟

豆野螟又名豇豆荚螟,危害各种豆科作物,是豇豆、芸豆、菜豆、蚕豆、刀豆、扁豆等豆类作物的重要害虫。幼虫可吐丝缀卷叶片,在内蚕食叶肉,还蛀害嫩茎、花瓣、果荚和豆粒,造成枯梢、落花、落荚。

【形态特征】 豆野螟属鳞翅目螟蛾科,有成虫、卵、幼虫和蛹等虫态。

(1)成虫 体长约 13 毫米,翅展约 26 毫米,体灰褐色。前翅黄褐色,前缘色较淡,在中室端部有 1 个白色透明的带状斑,在中室内和中室下面各有 1 个白色透明的小斑纹。后翅近外缘有 1/3 面积色泽同前翅,其余部分为白色半透明,有 1 条多皱纹的深褐色线把这色泽不同的两部分区分开,在翅的前缘基部还有褐色条斑和两个褐色小斑。前、后翅都有紫色闪光。雄虫尾部有灰黑色毛 1 丛,挤压后能见到黄白色抱握器 1 对。雌虫腹部较肥大,末端圆筒形。豆野螟与豆荚螟的形态有明显区别,不难区分(图 19)。

(2)卵 扁平,略呈椭圆形,长约 0.6 毫米,宽约 0.4 毫米。初产时淡黄绿色,近孵化时橘红色。卵壳表面有近六角形网状纹。

(3)幼虫 幼虫共 5 龄。老熟幼虫体长约 18 毫米,体黄绿色,头部及前胸背板褐色。中、后胸背板上有黑褐色毛片 6 个,排成两列,前列 4 个,各生有 2 根细长的刚毛,后列 2 个,无刚毛。腹部各节背面上的毛片位置同胸部,但各毛片上都着生 1 根刚毛(彩照99)。腹足趾钩为双序缺环。

(4)蛹 体长约 13 毫米,初化蛹时黄绿色,后变黄褐色。头顶突出。复眼浅褐色,后变红褐色。翅芽伸至第四腹节的后缘,羽化前在褐色翅芽上能见到成虫前翅的透明斑纹。蛹体外包被白色薄丝茧。

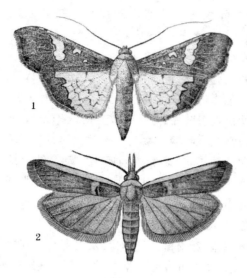

图 19　豆野螟和豆荚螟成虫比较

1. 豆野螟　2. 豆荚螟

【发生规律】　一年发生数代,因地而异。在西北、华北各地发生 4～5 代,华中、华东各地 5～6 代,福建、广西、台湾 6～7 代,广东 9 代。以蛹(南方)或老熟幼虫(北方)在土壤中越冬。

在苏北每年发生 5 代,世代重叠。越冬代成虫 5 月上中旬出现,11 月后进入越冬。2～3 代为主要危害世代,6 月中旬至 8 月下旬危害最重。大致前期主要危害芸豆、菜豆,中后期主要危害豇豆,9 月份以后多危害扁豆。在上海地区 7～9 月份是发生盛期。杭州各年 6～10 月份为幼虫危害时期,其中 7～8 月份危害最重,9 月份以后减轻,10 月份以后仅危害扁豆,10 月下旬或 11 月上旬进入越冬。

成虫夜间活动,趋光性较弱,白天潜伏,受惊后可作短距离飞翔。喜在傍晚产卵,卵散产,多产于花蕾和花瓣上。单雌产卵 80

粒左右,最高可达 400 粒,卵期 2～3 天。初孵幼虫蛀入花蕾或花器,取食花药和幼嫩子房,被害花蕾或幼荚不久脱落,幼虫脱出,转移蛀食花或幼荚。三龄后的幼虫大多蛀入果荚内食害豆粒,多从两荚相接处,或荚与花瓣、叶片及茎秆相接处蛀入,蛀入孔圆形,蛀孔外堆有绿色虫粪。一个被害荚内只有一头幼虫,少数有 2～3 头。少数幼虫食害叶片、叶柄或嫩茎。幼虫吐丝卷叶,蚕食叶肉而遗留叶脉。常蛀食叶柄或嫩茎一侧,引起叶片枯萎。幼虫白天隐藏在花器和豆荚内,傍晚和夜间爬出活动。幼虫期可转株、转荚 2～3 次。四龄幼虫有自相残杀习性。老熟幼虫脱荚,在附近浅土层内和落叶中作茧化蛹。

豆野螟生长发育的温度范围为 15℃～36℃,适温 25℃～29℃。连续阴雨,相对湿度高,对其发生有利,相对湿度达 80％以上,发生加重。豆类开花结荚期与幼虫发生盛期匹配,则受害重,错开则受害轻。豆类单种,植株过密,田间荫蔽,豆野螟发生较重,与其他作物间作,合理密植则发生较轻。

【防治方法】

(1)栽培防治 及时清除田间落花、落荚,摘除被害的卷叶和果荚,集中销毁。及时采收,以减少幼虫转荚危害。实行玉米与豆科作物间作,水旱轮作。种植过密时,要适当疏叶,改善通风透光条件,减轻受害。

(2)灯光诱虫 大面积连片种植豆类作物时,在 5 月下旬至 10 月份设置黑光灯或频振式杀虫灯诱杀成虫。

(3)药剂防治 应在成虫发蛾高峰期、产卵盛期、幼虫三龄以前进行防治。一般应在始花期至盛花期喷药。多在始花期开始用药,连续用药 2 次,间隔 5～7 天或 7～10 天,大发生年份需要增加 1 次,轻度发生年份,可推迟到盛花期用药 1 次。在进行虫情预测预报的地方,依据预测结果和当地防治指标用药。

喷药时间以上午 8～10 时豆类开花时效果最佳,其他时间因豆花闭合,药剂接触不到虫体,效果较差。需重点喷布花蕾、花、嫩荚以及落地花。

有效药剂有 90％晶体敌百虫 1 000 倍液,1.8％阿维菌素乳油 4 000 倍液,2.2％甲氨基阿维菌素苯甲酸盐(海正三令)微乳剂 2 000～3 000 倍液,0.5％甲氨基阿维菌素苯甲酸盐(绿卡)微乳剂 1 500 倍液,15％茚虫威(杜邦安打)悬浮剂 3 000～4 000 倍液,10％溴虫腈(除尽)悬浮剂 1 500～2 000 倍液,或 2.5％多杀菌素(菜喜)悬浮剂 1 000～1 500 倍液等

有效药剂还有 2.5％溴氰菊酯(敌杀死)乳油 2 000～3 000 倍液,2.5％三氟氯氰菊酯(功夫菊酯)乳油 2 000～3 000 倍液,2.5％氟氯氰菊酯(保得)乳油 2 000～3 000 倍液,20％甲氰菊酯(灭扫利)乳液 1 500～2 000 倍液,5％高效氯氰菊酯乳油 1 500～2 000 倍液等。

豆类蔬菜连续采收,为保证安全,慎用菊酯类药剂。豆类对敌敌畏敏感,易生药害,也应慎用。

35. 大造桥虫

大造桥虫又名棉大尺蠖,是间歇性暴发害虫,寄主很多,包括多种豆类、棉花、蔬菜、花卉、果树等,一般年份主要危害豆类和棉花。幼虫食害芽、叶、嫩茎,严重时植株被吃成光秆。

【形态特征】 大造桥虫属鳞翅目尺蛾科,有成虫、卵、幼虫和蛹等虫态。

(1)成虫 体长 15～20 毫米,翅展 38～45 毫米。体色变化很大,一般为淡褐色。前翅上的横线均为暗褐色波状纹,前翅亚基线和外横线锯齿状,中横线及亚缘线较模糊,外缘线由半月形点列组成,中室端具一肾状斑纹,外缘中部附近也有一斑块。后翅横线与斑纹和前翅相似并相对应连接。雌蛾触角丝状,雄蛾

羽状,淡黄色。

(2)卵　直径0.7毫米,长椭圆形,初产时青绿色,上面有许多小颗粒突起,孵化前灰白色。

(3)幼虫　老熟幼虫体长38～49毫米,幼龄灰黑色,老龄多为灰黄色或黄绿色。头部黄褐色至褐绿色,头顶两侧各具一黑点。背线宽,淡青色至青绿色,亚背线灰绿色至黑色,气门上线深绿色,气门线黄色,杂有细黑色纵线,气门下线至腹部末端,淡黄绿色,第三和第四腹节上有黑褐色斑,气门黑色,围气门片淡黄色。胸足褐色,腹足仅有2对,着生于第六和第十腹节,黄绿色,端部黑色(彩照100)。

(4)蛹　深褐色,长约14毫米,尾端尖锐,臀棘2根。

【发生规律】　大造桥虫在华北1年发生3代,长江流域1年发生4～5代,世代重叠,以蛹在土壤中越冬。长江流域第一代成虫发生期为6月上中旬,第二代为7月上中旬,第三代为8月上中旬,第四代为9月中下旬,有的年份11月上中旬可出现第五代成虫,但数量很少。10～11月份以后,幼虫入土化蛹越冬。

成虫昼伏夜出,飞翔力不强,有趋光性,卵多聚产在地面、土缝和草秆上。大发生时,枝条、叶片上均可着卵。初孵幼虫可吐丝随风飘移扩散,幼虫行走时腹部曲折如桥形,在豆株上常呈嫩枝状拟态。

【防治方法】　冬季深翻土壤,减少越冬蛹。生长季节利用黑光灯、频振式杀虫灯诱杀成虫或人工网扑。在幼虫三龄以前喷药防治,常用有机磷和菊酯类杀虫剂。

36. 甜菜夜蛾

甜菜夜蛾具有暴发性,是多种豆类的大害虫,寄主种类多,还严重危害甜菜、十字花科蔬菜、绿叶菜和葱类等。幼虫取食茎叶,

小龄幼虫在叶片上咬成透明小孔,大龄幼虫吃成孔洞或缺刻,严重的将叶片吃成网状。危害幼苗时,甚至可将幼苗吃光

【形态特征】 甜菜夜蛾属鳞翅目夜蛾科,有成虫、卵、幼虫、蛹等虫态(图 20)。

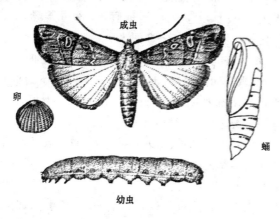

图 20 甜菜夜蛾

(1)成虫 体长 10～14 毫米,翅展 25～33 毫米,灰褐色。前翅中央近前缘的外方有肾形纹 1 个,内方有环形纹 1 个,肾纹大小为环纹的 1.5～2 倍,土红色。后翅银白色,略带紫粉红色,翅缘灰褐色。

(2)卵 馒头形,白色,直径 0.2～0.3 毫米。

(3)幼虫 老熟时体长 22 毫米,体色变化较大,有绿色、暗绿色、黄褐色、褐色、黑褐色等不同体色。气门下线为黄白色纵带,每节气门后上方各有一明显的白点(彩照 101)。

(4)蛹 体长 10 毫米,黄褐色。

【发生规律】 甜菜夜蛾在亚热带和热带地区无越冬现象,在陕西、山东、江苏一带以蛹在土室内越冬,1 年发生 4～5 代,在其他地区各虫态都可越冬。成虫白天潜伏在土缝、土块、杂草丛中以

及枯叶下等隐蔽处所,夜晚活动。成虫趋光性强,趋化性较弱。卵产于叶片背面,聚产成块,卵块单层或双层,卵块上覆盖灰白色绒毛。幼虫5龄,少数6龄,多食性。三龄前群集叶背,吐丝结网,在内取食,食量小。三龄后分散取食,四龄以后食量剧增。幼虫昼伏夜出,性畏阳光,受惊后卷成团,坠地假死。幼虫老熟后入土,吐丝筑室化蛹,化蛹深度多为0.2~2厘米。

甜菜夜蛾具有间歇性发生的特点,不同年份之间发虫量差异很大。甜菜夜蛾对低温敏感,抗旱性弱。不同虫态的抗寒性又有差异,蛹期和卵期抗寒性稍强,成虫和幼虫抗寒性更弱。成虫在0℃条件下,几天甚至几小时后死亡,幼虫在2℃条件下几天后大量死亡。若以抗寒性弱的虫态进入越冬,冬季又长期低温,则越冬死亡率高,次年春季发生少。

【防治方法】

(1)诱杀成虫　在成虫数量开始上升时,用黑光灯诱蛾,也可用糖醋液诱杀。

(2)栽培防治　铲除田边、田坎的杂草,减少滋生场所;化蛹期及时浅翻地,消灭翻出的虫蛹;利用幼虫假死性,人工捕捉,将白纸或黄纸平铺在垄间,震动植株幼虫即落到纸上,捕捉后集中杀死;晚秋或初冬翻耕,消灭越冬蛹。

(3)药剂防治　大龄幼虫抗药性很强,须在幼虫三龄以前,及时喷药防治,一般在卵孵化期和一至二龄幼虫盛期施药。可用5%增效氯氰菊酯乳油1 500倍液和菊酯伴侣500~700倍液混合于傍晚喷雾。也可用2.5%氟氯氰菊酯乳油1 000倍液加5%氟虫脲(卡死克)乳油500倍液混合喷雾,或10%氯氰菊酯(安绿宝)乳油1 000倍液加5%氟虫脲乳油500倍液混合喷雾。对大龄幼虫或已经产生抗药性的幼虫,可用10%溴虫腈(除尽)悬浮液1 000~1 500倍液喷雾。用48%毒死蜱(乐斯本)乳油1 000~1 500倍液喷雾效果也好。

晴天在清晨或傍晚施药,阴天全天都可施药。喷药要周到,下部叶片以及叶片正面与背面都要着药。

37. 豆银纹夜蛾和银锭夜蛾

豆银纹夜蛾又名黑点银纹夜蛾,危害豆类,也危害十字花科蔬菜、莴苣、向日葵等,以幼虫蚕食叶片,造成孔洞和缺刻。与豆银纹夜蛾形态相似的还有银锭夜蛾,也是多食性害虫,豆田常见。

【形态特征】　豆银纹夜蛾和银锭夜蛾属鳞翅目夜蛾科,有成虫、卵、幼虫、蛹等虫态。

(1)豆银纹夜蛾

①成虫　体长约 17 毫米,翅展 34 毫米,全体灰褐色。前翅深褐色,翅中央有 1 个"Y"字形银白色斑纹和 1 个近三角形的银白色斑点。肾状纹外方有 3 个小黑点,亚外缘线为波浪形。后翅淡褐色,外缘黑褐色。

②卵　直径 0.5 毫米左右,馒头形,黄绿色,表面有纵横网格。

③幼虫　末龄幼虫体长 32 毫米,身体前端较细,后端较粗。头部褐色,胸部黄绿色,背面具 8 条淡色纵纹,气门线淡黄色。胸足 3 对,黑色,腹足 2 对,尾足 1 对,黄绿色。第一对和第二对腹足退化,行走时体背拱曲。

④蛹　长 15～20 毫米,褐色,臀棘有分叉钩刺,其周围有 4 个小钩。蛹体外包被疏松的白色丝茧。

(2)银锭夜蛾

①成虫　体长约 15～16 毫米,翅展 35 毫米,头、胸部灰黄褐色,腹部黄褐色。前翅深灰褐色,翅中央有 1 个凹槽形银白色斑,肾状纹褐色,外方有 1 条银色纵纹。亚外缘线细锯齿形。后翅褐色。

②幼虫　末龄幼虫体长 30～34 毫米,头较小,身体前端略较

细。头部黄色,体青绿色。体背具淡色纵纹,气门线黄白色,很明显(彩照102)。胸足3对,黄褐色,腹足2对,尾足1对。

【发生规律】 豆银纹夜蛾每年发生2～3代,以老熟幼虫结薄茧越冬。6～8月份成虫出现,成虫昼伏夜出,有趋光性,卵散产或块产于叶背。幼虫6龄,危害豆类和其他蔬菜。初孵幼虫群集在叶片背面取食叶肉,残留上表皮,大龄幼虫食量大,蚕食叶片、嫩茎、嫩荚。幼虫有假死习性。老熟后多在叶背吐丝结茧化蛹。

银锭夜蛾在东北每年发生2代,以蛹越冬。幼虫6月下旬出现。老熟后在叶间吐丝缀叶,结成浅黄色薄茧化蛹。

【防治方法】 参见甜菜夜蛾。

38. 豆 天 蛾

豆天蛾为豆类的重要害虫,分布于南北各地。幼虫取食叶片,将豆叶吃成缺刻或孔洞,三龄以后幼虫可将叶片吃光,受害植株成为光秆,严重发生时减产50％以上。

【形态特征】 豆天蛾属鳞翅目天蛾科,有成虫、卵、幼虫和蛹等虫态。

(1)成虫 体长40～50毫米,翅展100～120毫米,是一种大型蛾子。头和胸部暗紫色,躯体其余部分和翅黄褐色,有的略带绿色。胸部背侧中央有1条黑褐色纵线。前翅狭长,在前缘中央有1个淡褐色半圆形斑,自前缘至后缘有6条浓色的波浪式条纹,前3条位于半圆形斑的前方,后3条位于半圆形斑后方,翅顶角有1个暗褐色三角形斑纹。后翅小,暗褐色,自翅的基部沿内缘至臀角附近黄褐色(图21)。

(2)卵 椭圆形,直径2～3毫米,初产时黄白色,将近孵化时变为褐色。

(3)幼虫 共5龄,老熟幼虫体长约90毫米,体黄绿色,体上

图 21　豆天蛾成虫

密生黄色小突起。胸足橙褐色。腹部从第一节起,在体的两侧有7对向背后方倾斜的淡黄白色点纹,背面观每对呈"八"字形。腹部有5对腹足,在腹部末端背面有黄绿色的尾角1个。

(4)蛹　体长约50毫米,宽18毫米,红褐色。头部口器明显突出,略呈钩状,喙与身体贴紧,末端露出。腹部第五节至第七节气孔前各有一横沟纹。腹部末端臀棘三角形,表面有许多颗粒状突起,末端不分叉。腹部末端5节能活动。

【发生规律】　豆天蛾在华北、山东、河南、安徽、江苏、浙江、上海等地1年发生1代,湖北一年发生2代。各地均以老熟幼虫在9~12厘米深的土层中越冬,翌年春季幼虫移动至表土层作土室化蛹。在一代区,常年6月中下旬化蛹,7月为越冬代成虫羽化盛期,8月上、中旬为产卵盛期,7月下旬至8月下旬为幼虫发生盛期,9月上中旬以后老熟幼虫入土越冬。在湖北2代区,越冬幼虫在5月上中旬开始化蛹和羽化,第一代幼虫发生时期在5月下旬至7月上旬,主要危害春播大豆和其他豆类;第二代幼虫发生时期在7月下旬至9月上旬,主要危害夏播大豆和其他豆类,全年以8月中下旬危害最重,9月中旬以后老熟幼虫入土越冬。

成虫昼伏夜出,白天多在豆茬地附近粮食作物的茎秆上栖息,傍晚开始活动,直至黎明。飞翔力很强,飞行速度快,迁移性大,有弱趋光性。成虫晚间交配,喜在空旷而生长茂密的豆田产卵,多产于豆叶背面,散产,一个叶片仅产 1 粒。单雌平均产卵 350 粒左右。成虫寿命 7~10 天,产卵期平均 3 天,卵期 6~8 天。幼虫能吐丝自悬,四龄以前白天大多躲藏在叶背,四至五龄体重增加,白天多在豆秆枝茎上。幼虫夜间食害最烈,阴天也可整日危害。一至二龄幼虫食害顶叶边缘,一般不迁移,三至四龄食量剧增,可转株取食,五龄食量占幼虫态总食叶量的 90% 左右。幼虫期平均33~34 天,老熟后越冬,翌年表土地温 24℃ 左右时化蛹,蛹期10~15 天。

【防治方法】 提倡合理间作,豆类与玉米等高秆作物间作,可显著减轻受害程度。豆地冬耕或春耕时,可人工拾虫。在成虫羽化盛期,清晨到豆地附近的玉米等高秆作物上捕杀成虫。还可设置黑光灯诱杀成虫。当年发生量大时,也可人工采卵和捕杀幼虫。药剂防治应在幼虫三龄前进行,喷施 50% 马拉硫磷乳油 1 000 倍液,90% 晶体敌百虫 1 000 倍液,50% 辛硫磷乳油 1 000 倍液,20% 氰戊菊酯(速灭杀丁)乳油 2 000 倍液,或 21% 增效氰马(灭杀毙)乳油 2 000~3 000 倍液等,下午喷药效果较好。

39. 豆 象

豆象危害豆类种子,是重要的仓储害虫。豆象在豆类的嫩荚上产卵,幼虫孵化后蛀食豆粒,蛀入的孔道愈合后,表面看不出来。豆粒入贮后,豆象幼虫继续在内危害,在内化蛹,羽化成为成虫后才脱粒飞出。豆粒被蛀食一空,丧失发芽能力,甚至不能食用。绿豆象主要危害绿豆、小豆等,豌豆象主要危害豌豆,蚕豆象主要危害蚕豆,这三种豆象已经广泛分布于全国各地。菜豆象主要危害菜豆、芸豆、豇豆、绿豆、豌豆、蚕豆等豆类作物,为全国农业植物检疫性有害生物。

【形态特征】　豆象是鞘翅目豆象科害虫,成虫小型,卵圆形,坚硬,体表被覆鳞片。头下口式,额延长为短喙状。触角 11 节,栉齿状、锯齿状或棒状。复眼前缘有 1 个"U"字形缺刻并围住触角基部。前胸背板近三角形,鞘翅平,末端截形,露出腹部末端,可见腹节 6 节。各种豆象成虫的主要形态特征如下。

(1)绿豆象　成虫体长 2～3.5 毫米,赤褐色或茶褐色。雄虫触角栉齿状,雌虫锯齿状。在前胸背板后缘中部两侧各有 1 个灰白色毛斑。小盾片被有灰白色毛。鞘翅基部宽于前胸背板,小刻点密集,有灰白色毛与黄褐色毛组成的斑纹,白色毛斑排成两横列。臀板被有灰白色毛,近中部与端部两侧有 4 个褐色斑。后足腿节端部内缘有 1 个长而直的齿,外端有 1 个端齿,后足胫节腹面端部有尖的内、外齿各 1 个。

(2)豌豆象　成虫体长 4～5 毫米,宽 2.6～2.8 毫米,长椭圆形,栗褐色。触角锯齿状,基部 4 节红褐色,其余黑色。前胸背板后缘中央有近圆形的白色毛斑,两侧缘中间前方各有一个齿尖向后弯的尖齿。鞘翅具 10 条纵纹,覆有褐色毛,每一鞘翅上有由白色毛斑组成的 3 条横带。腹部末端露出,白色,左右两侧各有 1 个圆形黑斑。后足腿节近端处内缘有 1 个明显的长尖齿。雄虫中足胫节末端有 1 根尖刺,雌虫则无。卵橘红色,较细的一端有长约 0.5 毫米的丝状物 2 根。

(3)蚕豆象　成虫与豌豆象相似,有如下区别:成虫体长 6 毫米,黑褐色,短椭圆形。前胸背板后缘中央的白毛斑三角形,两侧缘齿突尖向两侧平向伸展。翅鞘后部 1/3 处,各有一倒"V"字白色毛斑。腹末臀板上无白色毛斑。后足腿节内缘端部有短而钝的齿。

(4)菜豆象　成虫体长 2～4 毫米,雌虫稍大,长椭圆形,头、前胸及鞘翅黑色,全体密被黄色绒毛(彩照 103)。触角 11 节,其 1～4 节和 11 节橘红色,其余暗褐色,1～4 节丝状,5～10 节锯齿状,11 节末端尖。前胸背板圆锥形,黑色,点刻多而明显。小盾片方形,黑色,端部二分叉。鞘翅黑色,行纹较深,有淡色横带状毛斑2条,表面散布不明显的黑斑或褐斑,端部边缘橘红色。臀板赤锈色,身体腹面也是赤锈色。后足腿节内侧近端部有长齿1个,小齿2个,齿突后方还有几个小齿突。

豆象的幼虫复变态,一龄幼虫衣鱼型,胸足3对,发达,其他各龄蠕虫形。老熟幼虫白色或黄色,柔软肥胖,向腹面弯曲,胸足退化,成为疣状突起,气门圆形(图22)。

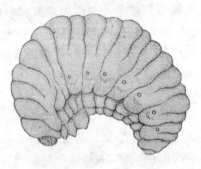

图22　绿豆象老熟幼虫

【发生规律】　绿豆象在北方1年发生4～5代,南方可发生9～11代,幼虫在豆粒内越冬,翌年春天化蛹和羽化。成虫善飞,有假死性和群居性。成虫在田间豆荚上或仓内豆粒上产卵,单雌可产70～80粒。幼虫孵化后即蛀入豆荚或豆粒。绿豆象完成一个世代需24～45天。温度25℃～30℃,相对湿度80%左右,发育最快。

豌豆象1年1代,以成虫在仓库缝隙、田间残株、树皮裂缝、松土以及包装物等处越冬。翌春飞到春豌豆地取食、交配、产卵,晴天下午活动最盛。卵多产在植株中部的豆荚两侧。幼虫孵化后即蛀入豆荚和豆粒内,一粒豆中仅有1头幼虫存活。幼虫4龄,老熟后在豆粒内化蛹。成虫羽化后钻出豆粒,飞至越冬场所,或在豆粒内越冬。

蚕豆象一年 1 代，以成虫越冬，生活习性与豌豆象相似，春季开始活动，飞入蚕豆地并产卵，卵孵化后蛀入豆荚内的豆粒中，每粒蚕豆内有幼虫 1～6 头，7 月中旬开始化蛹，8 月上旬至 9 月下旬羽化。羽化的成虫在豆粒内越冬。

菜豆象 1 发生 5～7 代，以幼虫在豆粒中越冬。播种时随种子带到田间或成虫羽化后飞到田间。成虫飞翔力较强，在成熟干豆荚裂缝内产卵，也可在仓储豆粒上产卵。幼虫孵化后从种脐附近蛀入，被害豆粒中可有数条幼虫危害，有的豆粒甚至有蛀孔 12 个以上。老熟后在豆粒内化蛹。

各种豆象都可随被害豆粒的调运而远程传播。

【防治方法】

(1)检疫　菜豆象是全国农业植物检疫性有害生物，需依法检疫。其他豆象也应防止随种子调运和商品豆类的流通而传播。

(2)田间防治　清除田间豆株残体，种植抗虫品种，播种不带虫种子。有的地方选用早熟品种，使其开花、结荚期避开成虫产卵盛期，也能减轻受害。在盛花期喷药防治，可用有机磷或菊酯类制剂，例如 80％敌百虫可溶性粉剂 1 000 倍液，2.5％溴氰菊酯(敌杀死)乳油 5 000 倍液等。

(3)贮藏期防治　豆类收获后，抓紧时间晒干或烘干，使种子含水量降到 12％或以下。进行高温或低温处理，杀死豆象。高温处理是在 60℃～70℃条件下，经 12 小时。低温处理是进行机械制冷、通风制冷或自然冷冻。在冬季，气温达到 -10℃ 以下时，将豌豆粒摊开，经 12 小时冷冻后，即可杀死豆粒内的害虫，然后密闭贮存。如果达不到 -10℃，冷冻的时间需延长。药剂处理多采用磷化铝熏蒸法，由技术人员指导，按照操作规程，在密封的仓库或熏蒸室内熏蒸。达到规定时间后，启封散气，待农药残留降至规定标准以下时，方可食用或饲用。

40. 白条芫菁

白条芫菁又名豆芫菁或锯角豆芫菁,是芫菁类中分布广而危害较重的一种。寄主植物除了豆类外,还有花生、马铃薯、甘薯、番茄、茄子、辣椒、蕹菜、苋菜、甜菜、棉花、桑、曼陀罗等。成虫取食豆叶和花瓣,将豆叶吃成缺刻或仅剩网状叶脉,受害严重时豆株不能结实。

【形态特征】 白条芫菁属鞘翅目芫菁科,有成虫、卵、幼虫和蛹等虫态(图23)。

(1)成虫 体长15~18毫米。头部略呈三角形,触角基部有1对黑瘤,基部几节暗红色,复眼及其内侧黑色,头部其余部分为红色。雌虫触角丝状,雄虫触角第三节至第七节扁而宽,栉齿状。胸、腹部均为黑色。前胸背板中央以及每个鞘翅上都有1条纵行黄白色条纹。前胸两侧、鞘翅四周以及腹部各节的后缘都丛生灰白色绒毛(彩照104)。

(2)卵 椭圆形,长2.5~3.0毫米,宽0.9~1.2毫米。初产时乳白色,后变黄白色,表面光滑。卵排列成菊花状卵块。

(3)幼虫 复变态,共6龄,各龄幼虫形态不同。一龄幼虫为三爪蚴,体深褐色,腹部9节,3对胸足发达,末端有3个爪,行动活泼敏捷。二龄、三龄和四龄幼虫形似蛴螬,腹部有8~10节。胸足较长,但活动不灵活,体表多刚毛。五龄幼虫为不活动的伪蛹(拟蛹),全体被一层薄膜,光滑无毛,胸足退化,呈乳头状突起,腹部9节。六龄幼虫又为蛴螬型(图23)。

(4)蛹 体长15.4毫米,头宽2.8毫米,体黄白色。复眼黑色。前胸背板侧缘及后缘各生有长刺9根。1~6腹节后缘各生有刺1排,左右各6根,7~8腹节左右各生刺5根。翅芽达腹部的第三节。

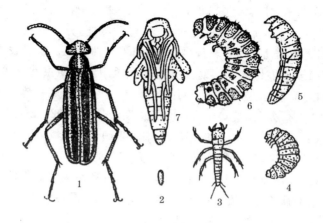

图 23 白条芫菁 （仿农业昆虫学原理原图）

1. 成虫 2. 卵 3. 一龄幼虫 4. 二龄幼虫

5. 五龄幼虫（伪蛹） 6. 六龄幼虫 7. 蛹

【发生规律】 白条芫菁在河北、河南、山东等地每年发生 1 代，在湖北等地每年发生 2 代，均以五龄幼虫（伪蛹）在土中越冬，翌年春暖后蜕皮发育成六龄幼虫，然后再化蛹。1 代区于 6 月中旬化蛹，6 月下旬至 8 月中旬为成虫发生和危害期，在大豆开花前后危害最重。2 代区第一代成虫于 5～6 月间出现，第二代成虫于 8 月中旬左右出现。

成虫白天活动，中午最盛，性好斗，爬行力强，有群集取食习性。中午气温较高时常成群迁飞，但飞行力不强，飞行不高。成虫喜食心叶和花等幼嫩部分，然后再吃老叶和嫩茎，吃光后转株。每头成虫每天可吃豆叶 4～6 片。成虫受惊扰后迅速逃避或坠落地下藏匿，并从足的腿节末端分泌出一种含芫菁素的黄色液体，若触及人体皮肤，能引起红肿发泡。

成虫羽化后 4～5 天开始交配，交配后雌成虫继续取食一段时间，然后到地面用口器和前足挖一斜形土穴产卵。此种土穴口窄

内宽,卵产于穴底,每穴产卵 70～150 粒,卵块菊花状排列。卵期
18～21 天。孵化后的幼虫爬出土面,行动敏捷,分散寻找蝗虫卵
及土蜂巢内的幼虫为食,遇敌则腹部向下卷曲假死。若寻找不到
食料,10 天左右即死亡。幼虫有互相残杀习性。幼虫共 6 龄,仅
一至四龄取食,约食蝗卵 45～104 粒。在北京地区从一龄到四龄
历期 12 天～27 天,五龄幼虫(伪蛹)历期最长,达 292～298 天,在
土中越冬,六龄幼虫历期 9～13 天。蛹期 10～15 天。

【防治方法】 冬季深翻土地,杀死越冬的伪蛹,或使之暴露于
土面冻死或被天敌吃掉。在成虫发生期,可利用成虫群集危害的
习性,用网捕杀。在成虫发生期还可喷布 90％晶体敌百虫 1 000
倍液,亦可施用防治豆野螟的药剂。

41. 赤须盲蝽

　　赤须盲蝽又名粟实盲蝽、红角盲蝽,分布于西北、东北、华北等
地,主要危害谷子、糜子、高粱、玉米、麦类、水稻等禾本科作物以及
甜菜、芝麻、大豆、苜蓿、棉花等作物。赤须盲蝽还是重要的草原害
虫,危害禾本科牧草和饲料作物。赤须盲蝽成、若虫刺吸叶片汁
液,受害叶片初现淡黄色小点,后变白色雪花状斑点,严重时布满
叶片,叶片呈现失水症状,皱褶卷缩,心叶受害后生长受阻,叶片长
出后有孔洞或破损。受害植株生长缓慢,矮小或干枯死亡。成虫
和若虫还刺吸谷子、糜子、高粱等禾谷类作物的籽粒,使之灌浆不
饱,产生秕粒。

　　【形态特征】 赤须盲蝽属半翅目盲蝽科,有成虫、卵和若虫等
虫态。

　　(1)成虫　体长约 6 毫米,细长,绿色(彩照 105)。头部略成
三角形,顶端向前方突出,头顶中央有一纵沟。触角 4 节,红色,等
于或略短于体长,第一节粗短,2～3 节细长,4 节短而细。喙 4 节,

黄绿色,顶端黑色,伸向后足基节处。前胸背板梯形,四边略向里凹,中央有纵脊。小盾板三角形,基部不被前胸背板后缘覆盖,中部有横沟将小盾板分为前后两部分,基半部隆起,端半部中央有浅色纵脊。前翅革片绿色,膜片白色,半透明,长度超过腹端。后翅白色透明。足黄绿色,胫节末端和跗节黑色,跗节 3 节,爪黑色。

(2)卵　卵粒口袋状,长约 1 毫米,卵盖上有不规则突起。初白色,后变黄褐色。

(3)若虫　共 5 龄,末龄幼虫体长约 5 毫米,黄绿色,触角红色。头部有纵纹,小盾板横沟两端有凹坑。足胫节末端,跗节和喙末端黑色。翅芽长 1.8 毫米,超过腹部第二节。

【发生规律】　在内蒙古 1 年 3 代,以卵在禾草茎叶上越冬。4月下旬越冬卵开始孵化,5 月初进入盛期。成虫 5 月中旬开始出现,下旬为羽化盛期。5 月中下旬成虫开始交配产卵,卵于 6 月上旬开始孵化。第二代成虫在 6 月中下旬开始交配产卵,7 月上旬卵开始孵化,7 月下旬第三代成虫出现,8 月上中旬开始产卵。雌虫产卵期不整齐,田间出现世代重叠现象。

成虫白昼活跃,傍晚和清晨不甚活动,阴雨天隐蔽在植物中、下部叶片背面。羽化后 7～10 天开始交配。雌虫多在夜间产卵,多产于叶鞘上端,单雌每次产卵 5～10 粒,卵粒成 1 排或 2 排。气温 $20℃～25℃$,相对湿度 $45\%～50\%$ 的条件最适于卵孵化。若虫行动活跃,常群集叶背取食危害。在谷子、糜子乳熟期,成虫、若虫群集穗上,刺吸汁液。

【防治方法】　搞好田间卫生,及时清除枯茬杂草,减少越冬卵。药剂防治可用 40% 乐果乳油,50% 马拉硫磷乳油或 80% 敌百虫可溶性粉剂等药剂的 1000～1500 倍液喷雾,喷粉可用 2.5% 敌百虫粉剂,每 667 米² 用药 2 千克。赤须盲蝽还是禾本科牧草的重要害虫,应做好受害草场的防治,以减少虫源。

40. 点蜂缘蝽

点蜂缘蝽分布广泛,危害芸豆、菜豆、蚕豆、豌豆、大豆、扁豆、豇豆等豆类作物,还危害稻、麦、棉、蔬菜等作物。成虫和若虫刺吸汁液,在豆类开始开花结荚时,往往群集危害,导致蕾、花凋落,果荚不充实,形成瘪粒。

【形态特征】 点蜂缘蝽属半翅目缘蝽科,有成虫、卵和若虫等虫态。

(1)成虫 体长 15～17 毫米,宽 3.6～4.5 毫米,体形狭长,黄褐色至黑褐色,被白色细绒毛。头在复眼前部成三角形,后部细缩如颈。触角第一节长于第二节,第一节至第三节端部稍膨大,第三节、第四节基半部色淡。前胸背板平斜如梯状,其前叶向前倾斜,前缘具领片,后缘有 2 处弯曲,后侧角成刺状。小盾片三角形。前翅膜片棕褐色,稍长于腹末。腹部的背腹板接缘处稍外露,黄黑相间。足与体同色,后足腿节粗大,有黄斑,腹面具 4 个较长的刺和几个小齿,后足胫节向背面弯曲(彩照 106)。

(2)卵 长约 1.3 毫米,半卵圆形,附着面弧状,上面平坦,中间有一条不太明显的横形带脊。

(3)若虫 共 5 龄。一至四龄若虫体似蚂蚁,但触角鞭状。五龄若虫与成虫相似,仅翅较短,体长 12.7～14 毫米。

【发生规律】 1 年发生 2～3 代,以成虫在枯枝落叶和草丛中越冬。在江西 1 年发生 3 代,翌年 3 月下旬开始活动,4 月下旬至6 月上旬产卵。第一代若虫于 5 月上旬至 6 月中旬孵化,6 月上旬至 7 月上旬羽化为成虫。第二代成虫于 7 月中旬至 9 月中旬羽化,第三代成虫于 9 月上旬至 11 月中旬羽化,10 月下旬以后陆续进入越冬。

点蜂缘蝽的成虫和若虫极活跃,都取食危害。卵多散产于叶背、嫩茎和叶柄上。

　　【防治方法】　冬季清除田间枯枝落叶和杂草,消除越冬成虫。在低龄若虫期喷药防治,可喷布有机磷杀虫剂或菊酯类杀虫剂。

41. 豌豆彩潜蝇

　　豌豆彩潜蝇又名豌豆潜叶蝇,分布于南北各地,寄主范围非常广泛,其中包括豆科、十字花科、菊科、葫芦科的多种作物,以豌豆、蚕豆、油菜、十字花科蔬菜、莴苣等受害最重。幼虫潜叶蛀食叶肉,形成潜道,严重的叶肉全被吃光,仅剩两层表皮。

　　【形态特征】　豌豆彩潜蝇属双翅目潜蝇科,有成虫、卵、幼虫、蛹等虫态(图 24)。

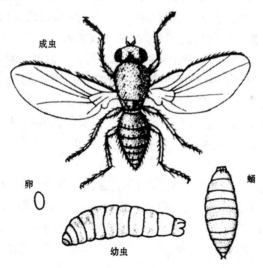

成虫

卵

蛹

幼虫

图 24　豌豆彩潜蝇

（1）成虫　体长 2～3 毫米，翅展 5～7 毫米，暗灰色，疏生黑色刚毛。头部黄色，复眼红褐色，触角 3 节，触角芒着生在第三节背面基部。胸部、腹部及足灰黑色，但中胸侧板、翅基、腿节末端、各腹节后缘黄色，胸部有 4 对粗大的背鬃。翅透明，有虹彩反光，前缘脉有一处间断。平衡棒淡黄色。

（2）卵　长约 0.3 毫米，长椭圆形，乳白色。

（3）幼虫　共 3 龄，老熟时体长约 3 毫米，蛆状，乳白色，渐变淡黄色或鲜黄色，体表光滑透明。前气门 1 对，位于前胸近背处，成叉状，向前伸出。后气门在腹部末端背面，为 1 对明显的小突起，末端褐色。

（4）蛹　长椭圆形，略扁平，初黄色，后变褐色、黑褐色。

【发生规律】　在辽宁每年发生 4～5 代，华北、西北发生 5 代，淮河流域 8～10 代，长江中下游 10～13 代，福建则发生 13～15 代。大致在淮河以北以蛹越冬，在长江以南和南岭以北以蛹越冬为主，也有少数幼虫或成虫过冬，在华南可周年活动，无越冬现象。

在北京地区，3 月份即危害保护地菜苗，3 月下旬至 4 月上中旬成虫大量发生，产卵于豌豆、留种白菜和春甘蓝等寄主上，4 月下旬至 6 月中下旬是主要发生期，危害豆类幼苗、油菜和蔬菜。夏季高温期虫量下降，至秋季数量又有上升，以危害十字花科秋菜为主。

在江、浙一带油菜种植区，越冬代成虫 3 月份盛发，第一代、第二代成虫 4 月间发生，以后世代重叠严重。春季主要危害豌豆和油菜，以 4 月下旬前后受害最重。春末夏初田间虫量下降，秋后数量上升，先加害萝卜、白菜苗，以后又转移到油菜、豌豆上繁殖危害。

成虫白天活动，夜间静伏，喜选择高大茂密的植株产卵，卵散产于叶背边缘的叶肉里，嫩叶和近叶尖处多，每雌可产卵 50～100粒。幼虫蛀食叶肉，潜道蛇形弯曲盘绕，末端变宽。因为卵多产于叶背,幼虫由叶背蛀入,主要蛀食叶肉的海绵组织,所以由叶背看,潜道更明显。潜道中有散生的颗粒状虫粪。老熟后在虫道末端化蛹(彩照107)。化蛹前将隧道末端表皮咬破,使蛹的前气门与外界相通。成虫羽化后方脱出潜道。

【防治方法】 收获后要及时清除豆株、菜株残体,铲除田内、田边杂草,以减少虫源。在成虫大量活动期和低龄幼虫阶段,适时进行药剂防治。可选喷1.8%阿维菌素(虫螨克)乳油2 500～3 000倍液,40%阿维•敌畏(绿菜宝)乳油1 000～1 500倍液,40.7%毒死蜱(乐斯本)乳油1 000倍液,10%氯氰菊酯乳油2 000～3 000倍液,或10%吡虫啉可湿性粉剂1 000倍液等。

44. 豆秆黑潜蝇

豆秆黑潜蝇又名豆秆蝇,分布广泛,危害大豆、绿豆、小豆、芸豆、菜豆、豇豆、蚕豆、豌豆、紫苜蓿、田菁等多种豆科作物。幼虫钻蛀茎秆危害,在茎内形成弯曲的隧道,受害幼苗茎叶枯萎,形成枯心苗,成株期发育不良,叶片发黄、脱落,豆荚减少,秕荚、秕粒增多,造成严重减产。

【形态特征】 豆秆黑潜蝇属双翅目潜蝇科,有成虫、卵、幼虫、蛹等虫态。

(1)成虫 体长约2.5毫米,黑色,腹部有蓝绿色金属光泽。复眼暗红色。触角3节,第三节钝圆形,其背面中央生有触角芒,长度为触角的3倍。前翅透明,有淡紫色金属闪光。

(2)卵 长椭圆形,初产时乳白色,后变淡黄色。

(3)幼虫 黄白色或粉红色,末龄幼虫体长约3毫米,口钩黑色,端齿尖锐。第一胸节有前气门1对,鸡冠状突起,上有6～9个椭圆形气门裂。第八腹节有后气门1对,中央有深灰棕色的柱状突起,周围有6～9个椭圆形气门裂。

(4)蛹 为围蛹,长椭圆形,长约 2 毫米,金黄色

【发生规律】 各地每年发生代数不一,辽宁 3 代,山东、河南 4~5 代,黄淮地区 5 代,浙江 6 代,福建 7 代,广西 13 代,世代重叠。在北方主要以蛹在寄主根茬和秸秆中越冬。

在山东、河南等地春季 5 月开始羽化产卵,幼虫危害春大豆、豌豆。第二代幼虫在 6 月下旬至 7 月上旬,三、四代幼虫在 8~9 月间相继出现,危害晚播豆类。在福州,春季 3~4 月出现成虫,第一代、第二代幼虫于 4 月上至 5 月中旬主要危害春大豆,第三代幼虫危害豇豆,第四代幼虫在 7 月中旬至 8 月上旬为害秋大豆幼苗,第五、六代幼虫相继在 8 月至 10 月下旬危害秋大豆、芸豆,此后第七代幼虫危害豌豆,11 月中下旬化蛹越冬。

成虫飞翔力、趋化性均较弱,有趋光性。上午 7~9 点活动最盛,多豆株上部叶面活动。成虫吸食花蜜,也可用腹末端刺破豆叶表皮,吸食汁液,叶面出现白色小斑点。卵单粒散产于叶背近基部主脉附近的表皮下,中部叶片着卵最多。每雌约产 7~9 粒卵。幼虫孵化后即潜食叶肉,形成细小而弯曲的潜道,沿主脉再经小叶柄、叶柄和分枝直达主茎,蛀食髓部,在茎内形成潜道,甚至还可蛀入根部。在潜道内遗留褐色粪便。幼虫老熟后,在茎壁上咬出羽化孔,在孔口附近化蛹,成虫羽化后,经羽化孔逸出。

【防治方法】

(1)栽培防治 实行轮作换茬;冬季处理豆秆,深翻豆田,清除田间野生豆科作物,在越冬代成虫羽化前用泥封闭大豆等寄主秸秆;保护天敌和越冬蛹寄生蜂;选用抗虫耐害品种和苗期早发品种;适当调解播期,使幼苗早发,错开成虫产卵盛期。

(2)药剂防治 在成虫盛发期至幼虫蛀食之前进行药剂防治。有的地方以网捕法(用口径 33 厘米,长 57 厘米的捕虫网)扫扑,第一代成虫达到 100 网 20~30 头,第二代成虫达到 40~50 头为大豆田药剂防治指标。达到防治指标后,用 40%氧化乐果乳油、

50％马拉硫磷乳油、50％杀螟松乳油、50％辛硫磷乳油或 20％氰戊菊酯乳油等药剂,稀释 1 000 倍后进行叶面常规喷雾。间隔 6～7 天后再防治一次幼虫。另外,还有的地方在豆苗出土后,施用 3％氯唑磷(米乐尔)颗粒剂,每 667 米² 用药 2 千克,拌土 20 千克后条施,持效期可达 40 天以上。施药后淋水,且不要使药剂与豆苗直接接触,以免产生药害。

45. 斑 潜 蝇

在危害豆类的斑潜蝇中,当前分布最广,危害最重的是美洲斑潜蝇和南美斑潜蝇。都是传入我国历史不久,高度多食性大害虫,可危害数百种植物,除了豆类(蚕豆、豌豆、芸豆、菜豆、豇豆、扁豆等)以外,还有多种农作物、花卉、蔬菜、杂草等。斑潜蝇的幼虫在叶片组织中蛀食,吃掉叶肉,形成灰白色不规则潜道。严重时叶片布满潜道而发白干枯,造成很大危害。成虫取食和产卵均在叶片上刺成小孔,刺孔多时,可显著减低光合作用。

【形态特征】　美洲斑潜蝇和南美斑潜蝇都属双翅目潜蝇科斑潜蝇属,有成虫、卵、幼虫、蛹等虫态。两者的形态和危害状均有不同。

(1)美洲斑潜蝇　成虫为小蝇子,体长 1.3～2.0 毫米,暗黑色,头额、颊和触角黄色,中侧片黄色,足基节、腿节、跗节暗褐色,中胸部以黄色为主。卵圆形,白色略透明,近孵化时浅黄色。幼虫蛆状,共 3 龄,初孵化时无色,渐变淡黄绿色,老熟幼虫体长 2～2.5 毫米,橙黄色,后气门突 3 孔。蛹椭圆形,长 1.7～2.3 毫米,初橘黄色,后期色泽变深。

常见寄主有豆科、葫芦科、茄科、十字花科、菊科等。幼虫多从植物下部叶片开始取食,中、上部虫量较少,幼嫩部位无幼虫潜食。初孵幼虫多由叶片正面潜入,蛀食叶肉栅栏组织,潜道由叶面看更明显。潜道先细后宽，蛇形弯曲，内有黑色虫粪，二龄前虫粪在潜道中交替排列，三龄常排在一侧连成线（彩照108）。老熟幼虫由叶片正面潜道末端脱出而化蛹，潜道末端可见半圆形破孔，而不见虫体。成虫取食和产卵均在叶片上刺成很多小孔，小孔白点状，近圆形，取食孔直径0.15～0.3毫米，产卵孔更小。

（2）南美斑潜蝇　成虫比美洲斑潜蝇大，体长2.8～3.5毫米，亮黑色，仅头额部、小盾片中部，胸部侧缘黄色。触角1～2节黄色，第三节褐色。足基节黄色具黑纹，腿节基本黄色，但具黑色条纹，直到几乎全为黑色，胫节、跗节棕黑色。卵长约0.3毫米，卵圆形，乳白色，将孵化时淡黄色。幼虫3龄，蛆形，体长可达3毫米左右，初孵幼虫半透明，渐变乳白色，后气门突6～9孔。蛹长约3毫米，长椭圆形，由浅黑色渐变为黑褐色。

常见寄主植物为豆科、茄科和菊科等，幼虫潜叶或潜食豆荚外表层。南美斑潜蝇幼虫在叶片主脉或侧脉附近或沿叶脉蛀成潜道。幼虫不仅蛀食叶肉上层栅栏组织，也蛀食下层海绵组织，即上、下表皮均取食。虫道常开口于叶片正面，幼虫取食几厘米后转向叶片背面，因而从叶面看潜道往往不完整。黑色虫粪在潜道两侧交替排列。虫龄较大时，叶背潜道更明显。初期形成较宽的蛇形潜道，后期若干潜道可连成一片，形成模糊的取食斑（彩照109），后期变枯黄（蚕豆叶变黑），此点也不同于美洲斑潜蝇。老熟幼虫多数脱出潜道，在叶背或坠落入土化蛹。幼虫还危害嫩茎，在表皮下纵向取食，重者茎尖枯死。成虫取食和产卵均在叶片上刺成很多小孔，小孔近圆形，针尖大小（彩照109）。

【发生规律】

（1）美洲斑潜蝇　喜高温，在华南可周年发生，1年有21～24个世代，从11月份到翌年4月份发虫量大。在我国大部分地区，冬季只能在温室和冬暖式大棚内越冬，露地出现较晚，夏秋多发。该虫在北京地区1年发生8～9代，春季露地虫源来自温室。露地于7～9月为发生高峰期,10月份以后虫口下降,11月中旬后消失。在江苏一带,6月中下旬始在露地蔬菜上危害,8～10月份为发生高峰期,11月下旬基本消失,1年发生10～11代。

成虫大部分在上午羽化,上午8时至下午14时是羽化高峰期。雌虫刺伤叶片,形成刻点状刺孔,取食和产卵。雄虫不能刺伤叶片,只能在雌虫造成的伤口处取食。成虫飞翔能力较弱,有趋黄、趋嫩、趋绿特性。雌虫羽化后24小时即可交配产卵,卵产于叶片表皮下或产于裂缝内,有时也产在叶柄上。产卵孔比取食孔小,直径仅0.05毫米。

幼虫潜叶危害,老熟后钻出,多数在叶片背面化蛹,叶正面较少,也有的从叶片落入土壤表层化蛹。

美洲斑潜蝇成虫取食、产卵的最适温度为26.5℃,高温36.5℃以上和低温16.5℃以下不利于取食和产卵。低温下成虫寿命较长,在16.5℃平均26.7天,在31.5℃以上仅4.5天。36℃以上的高温对幼虫存活和化蛹不利。降雨多,湿度高有利于成虫产卵和幼虫孵化,但强降水对成虫杀伤较大。

美洲斑潜蝇的天敌较多,幼虫被姬小蜂寄生的最多,其次为金小蜂。幼虫末期和蛹期主要有瓢虫、蠼象、蚂蚁、草蛉、蜘蛛等捕食性天敌。

(2)南美斑潜蝇　在北京地区露地于3月中旬开始发生,主要发生期为6月中下旬至7月中旬,其间7月上旬达到发虫高峰期,以后逐渐减少以至消失。在山东地区冬暖式大棚中,2月下旬虫口密度上升,3月份后可造成严重危害,直至5月中旬前后。在露地蔬菜上,成虫于4月上中旬从棚室中迁出,危害菜苗。5月中下旬后虫口激增,6月下旬以后,随气温升高,虫口数量迅速下降,9月份以后又复上升,10月以后陆续迁移到秋延后大拱棚中危害。在冬暖式大棚中,12月份常大发生,1月份后随气温降低,虫口数量下降。

在云南蚕豆产区一般有两次危害高峰。第一次危害高峰在为秋末冬初,即 10 月下旬至 12 月上中旬的蚕豆生长前期,第二次高峰出现在开春气温回升后,即 2 月下旬至 4 月上旬的蚕豆开花期至荚果期。蚕豆成熟和收获后,田间成虫大量向蚕豆田周围的蔬菜、烤烟转移。

在 15℃~26℃,15~20 天完成一个世代,在 25℃~33℃,只需要 12~14 天。卵 2~5 天孵化,幼虫期 3~8 天,老熟后钻出隧道,多随风飘落到地面或表土中化蛹,蛹期 9~10 天。成虫在白天活动,上午 9~11 时和下午 14~16 时两个时段最活跃。卵产于叶片的叶肉中。成虫飞翔能力弱。虫体随寄主植物调运而远距离传播。

【防治方法】

(1)栽培防治　调整作物布局,避免敏感作物(豆类、茄果类、瓜类、白菜等)连作、套种或邻作。收获后及时清除和销毁田间残株败叶,减少虫源数量。美洲斑潜蝇幼虫可在土壤浅层化蛹,收获后应及时翻耕除蛹,或秋、冬灌水灭蛹。生长季节在该虫发生期间增加中耕和灌水次数,改进通风透光条件,及时摘除有虫叶片并销毁。

(2)诱杀成虫　在棚室内设置黄色粘胶板,诱杀潜叶蝇成虫。黄板规格 30×50 厘米,插立或悬挂,蚕豆田每 667 米² 设置 30~40 块。在成虫发生期采用灭蝇纸(用杀虫剂浸泡过的纸)诱杀,每 667 米² 设置 15 个诱杀点,每点放置 1 张灭蝇纸,每 3~4 天更换一次。还可用斑潜蝇诱杀卡,每 15 天更换一次。

(3)喷药防治　在成虫盛发期至低龄幼虫期喷药防治。宜选用兼具触杀作用与渗透或内吸作用的药剂。当前应用最多的为阿维菌素制剂,例如 1.8% 爱福丁乳油 2 500~3 000 倍液,0.9% 爱福丁乳油 1 500~2 000 倍液,0.6% 齐螨素乳油 1 500 倍液,1% 阿维·高氯乳油 1 500 倍液,40% 阿维·敌畏乳油 1 000~1 250 倍液,58%阿维·柴油乳油 1000 倍液等。此外还可选用 75%灭蝇胺(潜克)可湿性粉剂 5000～7000 倍液,48%毒死蜱(乐斯本)乳油 1500 倍液,5%氟虫脲(卡死克)乳油 1000～1500 倍液,21%增效氰马(灭杀毙)乳油 5000～6000 倍液,2.5%三氟氯氰菊酯(功夫)乳油 2000～3000 倍液,10%氯氰菊酯(安绿宝)乳油 1500 倍液,80%敌敌畏乳油 800 倍液,40%乐果乳油 1000～1500 倍液等。喷药要周到细致。斑潜蝇易生抗药性,需轮换使用不同药剂。

灭蝇胺是一种昆虫生长抑制剂,防治斑潜蝇幼虫效果好,且持效期较长,对天敌昆虫和环境较安全。菊酯类和敌敌畏等可杀灭成虫。

棚室还可使用烟雾剂。在美洲斑潜蝇发生高峰期傍晚,用 80%敌敌畏乳油(每 667 米² 用药 200～300 毫升)拌锯末点燃,熏杀成虫。翌日 10 时左右及时放烟,以免造成药害。22%敌敌畏烟剂,每 667 米² 用药 400～450 克。

46. 苜蓿蚜

苜蓿蚜又名花生蚜、豆蚜、槐蚜,寄主植物共有 200 余种,主要危害豌豆、芸豆、菜豆、豇豆、扁豆、蚕豆、花生、苜蓿、苕子、紫云英、刺槐、国槐、紫穗槐以及荠菜、地丁、刺儿菜、野豌豆等,在新疆还危害棉花。苜蓿蚜多聚集在嫩茎、幼芽、心叶、嫩叶、花蕾、花瓣、花萼上,以刺吸式口器吸取汁液,受害植株生长矮小,叶片变黄卷缩,甚至枯萎死亡,豆类嫩头受害后可卷缩成"龙头"状。苜蓿蚜排泄的"蜜露"易被霉菌寄生,使枝叶发黑。

【形态特征】 苜蓿蚜属同翅目蚜科,田间常见无翅孤雌蚜和有翅孤雌蚜(图 25)。

(1)无翅孤雌蚜 成蚜体长 1.8～2.0 毫米,体较肥胖,黑色或紫黑色,有光泽,体表有薄且均匀的蜡粉。触角 6 节,第一节、第二节、第五节末端和第六节黑色,其余部分为黄白色,第三节上无感觉圈。腹部各节背面骨化较强,膨大隆起,似为一块大形灰色隆起斑,体节分界不明显。其他特征与有翅蚜相似。若蚜个体小,体灰紫色或黑褐色,体节明显。

(2)有翅孤雌蚜 成蚜体长1.5～1.8毫米,体黑绿色,有光泽。触角6节,1～2节黑褐色,3～6节黄白色,节间带褐色,第三节较长,上有感觉圈4～7个,以5～6个的为多,排列成行。翅脉橙黄色。各足的腿节和胫节端部以及2个跗节为暗黑色,其余部分为黄白色。腹部各节背面均有硬化的暗褐色条斑。腹管黑色,圆筒形,具复瓦状纹,长度为尾片的2倍。尾片乳突状,黑色,明显上翘,两侧各有刚毛3根。若蚜黄褐色,体上有薄蜡粉,翅芽淡褐色。腹管黑色细长,约为尾片的5～6倍,尾片黑色,很短,不上翘。

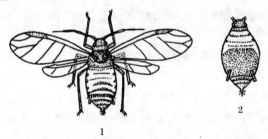

图25 苜蓿蚜
1. 有翅孤雌蚜 2. 无翅孤雌蚜

【**发生规律**】 苜蓿蚜1年发生20余代。在山东主要以无翅成蚜和若蚜,在向阳背风的山坡、地沿、沟边、路旁等处的杂草寄主或冬豌豆上越冬,也有少数以卵越冬。在新疆以卵在苜蓿等寄主上越冬。在南方各省,冬季气温较高,能在豆科或十字花科多种寄主上繁殖危害,无越冬现象。

在山东,越冬蚜虫于 3 月上中旬开始活动,先在越冬寄主上危害和繁殖,4 月中下旬平均气温上升到 14℃时,产生大量有翅蚜向附近的春季寄主(春豌豆、麦田里的荠菜以及新抽出嫩梢的刺槐、国槐等)迁飞扩散,形成第一次迁飞扩散高峰。经过一段时间的危害和繁殖后,到 5 月中下旬花生出土时,就产生大量有翅蚜,向附近的花生及其他寄主上迁飞,形成第二次迁飞扩散高峰。6 月上旬点片状发生危害,6 月中下旬又大量产生有翅蚜迁飞扩散。槐树上的蚜虫也产生有翅蚜向花生田里迁飞,形成第三次迁飞扩散高峰。此时正是花生开花期,如果天气条件适宜,繁殖很快,4～7天就能完成一代,极易猖獗成灾。6 月底 7 月初是花生盛花期,危害最重。7 月中下旬雨量较多,湿度高,气温高,天敌增多,田间蚜量逐渐减少,且产生有翅蚜迁飞至豆类、国槐、刺槐等寄主的心叶处繁殖危害,部分地方可聚集在将入土的花生果针上繁殖危害,严重时果针不能入土。10 月份花生收获后,主要危害豆类、紫穗槐嫩芽、花生自生苗等,逐渐产生有翅蚜迁飞至越冬寄主上繁殖,最后以无翅成蚜和若蚜越冬。少数则产生性蚜进行交配产卵,以卵越冬。

该蚜繁殖适温为 15℃～23℃为,最适温度 19℃～22℃,低于15℃或高于 25℃,繁殖受抑。耐低温能力较强,越冬的无翅若蚜即使冻僵,若日均温回升到 −4℃后,也可能恢复活动能力。无翅成蚜在日均温 −2.6℃时,个别个体还能繁殖。苜蓿蚜在北方的发育起点温度为 1.7℃,完成 1 代的积温为 136 日度。

在适宜温度范围内,相对湿度 60%～70%有利于该蚜繁殖和危害,高于 80%或低于 50%对繁殖有明显的抑制作用。蚜虫能否大发生,主要决定于 4～6 月份的雨量和大气温度,若 4～5 月份的相对湿度稳定在 50%～80%之间,蚜虫可大量繁殖,6 月份湿度若继续偏低,就可能造成严重危害。若 6 月份降雨多,湿度高,田间蚜量就急剧下降。

重要的天敌有瓢虫、食蚜蝇、草蛉和蚜茧蜂等。在自然条件下天敌发生比蚜虫晚，中后期数量增多，对蚜虫大发生有一定的抑制作用。

【防治方法】

(1)栽培防治　收获后及时清理田间残株败叶，铲除杂草。根据当地蚜虫发生情况，合理确定作物播种或定植时期，尽量避开蚜虫迁飞高峰。

(2)物理防治　在有翅蚜发生盛期，设置黄色粘板或黄皿诱蚜。还可在距地面20厘米处架设黄色盆，内装0.1%肥皂水或洗衣粉水，诱杀蚜虫。利用银膜避蚜，播种前在苗床上方30～50厘米处挂上银灰色薄膜条，苗床四周铺15厘米宽的银灰色薄膜，使蚜虫忌避。在大棚周围挂银灰色薄膜条(10～15厘米宽)。还可利用银灰色遮阳网、防虫网覆盖栽培。

(3)药剂防治　防治蚜虫的药剂很多，应首先选用对天敌安全的杀虫剂，以保护天敌。50%抗蚜威可湿性粉剂2 000～3 000倍液喷雾，效果好，不杀伤天敌。气温高于20℃，抗蚜威熏蒸作用明显，杀虫效果更好。还可选用2.5%联苯菊酯(天王星)乳油2 000～3 000倍液，2.5%三氟氯氰菊酯(功夫菊酯)乳油3 000倍液，20%甲氰菊酯(灭扫利)乳油3 000倍液，20%氰戊菊酯乳油3 000倍液，21%增效氰马(灭杀毙)乳油5 000倍液，10%醚菊酯(多来宝)悬浮剂1 500～2 000倍液，10%吡虫啉可湿性粉剂2 500倍液，70%吡虫啉(艾美乐)水分散粒剂8 000～10 000倍液，20%吡虫啉(康福多)浓可溶剂3 000～4 000倍液，25%噻虫嗪(阿克泰)水分散粒剂5 000～6 000倍液，1%印楝素水剂800～1 200倍液，20%苦参碱可湿性粉剂2 000倍液，1%阿维菌素乳油1 500～2 000倍液，或0.5%藜芦碱醇溶液800～1 000倍液等。要注意同一类药剂不要长期单一使用，以防止蚜虫产生抗药性。

47. 豌 豆 蚜

豌豆蚜是豌豆、蚕豆、苜蓿和苕子的重要害虫,还可危害沙打旺、山黧豆、草木樨等豆科植物以及荠菜等。该蚜刺吸植株顶部幼嫩部位,花、豆荚、幼茎,叶片等都可被害。豌豆蚜还传播多种植物病毒。

【形态特征】　豌豆蚜属同翅目蚜科,田间常见无翅孤雌蚜和有翅孤雌蚜。

(1)无翅孤雌蚜　体长 4.9 毫米,宽 1.8 毫米,纺锤形。全体草绿色,体表光滑,稍有曲纹。触角细长,约与体同长,腹管细长筒状,尾片长锥形。

(2)有翅孤雌蚜　体长 4.1 毫米,宽 1.3 毫米,长纺锤形,腹部淡绿色。触角比体稍长,第 3 节有感觉圈 14～22 个,于基部 2/3 处排成一行。腹管细长筒状,尾片长锥形,有短毛 8～9 根。

【发生规律】　在北方以卵在豆科多年生草本植物上越冬,翌年春季孵化为干母,干母再产生干雌,干母和干雌均无翅,第三代产生有翅迁移蚜,转移到豌豆、绿豆,蚕豆等寄主上危害。在温暖的南方,全年可孤雌生殖,不发生两性世代。

【防治方法】　参考苜蓿蚜的防治方法。

48. 叶　螨

叶螨又称为红蜘蛛,在我国危害小杂粮的叶螨主要有朱砂叶螨、截形叶螨和二斑叶螨等三种。叶螨多食性,危害高粱、谷子、玉米、麦类、豆类、棉花、向日葵、马铃薯、蔬菜等几十种农作物。叶螨刺吸作物叶片中的养分,被害叶片出现细小的黄白色斑点,以后叶片逐渐退绿变黄,甚至干枯死亡。

【形态特征】 叶螨属蜱螨目叶螨科。形体微小,成螨体多为椭圆形或菱形,有足 4 对。卵圆球形,表面光滑,初产卵无色透明,以后逐渐变为橙黄色或橙红色,孵化前出现红色眼点。卵孵化后产生幼螨,幼螨近圆形,体色透明或淡黄,取食后体色变绿,有 3 对足。幼螨脱皮后变为若螨,有 4 对足,与成螨相似(彩照 110)。

朱砂叶螨雌螨体椭圆形,长 0.48 毫米,宽 0.32 毫米,深红色或锈红色。体两侧各有一黑斑,其外侧三裂。雄螨较小,菱形,红色或淡红色,形态特征与雌螨相同。

截形叶螨雌成螨椭圆形,体长 0.51～0.56 毫米,体宽 0.32～0.36 毫米,锈红色。体背两侧有暗色不规则黑斑。雄螨略小,体末略尖,菱形,淡黄色。

二斑叶螨雌成螨椭圆形,体长 0.42～0.51 毫米,宽 0.28～0.32 毫米。夏型身体黄绿色,背面两侧有暗色斑。越冬型橙黄色、橙红色,体侧的暗色斑消失。雄螨较小,菱形,体色黄绿或橙黄。

【发生规律】 叶螨主要营两性生殖,在缺乏雄螨时,也能进行孤雌生殖,每年可繁殖十代以上。

朱砂叶螨在北方 1 年发生 10～15 代,在长江流域及以南地区 1 年发生 15～20 代。以雌成螨在作物和杂草根际或土缝里越冬。早春越冬成满开始活动,取食产卵。早期主要危害春作物,以后大都迁入棉田。6～8 月份是危害盛期。一般 6 月下旬繁殖速度加快,7 月中下旬达繁殖高峰。9 月份棉株衰老,气温下降后,逐渐迁往秋播作物上危害,直至越冬。朱砂叶螨在叶背活动,先危害下部叶片,渐向上部叶片转移。卵散产在叶背中脉附近。气象条件和耕作制度对叶螨种群消长影响很大。其繁殖危害的最适温度为 22℃～28℃,高温、干旱、少雨年份发生较重。大雨冲刷可使螨量快速减少。

截形叶螨雌螨在禾根际或土缝中越冬,早春出蛰后先在杂草上取食繁殖。春作物出苗后,陆续转移取食,多栖息在叶片背面主脉两侧。高温干燥时,螨量迅速增长。

　　二斑叶螨每年繁殖10～20代,主要以受精的雌螨群集越冬,越冬场所也是杂草根际、土缝内或棉田枯枝落叶下。春季出蛰后在杂草、春作物上取食产卵。以后主要迁往棉田危害繁殖。秋末因短日照而引起滞育,滞育个体进入越冬场所。高粱、谷子、玉米等杂粮也是二斑叶螨的主要寄主。在宁夏,7月上中旬开始危害玉米下部1～3叶片,逐渐向上部叶片蔓延,可持续危害到9月上旬。小麦套种杂粮的田块比单种杂粮的田块发生重,小麦套种玉米并间作豆类的田块发生更重。

　　【防治方法】

　　(1)栽培防治　深翻土地,将土壤表层越冬虫体翻入深层致死。实行冬灌,早春清除田间地边和沟渠旁杂草,减少叶螨越冬和繁殖存活的场所。作物生长期间适时进行中耕除草和灌溉。及时摘除下部发虫叶片,带至田外烧毁。

　　(2)药剂防治　加强田间监测,及时在叶螨点片发生的初期阶段用药。可选用的药剂有1.8%阿维菌素(齐螨素)乳油1 000～2 000倍液,20%双甲脒(螨克)乳油1 000～1 500倍液,73%炔螨特(克螨特)乳油2 500倍液,50%溴螨酯(螨代治)乳油2 000～3 000倍液,5%噻螨酮(尼索朗)乳油2 000倍液,20%甲氰菊酯(灭扫利)乳油2 000倍液,34%柴油·达螨灵乳油(杀螨利果)1 500倍液,或40%乐果乳油1 500倍液等。喷药要细致周到,重点是中、下部叶片的背面。

附录　有害生物学名对照表

（按本书正文中出现顺序排列）

一、病原物

禾生指梗霉（谷子白发病菌）*Sclerospora graminicola*（Sacc.）Schroeter

粟单胞锈菌（谷子锈病菌）*Uromyces setariae-italicae*（Diet.）Yoshino

灰梨孢（谷瘟病菌无性态）*Pyricularia grisea*（Cke.）Sacc.

灰色大口球菌（谷瘟病菌有性态）*Magnaporthe grisea*（Hebert）Barr

狗尾草离蠕孢（谷子胡麻斑病菌）*Bipolaris setariae*（Saw.）Shoem.

粟黑粉菌（谷子粒黑穗病菌）*Ustilago crameri* Koern

狗尾草腥黑粉菌（谷子腥黑穗病菌）*Tilletia setariae* Ling
　　　　　　　　　＝*Neovossia setariae*（Ling）Yu et Lou

二倍孢轴黑粉菌（谷子轴黑穗病菌）*Sphacelotheca diplospora*（Ellis & Everh.）Clinton

贝西（拟）滑刃线虫（引起谷子线虫病）*Aphelenchoides besseyi* Christie

立枯丝核菌（谷子、糜子纹枯病菌等）*Rhizoctonia solani* Kühn

大麦黄矮病毒（引起红叶病）*Barley yellow dwarf virus*
（BYDV）

稷离蠕孢（糜子长叶斑病菌）*Bipolaris panici-miliacei*（Nish-
ikado）Shoem.

山田离蠕孢（糜子圆叶斑病菌）*Bipolaris yamadai*（Nishika-
do）Shoem.

稷光孢堆黑粉菌（糜子丝黑穗病菌）*Sporisorium destruens*
（Schlecht.）Vanky

亚线炭疽菌（高粱炭疽病菌）*Colletotrichum sublineolum*
Henn.

大斑凸脐蠕孢（高粱大斑病菌）*Exserohilum turcicum*（Pass.）
Leonard et Suggs.

高粱尾孢（高粱紫斑病菌）*Cercospora sorghi* Ell. et Ev.

高粱座枝孢（高粱煤纹病菌）*Ramulispora sorghi*（Ell. et
Ev.）Olive et Lefeb.

朦胧镰刀菌（引起高粱镰刀菌茎腐病）*Fusarium andiyazi*
Marasas *et al.*

产黄镰刀菌（引起高粱镰刀菌茎腐病）*Fusarium thapsinum*
Klittich *et al.*

草酸青霉菌（引起高粱穗腐）*Penicillium oxalicum* Currie et
Thom.

新月弯孢霉（引起高粱穗腐）*Curvularia lunata*（Walk.）
Boed.

丝轴黑粉菌（高粱丝黑穗病菌）*Sphacelotheca reiliana*
（Kühn）Clinton

高粱散孢堆黑粉菌（高粱散黑穗病菌）*Sporisorium cruentum*
（Kühn）Vánky

高粱坚孢堆黑粉菌（高粱坚黑穗病菌）*Sporisorium sorghi*

Ehrenb. ex Link

见城黑粉菌(高粱花黑穗病菌)*Ustilago kenjiana* Ito

埃伦团黑粉菌(高粱长粒黑穗病菌)*Sorosporium ehrenbergii* Kuhn

禾冠柄锈菌(麦类冠锈病菌)*Puccinia coronata* Corda

禾柄锈菌(麦类秆锈病菌)*Puccinia graminis* Pers.

禾谷炭疽菌(麦类炭疽病菌)*Colletotrichum cereale* Manns

燕麦德氏霉(燕麦德氏霉叶斑病菌无性态)*Drechslera avena-cea* (Curtis ex Cooke)Shoem.

毛壳核腔菌(燕麦德氏霉叶斑病菌有性态)*Pyrenophora chaetomioides* Speg.

燕麦壳多孢燕麦专化型(燕麦壳多孢叶斑病菌无性态)*Stagonospora avenae* f. sp. *avenae* Johnson

燕麦暗球腔菌燕麦专化型(燕麦壳多孢叶斑病菌有性态)*Phaeosphaeria avenaria* f. sp. *avenaria* Erikss.

燕麦坚黑粉菌(燕麦坚黑穗病菌)*Ustilago segetum* (Bull. Pers.)Roussel.

=*Ustilago kolleri* Wille

燕麦散黑粉菌(燕麦散黑穗病菌)*Ustilago avenae* (Pers.)Rostr.

条形柄锈菌大麦专化型(青稞条锈病菌)*Puccinia striiformis* f. sp. *hordei* Eriks et Henn.

大麦柄锈菌(青稞叶锈病菌)*Puccinia hordei* Otth.

禾柄锈菌小麦专化型(青稞秆锈病菌)*Puccinia graminis* f. sp. *tritici* Eriks. et Henn

网斑德氏霉(青稞网斑病菌)*Drechslera teres* (Sacc.)Shoem.

(网斑型 *D. teres* f. *teres*;斑点型 f.*maculata*)

禾德氏霉(青稞条纹病菌) *Drechslera graminea* (Rabenh.)

Shoem.

黑麦喙孢（青稞云纹病菌）*Rhynchosporium secalis*（Oudem.）Davis

大麦坚黑粉菌（青稞坚黑穗病菌）*Ustilago hordei*（Pers.）Lagerh.

大麦散黑粉菌（青稞散黑穗病菌）*Ustilago nuda*（Jens.）Rostr.

荞麦壳二胞（荞麦轮纹病菌）*Ascochyta fagopyri* Bres.

荞麦尾孢（荞麦褐斑病菌）*Cercospora fagopyri* Nakata & Takimoto

蓼白粉菌（荞麦、豆类白粉病菌）*Erysiphe polygony* DC.

豌豆壳二胞（豌豆褐斑病菌无性态）*Ascochyta pisi* Libert

豌豆亚隔孢壳（豌豆褐斑病菌有性态）*Didymella pisi* Chilvers *et al.*

豌豆白粉菌（豌豆白粉病菌）*Erysiphe pisi* DC.

根腐丝囊霉（豌豆根腐病菌）*Aphanomyces euteiches* Drechsler

根串株霉（豌豆根腐病菌）*Thielaviopsis basicola*（Berk. & Br.）Ferraris

终极腐霉菌（豌豆根腐病菌）*Pythium ultimum* Trow

茄腐镰刀菌豌豆专化型（豌豆根腐病菌）*Fusarium solani* f. sp. *pisi* Snyder & Hansen

豌豆花叶病毒 *Pea mosaic virus*（PMV）

蚕豆萎蔫病毒 *Broad bean wilt virus*（BWV）

黄瓜花叶病毒 *Cucumber mosaic virus*（CMV）

菜豆黄花叶病毒 *Bean yellow mosaic virus*（BYMV）

莴苣花叶病毒 *Lettuce mosaic virus*（LMV）

蚕豆染色病毒 *Broad bean stain virus*（BBSV）

蚕豆葡萄孢(蚕豆赤斑病菌)*Botrytis fabae* Sard.

轮纹尾孢(蚕豆轮纹病菌)*Cercospora zonata* Winter
=*Cercospora fabae* Fautrey

蚕豆壳二胞(蚕豆褐斑病菌)*Ascochyta fabae* Speg.

蚕豆单胞锈菌(蚕豆锈病菌)*Uromyces fabae*(Pers.)de Bary
=*Uromyces viciae-fabae* Schroet.

蚕豆假单胞菌(蚕豆茎疫病菌)*Pseudomonas fabae*(Yu)
Burkholder

尖孢镰刀菌蚕豆专化型(蚕豆枯萎病菌)*Fusarium oxysporum* f. sp. *fabae* Yu et Fang

茄腐镰刀菌蚕豆专化型(蚕豆根腐病菌)*Fusarium solani* f. sp. *fabae* Yu et Fang

疣顶单胞锈菌(豆类锈病菌)*Uromyces appendiculatus* (Pers.)Unger
=*Uromyces phaseoli* Winter

单囊壳白粉菌(芸豆等作物白粉病菌)*Sphaerotheca fuliginea*(Schlecht. ex Fr.)Poll.

豆刺盘孢(芸豆炭疽病菌)*Colletotrichum lindemuthianum* (Sacc. & Magnus)Briosi & Cav.

核盘菌(芸豆菌核病菌)*Sclerotinia sclerotiorum*(Lib.)de Bary

茄腐镰刀菌菜豆专化型(芸豆根腐病菌)*Fusarium solani* f. sp. *phaseoli*(Burk.)Snyder & Hansen

尖孢镰刀菌菜豆专化型(芸豆枯萎病菌)*Fusarium oxysporum* f. sp. *phaseoli* Kendrick & Snyder

地毯草黄单胞菌菜豆致病变种(侵染芸豆)*Xanthomonas axonopodis* pv. *phaseoli*(Smith)Vauterin *et al.*

菜豆普通花叶病毒 *Bean common mosaic virus*(BCMV)

菜豆黄色花叶病毒 *Bean yellow mosaic virus*（BYMV）

变灰尾孢（绿豆、小豆红斑病菌）*Cercospora canescens* Ellis et Martin

短小茎点霉短小变种（绿豆、小豆轮 *Phoma exigua* var. *exigua* Sacc.

纹斑病菌）

棕黑叉丝单囊壳（绿豆、小豆白粉病菌）*Podosphaera fusca* (Fr.)Braun & Shishkoff

二、有害昆虫

华北大黑鳃金龟 *Holotrichia oblita* Fald.

东北大黑鳃金龟 *Holotrichia diomphalia* Bates

暗黑鳃金龟 *Holotrichia parallela* Motschulsky

棕色鳃金龟 *Holotrichia titanis* Reitter

黑皱鳃金龟 *Trematodes tenebrioides*（Pallas）

铜绿丽金龟 *Anomala corpulenta* Motschulsky

沟金针虫 *Pleonomus canaliculatus*（Faldermann）

细胸金针虫 *Agriotes fuscicollis* Miwa

褐纹金针虫 *Melanotus caudex* Lewis

东方蝼蛄 *Gryllotalpaorientalis* Burmeister

华北蝼蛄 *Gryllotalpaunispina* Saussure

小地老虎 *Agrotis ypsilon*（Rott.）

黏虫 *Leucania seperata* Walker

草地螟 *Loxostege sticticalis* L.

亚洲玉米螟 *Ostrinia furnacalis*（Guenée）

高粱条螟 *Chilo sacchariphagus*（Bojer）

粟灰螟 *Chilo infuscatellus* Snellen

粟穗螟 *Mampava bipunctella* Ragonat

桃蛀螟 *Dichocrocis punctiferalis* Guenee

粟茎跳甲 *Chaetocnema ingenua*（Baly）

粟叶甲 *Oulema tristis*（Herbst）

粟缘蝽 *Liorhyssus hyalinus*（Fabricius）

粟秆蝇 *Atherigona biseta* Karl

双斑萤叶甲 *Monolepta hieroglyphica* Weise

糜子吸浆虫 *Stenodiplosis panici* Plotnikov

高粱舟蛾 *Dinara combusta*（Walker）

高粱芒蝇 *Atherigona soccata* Rondani

麦长管蚜 *Macrosiphum avenae*（Fabricius）

麦二叉蚜 *Schizaphis graminum* Rondani

禾谷缢管蚜 *Rhopalosiphum padi*（L.）

高粱蚜 *Melanaphis sacchari*（Zehntner）

玉米蚜 *Rhopalosiphum maidis*（Fitch）

麦穗夜蛾 *Apamea sordens* Hufn.

绿麦杆蝇 *Meromyza saltatrix*（L.）

麦鞘毛眼水蝇 *Hydrellia chinensis* Qi et Li.

青稞穗蝇 *Nanna truncata* Fan

灰飞虱 *Laodelphax striatellus*（Fallén）

条沙叶蝉 *Psammotettix striatus*（L.）

荞麦钩蛾 *Spica parallelangula* Alpheraky

大豆卷叶螟 *Lamprosema indica* Fab.

豆荚螟 *Etiella zinckenella*（Treitschke）

豆野螟 *Maruca vitrata*（Fab.）

大造桥虫 *Ascotis selenaria* Schiff. et Denis

甜菜夜蛾 *Laphygma exigua* Hubner

豆银纹夜蛾 *Plusia nigrisigna* Walker

＝*Autographa nigrisigna*（Walker）

银锭夜蛾 *Macdunnoughia crassisigna* Warren

豆天蛾 *Clanis bilineata tsingtauica* Mell

绿豆象 *Callosobruchus chinensis* L.

豌豆象 *Bruchus pisorum* L.

蚕豆象 *Bruchus rufimanus* Boh.

菜豆象 *Acanthoscelides obtectus*（Say.）

白条芫菁 *Epicauta gorhami* Marseul

赤须盲蝽 *Trigonotylus ruficornis* Geoffroy

点蜂缘蝽 *Riptortus pedestris*（F.）

豌豆彩潜蝇 *Chromatomyia horticola*（Goureau）

＝*Phytomyza horticola* Goureau

豆秆黑潜蝇 *Melanagromyza sojae*（Zehntner）

美洲斑潜蝇 *Liriomyza sativae* Blanchard

南美斑潜蝇 *Liriomyza huidobrensis*（Blanchard）

苜蓿蚜 *Aphis craccivora* Koch

豌豆蚜 *Acyrthosiphon pisum* Harris

三、害 螨

朱砂叶螨 *Tetranychus cinnabarinus*（Boisduval）

截形叶螨 *Tetranychus truncatus* Ehara

二斑叶螨 *Tetranychus urticae* Koch

注：有些病原有害生物寄主广泛，上表仅提及本书介绍的寄主和所致病害。

后　记

在本书所介绍的小杂粮病虫害药剂防治措施中,有一些引自其他作物对同种有害生物的药剂防治实践,仅供参考。作为一条基本原则,各地在进行药剂防治时,凡是未曾用过的药剂(不论是老品种,还是新品种)都应先通过试验或少量试用,明确其药效、药害,建立适宜的使用技术。

本书在编写过程中,参考了大量文献和网上资源,限于本书的性质,不可能像学术专著那样,一一罗列,仅在此对贡献于小杂粮病虫害的各位先贤和同仁,一并表示感谢。囿于我们的学识和经验,本书可能存在缺陷或错误,切望广大读者不吝指正。

商鸿生
西北农林科技大学